普通高等教育“十二五”规划教材

电路及电工技术基础

主　编　李昌春
副主编　余传祥　许弟建

重庆大学出版社

内 容 提 要

本书是为普通高校非电专业编写的少学时电工学教材，侧重于电路与电工技术方面的知识讲解，适用于建筑、土木、采矿、环境等专业的电工学课程的教学用书，具有教材体系科学、教学适应强的特点。

本教材从基础知识、基本原理出发，由浅入深、循序渐进的对电路、变压器、电动机及其控制等知识进行了分析和讲解。可作为工科类主讲电路及电工技术知识模块的非电专业的教学用书，也可作为一般工程技术人员的参考用书。

图书在版编目(CIP)数据

电路及电工技术基础/李昌春主编. —重庆：重庆大学出版社，2012.4(2021.7 重印)
ISBN 978-7-5624-6592-8

Ⅰ.①电… Ⅱ.①李… Ⅲ.①电路—高等学校—教材 ②电工技术—高等学校—教材 Ⅳ.①TM

中国版本图书馆 CIP 数据核字(2012)第 027110 号

普通高等教育"十二五"规划教材
电路及电工技术基础
主 编 李昌春
副主编 余传祥 许弟建
责任编辑：曾令维 杨粮菊 版式设计：杨粮菊
责任校对：刘 真 责任印制：张 策

*

重庆大学出版社出版发行
出版人：饶帮华
社址：重庆市沙坪坝区大学城西路 21 号
邮编：401331
电话：(023) 88617190 88617185(中小学)
传真：(023) 88617186 88617166
网址：http://www. cqup. com. cn
邮箱：fxk@ cqup. com. cn (营销中心)
全国新华书店经销
POD：重庆新生代彩印技术有限公司

*

开本：787mm×1092mm 1/16 印张：14.75 字数：368 千
2012 年 4 月第 1 版 2021 年 7 月第 2 次印刷
ISBN 978-7-5624-6592-8 定价：42.00 元

前言

电工学是高等学校非电类重要的技术基础课，随着科学技术的不断发展，课程教学内容不断扩大。另一方面，由于电工学课程教学对象的多样化，各个专业在教学中的学时数及要求不尽相同，为了规范教学，教育部2003年开始重新对基础课程制订教学基本要求，2004年8月教学指导委员会提出了新的教学基本要求。

按照新的教学基本要求，电工学课程教学要求分为最低要求和可选基本要求两部分，最低基本要求是各专业、学校都必须达到的教学合格标准，而可选部分则可以根据专业培养计划的要求，选择适当模块组织课程教学大纲。

随着科学技术的不断发展，各学科之间的相互联系进一步加强，电工学课程已是不少非电类理工科专业的必修课程。因此，各高校开设电工学课程的专业和学科也就越来越多，只是根据学科专业的不同，选择不同部分的模块内容组织教学。目前，重庆大学用于机自、车辆、热能、动力等非电专业的电工学教材是由电工学课程组老师与其他高校相关老师联合编写的多学时（70～90学时）“十一五”规划教材，由电工学Ⅰ、电工学Ⅱ上下两本组成，包括的内容有：电路分析、电子技术、电机及其控制、EDA等。而对于土木、安装、环境、给排水等专业还没有相应的电工学教材，以上专业对电工学学时数要求不多（36学时左右），而侧重于电路理论与电工应用方面的知识学习，对电子技术则不作要求。基于这种情况，编写了本教材，适合于32～40学时的非电专业，且主要讲授电路与电工技术基础及应用方面的知识。

本书从基础知识、基本原理出发，由浅入深、循序渐进地对电路及电工技术方面的知识进行了分析和讲解。内容选材适用性强，前后章节内容联系紧密，逻辑严谨，语言简洁，易于学生理解和接受。在内容的编排上，加强了异步电动机及其控制方面的内容，注重培养学生建筑电气方面的基本技能，奠定学生学习相关专业课和从事专业技术工作的基础。教材每节后的练习与思考以及每章后的习题编写都注意趣味性与知识性相结合，注意与日常生活现象相结合，从而激发学生的学习积极性与主动性。教材中标有“ * ”的章节内容可作为选讲内容。

本书是重庆大学国家电工电子基础课程教学基地建设的成果之一，是重庆大学电工学课程组全体教师多年教学与科研实践的结晶。李昌春编写第1,4,6章，彭光金编写第2,3章，邓力编写第5章，余传祥编写第7章，李利编写第8,9章。李昌春、许弟建两位老师负责全书的修改和统稿。

本书由重庆大学廖瑞金、侯世英两位教授审阅，并提出了许多宝贵的修改意见，对此表示诚挚的谢意。在本书的编写出版过程中，还得到了重庆大学韩力教授及重大出版社的大力支持和帮助，在此也表示衷心的感谢。

由于编者水平有限，书中难免有疏漏和不足之处，恳请同行专家和广大读者批评指正。

编　者

2011年12月

目录

第1章 电路的基本定律与分析方法

本章主要介绍电路的基本概念、基本物理量、电路模型、电路的组成与工作状态、电路的基尔霍夫基本定律。同时,以直流稳态电路为例,介绍电路常用的几种分析方法:电源的等效变换、支路电流法、节点电压法、叠加原理和戴维南定理。这些基本定律与分析方法不仅适用于直流电路,也适用于交流电路。

1.1 电路的基本概念

1.1.1 电路的作用与组成

电路即电流的通路,它是为了某种需要由不同的电气元件按一定的顺序用连接导线依次连接而成的。根据电流性质的不同,电路有直流电路和交流电路之分。电路的结构将以它所完成的任务不同而不同,简单的电路由几个元件构成,复杂的电路可由成千上万个元件构成。

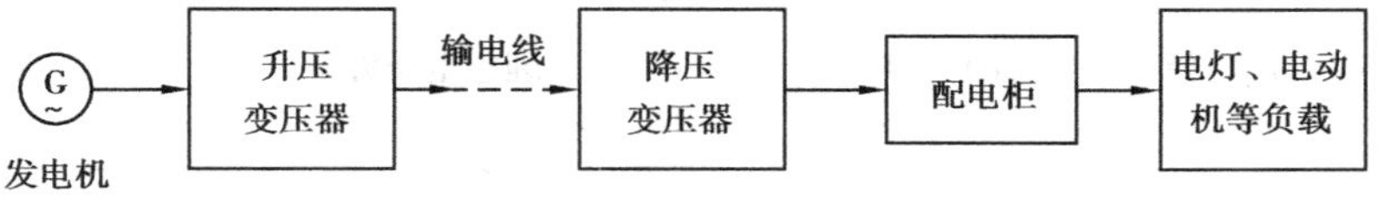

图 1.1.1 电力系统电路示意图

例如城乡供配电线路就是一种复杂电路,如图 1.1.1 所示,它的作用是实现电能的传输和转换。图 1.1.2 所示的手电筒电路则为简单电路,它将电能转换为光能、热能。另一种是以收音机电路为典型代表的信号电路,用于信号的传递和处理。本章主要讨论实现电能的传输和转换的电路。

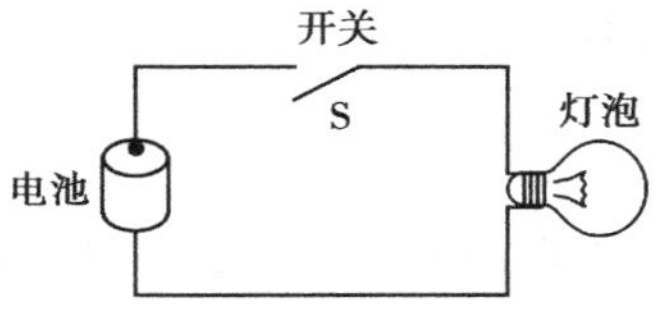

图 1.1.2 手电筒电路

电路的基本组成部分是:电源、负载和连接电源与负载的中间环节。

电源:它是将其他形式的能量(化学能、机械能等)转换为电能的设备。电源分为直流电源(DC)和交流电源(AC)两大类,在电路图中分别用“—”和“～”表示。常用的直流电源有干电池、蓄电池、直流发电机、整流电源等。民用供配电网提供的是交流电源,由交流发电机产生。图 1.1.3 为常用电源的图形符号与文字符号。

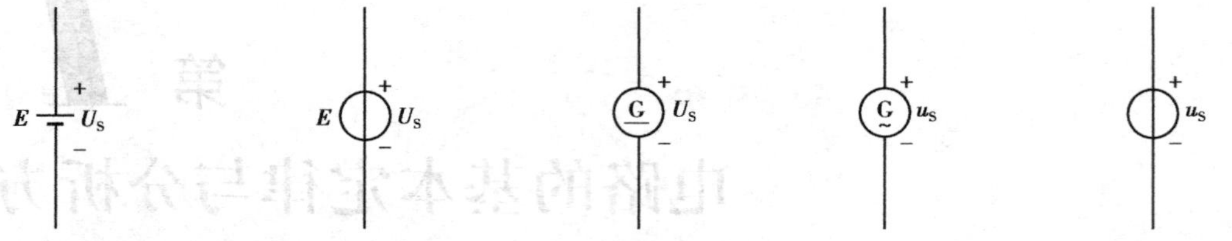

图 1.1.3　常用电源的符号

负载:它是取用电能的设备,将电能转换为其他形式的能量(如光能、热能、机械能等)。在电路图中一般负载用“—▭—”表示,文字符号标注阻抗“Z”。

中间环节:它是连接电源与负载之间必不可少的环节,由导线、开关和实现控制、测量、保护等功能的元件构成。其中用来传输和分配电能的导线是必不可少的,导线一般用包着绝缘层的铜线或铝线制成。

1.1.2　电路元件、参考方向及电路模型

电路是由电路元件构成的,理想的电路元件有 5 种,即电阻元件、电感元件、电容元件、理想电压源、理想电流源,它们的图形符号与文字符号如图 1.1.4 所示。

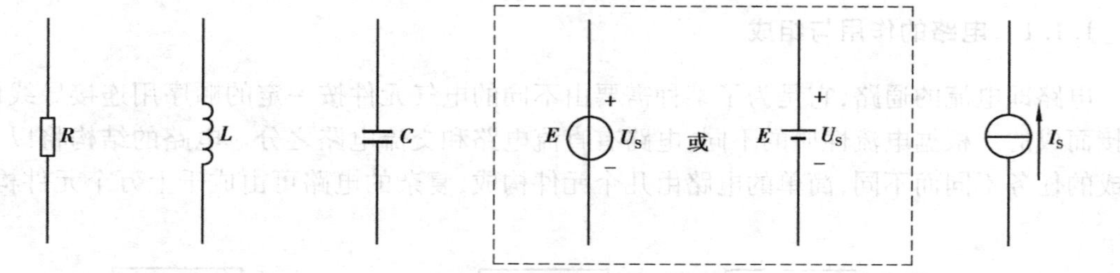

图 1.1.4　理想电路元件

电阻:理想电阻元件只具有消耗电能的电磁性质,其参数用 R 表示。当电阻参数 R 为一常数时,称为线性电阻,否则为非线性电阻。电阻元件的电压 u 与电流 i 满足欧姆定律,其特性方程为:

$$R = \frac{u}{i} \quad 或 \quad u = Ri \quad 或 \quad i = Gu \quad 其中\ G = \frac{1}{R} \tag{1.1.1}$$

R 的单位:Ω(欧[姆])、kΩ(千欧)、MΩ(兆欧);G 称为电导(电阻的倒数),单位:S(西[门子])。

u 的单位:V(伏[特])、kV(千伏)、mV(毫伏);i 的单位:A(安[培])、kA(千安)、mA(毫安)。

实际方向:电流的实际方向定义为正电荷运动的方向;电压的实际方向定义为高电位指向低电位的方向;电动势的实际方向定义为电源内部电位升高的方向,即从电源“－”极指向

“ + ”极,而电源的端电压是从“ + ”极指向“ - ”极,与电动势方向相反。

参考方向:在分析、计算复杂电路时,电路中某段支路电流的实际方向很难作出判断。对于交流电路,电流的实际方向还随时间改变,为了便于分析、计算,引入了参考方向的概念。

电流参考方向的选择是任意的,并在电路中以有向线段标注,如图 1.1.5 所示。

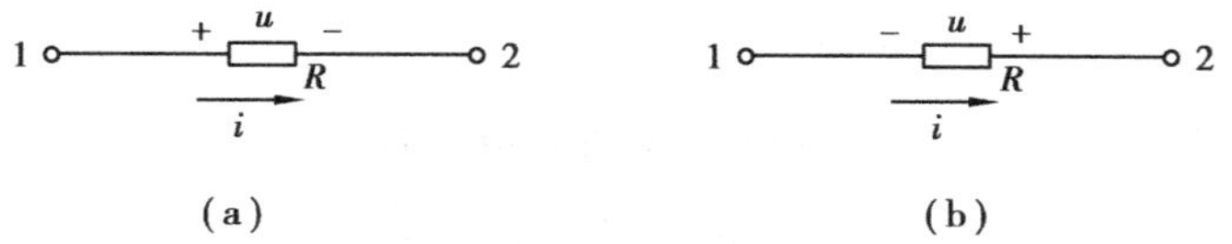

图 1.1.5　电压、电流参考方向

元件电压参考极性“ + ”、“ - ”是任意标注的,电压参考方向由“ + ”极指向“ - ”极。在图 1.1.5(a)所示电路中,元件电压、电流参考方向一致,称为关联一致;在图 1.1.5(b)所示电路中,元件电压、电流参考方向不一致,称为非关联一致。为简化分析,一般把电路中电压、电流参考方向都选得关联一致,且常常只标出元件电流参考方向。

按参考方向列写电路方程并求解。若求解结果为正值,说明实际方向与参考方向一致;否则,实际方向与参考方向相反。

在任一瞬间,电压瞬时值 u 与电流瞬时值 i 的乘积,称为瞬时功率,用小写字母 p 表示。电阻是耗能元件,其消耗的瞬时功率为:

$$p = ui = Ri^2 = \frac{u^2}{R} \tag{1.1.2}$$

瞬时功率在一个周期内的平均值,称为平均功率,它表征了一个周期内电路消耗电能的平均速率,因此,也称有功功率,用大写字母 P 表示,即

$$P = \frac{1}{T}\int_0^T p\mathrm{d}t \tag{1.1.3}$$

直流电路中,电阻 R 上的电压、电流恒定,即 $u = U, i = I$,所以瞬时功率就等于有功(平均)功率,即

$$p = P = UI = RI^2 = \frac{U^2}{R} \quad (\text{直流}) \tag{1.1.4}$$

P 的单位:W(瓦)、kW(千瓦)、MW(兆瓦)

瞬时功率 p 表明元件在单位时间内所消耗的能量,因此,对式(1.1.2)积分可求得在时间间隔$[0,t]$内消耗的电能为:

$$W[0,t] = \int_0^t p\mathrm{d}t = \int_0^t ui\mathrm{d}t = \int_0^t Ri^2\mathrm{d}t = \int_0^t \frac{u^2}{R}\mathrm{d}t \tag{1.1.5}$$

对于直流电路:

$$W[0,t] = \int_0^t P\mathrm{d}t = \int_0^t UI\mathrm{d}t = UIt = RI^2t = \frac{U^2}{R}t \tag{1.1.6}$$

上式中电压的单位为 V,电流的单位为 A,电阻的单位为 Ω,时间的单位为 s,电能 W 的单位为 J(焦[尔])。在日常生产和生活中,电能也常用“度”计量:

$$1\ 度 = 1\ \mathrm{kW \cdot h} = 1\ \mathrm{kV \cdot A \cdot h}$$

电感:理想电感元件是只具有储存磁场能量这样一种电磁特性(电感性)的二端元件。电感的参数用 L 表示,当 L 为一常数时为线性电感,其磁通链与线圈电流成正比,定义式为:

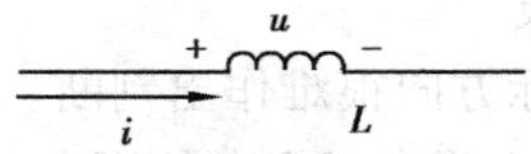

图 1.1.6　电感元件

$L=\dfrac{\psi}{i}$，如图 1.1.6 所示。

理想线性电感元件的电压、电流关系，即特性方程表示为：

$$u = L\frac{\mathrm{d}i}{\mathrm{d}t} \tag{1.1.7}$$

L 的单位：H（亨［利］）、mH（毫亨）

线性电感在时间间隔［0，t］内储存的磁场能量是瞬时功率 p 的积分，其表达式如下：

$$W[0,t] = \int_0^t p\mathrm{d}t = \int_0^t ui\mathrm{d}t = \int_0^t Li\mathrm{d}i = \frac{1}{2}Li^2(t) - \frac{1}{2}Li^2(0) \tag{1.1.8}$$

若初始时刻电流 $i(0)=0$，则上式简化为：

$$W[0,t] = \frac{1}{2}Li^2(t) \tag{1.1.9}$$

此式表明，在任一瞬时通有电流的线性电感元件的磁场能量与电感电流的平方成正比。

电容：理想电容元件是只具有储存电场能量这样一种电场特性（电容性）的二端元件，如图 1.1.7 所示。电容的参数用 C 表示，当 C 为一常数时为线性电容，定义式为：

$$C = \frac{q}{u}$$

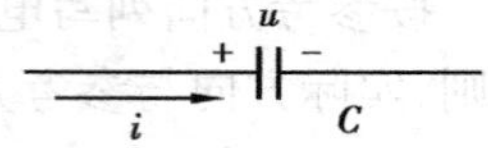

图 1.1.7　电容元件

理想线性电容元件的电压、电流关系，即特性方程表示为：

$$i = C\frac{\mathrm{d}u}{\mathrm{d}t} \tag{1.1.10}$$

C 的单位：F（法［拉］）、μF（微法）、pF（皮法）

$$1\ \mathrm{F} = 10^6\ \mu\mathrm{F} = 10^{12}\ \mathrm{pF} \tag{1.1.11}$$

线性电容在时间间隔［0，t］内储存的电场能量是瞬时功率 p 的积分，其表达式如下：

$$W[0,t] = \int_0^t p\mathrm{d}t = \int_0^t ui\mathrm{d}t = \int_0^t Cu\mathrm{d}u = \frac{1}{2}Cu^2(t) - \frac{1}{2}Cu^2(0) \tag{1.1.12}$$

若初始时刻电压 $u(0)=0$，则上式简化为：

$$W[0,t] = \frac{1}{2}Cu^2(t) \tag{1.1.13}$$

此式表明，在任一瞬时带有电压的线性电容元件的电场能量与电容电压的平方成正比。

理想电压源：理想电压源是一个二端元件，其端电压在任意瞬时与其端电流无关：或者恒定不变（直流电压源，如图 1.1.8 所示），或者按某一固有函数规律随时间变化（交流电压源）。

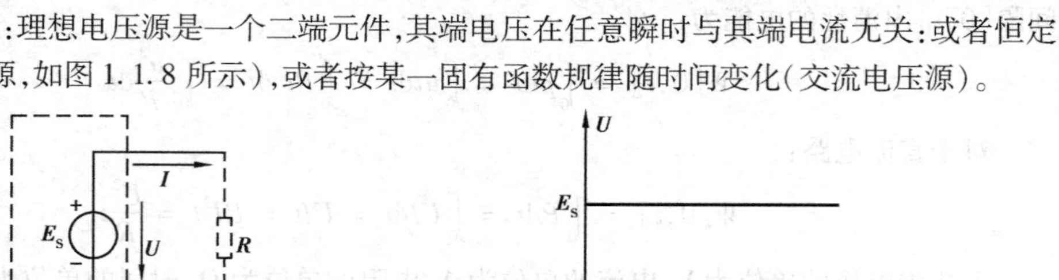

(a)理想电压源特点：$U=E_S$　$R_0=0$　　**(b)理想电压源外特性曲线**

图 1.1.8　理想电压源

电源输出端电压随输出端电流变化的关系曲线，称为电源的外特性曲线。

实际电压源是电源内阻不为零的电压源，其输出端电压随负载大小而变，即 $U \neq E_S$，$R_0 \neq 0$，如图 1.1.9 所示。

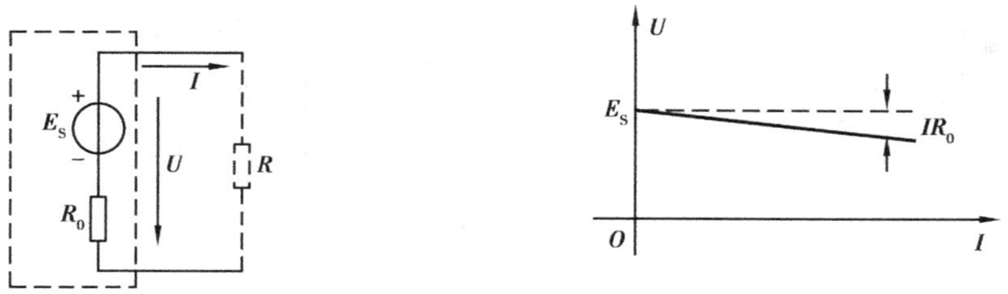

(a)实际电压源特点：$U \neq E_S$　$R_0 \neq 0$　　(b)实际电压源外特性曲线

图 1.1.9　实际电压源

理想电流源：理想电流源是一个二端元件，其端电流在任意瞬时与其端电压无关：或者恒定不变(直流电流源，如图 1.1.10 所示)，或者按某一固有函数规律随时间变化(交流电流源)。

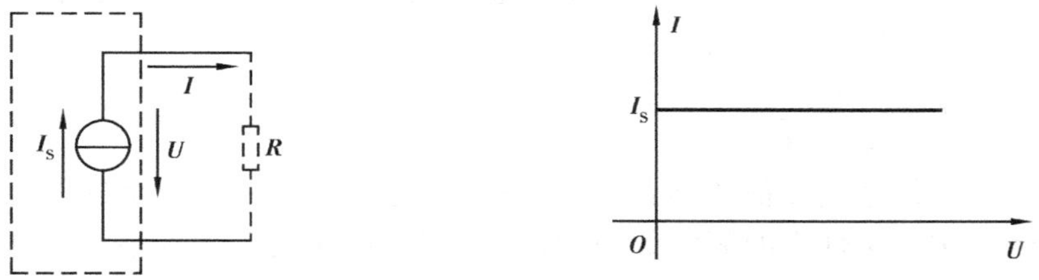

(a)理想电流源特点：$I=I_S$　$R_0=\infty$　　(b)理想电流源外特性曲线

图 1.1.10　理想电流源

实际电流源是电源内阻不为无穷大的电源，其输出端电流随负载大小而变，即 $I \neq I_S$，$R_0 \neq \infty$，如图 1.1.11 所示。

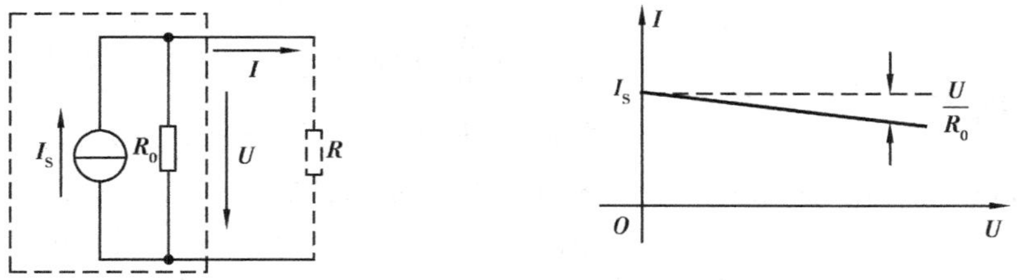

(a)实际电流源特点：$I \neq I_S$　$R_0 \neq \infty$　　(b)实际电流源外特性曲线

图 1.1.11　实际电流源

电路模型：为便于电路的分析与计算，将实际元件理想化，即在一定的条件下，只考虑其主要的电磁性质。由理想电路元件构成的电路模型是对实际电路的科学抽象与概括。如手电筒电路对应的电路模型，如图 1.1.12 所示。

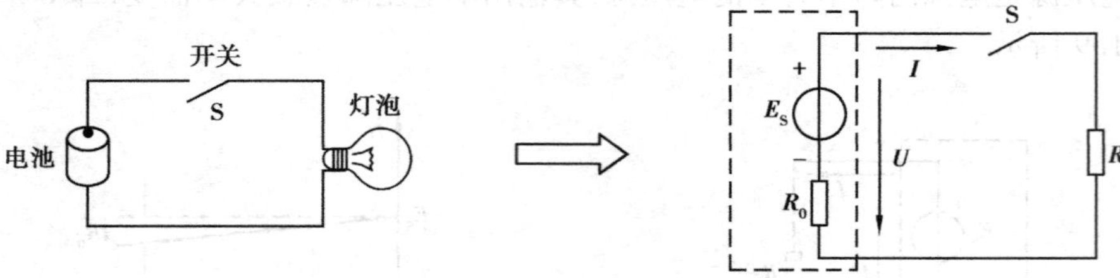

图 1.1.12　手电筒电路对应的电路模型

1.1.3　电路的运行状态

电路有断路、通路和短路三种运行状态，下面以手电筒电路模型如图 1.1.12 所示电路为例加以说明。

断路：当开关 S 断开时所处的状态即为断路状态。断路时电源输出端电流 $I=0$，但输出端电压不等于 0，此电压称为开路电压用 U_0 表示，且 $U_0=E_S$。

通路：当开关 S 闭合时所处的状态即为通路状态，也称有（负）载工作状态。电源对外输出电流 I、电压 U、功率 P，其中：

$$I=\frac{E_S}{R_0+R_L}\qquad U=IR_L=E_S-IR_0\qquad P=IU=IE_S-I^2R_0$$

接在电路中的电气设备，它们的工作电流和电压都有一个规定的使用数值，这个数值称为**额定值**。按厂家规定的额定值使用电气设备，可使设备达到最佳工作状态，同时安全可靠、保证正常的使用寿命。一般的电气设备都有额定电压 U_N、额定电流 I_N、额定功率 P_N 等参数。

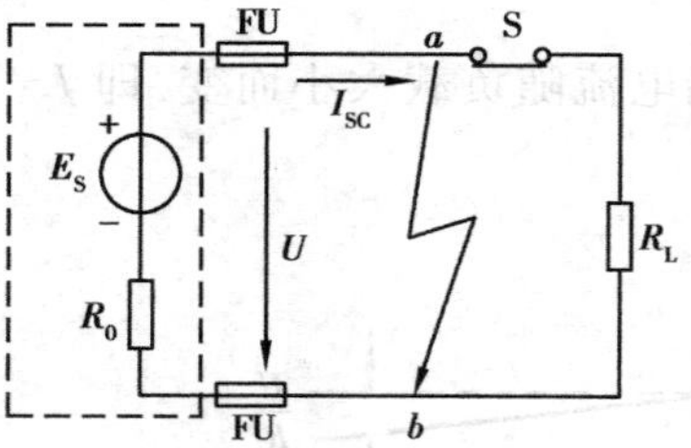

图 1.1.13　电路的短路状态

短路：当开关 S 闭合时由于某种原因 a、b 两点连在一起了，称为 a、b 处被短路，如图 1.1.13 所示。此时电源输出的端电压 $U=0$，电源对外输出功率 $P=0$，输出电流不经过外接负载，而通过短路线形成短路电流 I_{SC}，其大小为：$I_{SC}=\dfrac{E_S}{R_0}$，电源产生的功率全部被内阻耗掉。由于电源内阻 R_0 很小，所以短路电流很大，会引起电源或导线绝缘的损坏，严重时会引起火灾。为此，在电路中需设置短路保护元件。简单可行的方法是在电源出线端串接熔断器 FU，一但发生电源或负载短路，熔丝立即熔断，切断电源和用电设备。

1.1.4　受控电源

前面提到的电源如发电机、电池等，由于能独立地为电路提供能量，所以被称为独立电源。受控电源是另一类电源模型，它的输出具有理想电源的特性，但其参数却受电路中其他电量的控制。受控电源是为了描述电子器件的特性而提出的电路元件模型。受控电源按控制量和被控制量的关系分为 4 种类型：电压控制电压源（VCVS）、电压控制电流源（VCCS）、电流控制电压源(CCVS)、电流控制电流源(CCCS),这4种受控电源模型如图1.1.14所示。

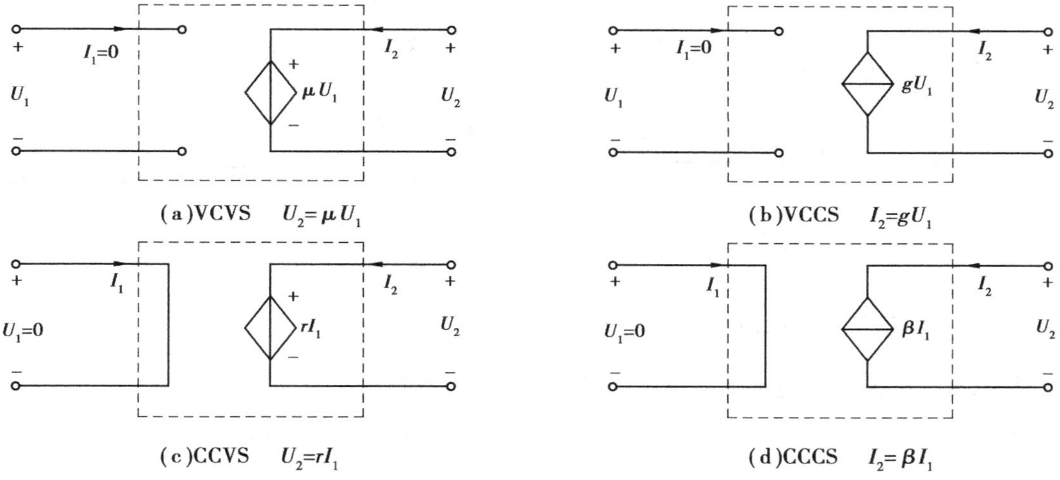

图1.1.14　受控电源模型

在图1.1.14所示受控电源模型中,有4个系数:μ 称为电压放大系数;g 称为转移电导系数;r 称为转移电阻系数;β 称为电流放大系数。

受控电源的特点:当控制的电压或电流消失或等于零时,受控电源的电压或电流也将等于零;当控制的电压或电流方向改变时,受控电源的电压或电流方向也将随之改变。

练习与思考

1.1.1　电阻、电感、电容这3种元件中,哪些是耗能元件?哪些是储能元件?

1.1.2　若 $U_{ab}=-5$ V,试问 a、b 两点哪点电位高?

1.1.3　某电压源测得其开路电压为8 V,短路电流为16 A,求电源参数。

1.1.4　在判断受控电源类型时,主要是看它的控制量,而与图形符号无关。这句话对吗?为什么?

1.2　基尔霍夫定律

分析、计算电路的基本定律,除了欧姆定律以外,还有基尔霍夫电流定律和电压定律。基尔霍夫电流定律应用于节点,基尔霍夫电压定律应用于回路。

1.2.1　电路结构名词

支路:电路中每一条分支称为支路,支路中流过的电流称为支路电流。本教材约定支路中必须含有至少一个电路元件,图1.2.1所示电路中有3条支路。不含电路元件的支路(仅由导线构成)称为广义支路。

节点:3条或3条以上支路的汇交点称为节点。图1.2.1所示电路中有2个节点,即 a 和

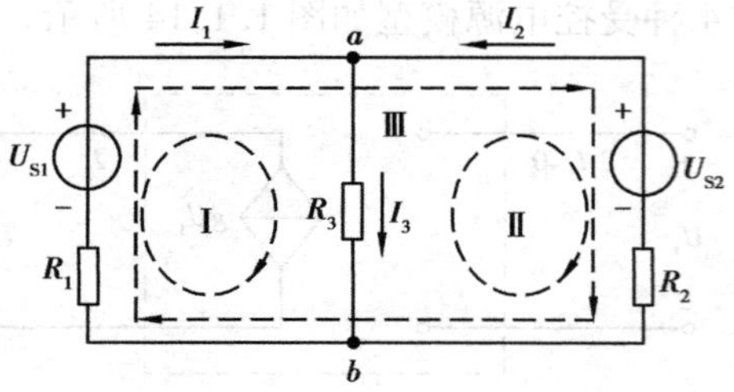

图 1.2.1　电路举例

b 点。

回路:电路中任一闭合路径称为回路,回路是由一条或多条支路组成的。图 1.2.1 所示电路中有 3 个回路,即Ⅰ、Ⅱ、Ⅲ回路。

网孔:网孔是一特殊回路,在这些回路内不含有其他支路或回路。对于平面电路,网孔一定是独立回路。图 1.2.1 所示电路中有 2 个网孔,即Ⅰ、Ⅱ回路,它们是独立的回路。

1.2.2　基尔霍夫电流定律(KCL)

基尔霍夫电流定律用于确定连接在同一节点上各支路的电流关系,它指出:在任意瞬时,流入某一节点的电流之和等于从该节点流出的电流之和,即对节点有:

$$\sum I_{入} = \sum I_{出} \tag{1.2.1}$$

在图 1.2.1 所示电路中,对节点 a 有:$I_1+I_2=I_3$,将此式改写为:$I_1+I_2-I_3=0$

即
$$\sum I = 0 \tag{1.2.2}$$

式(1.2.2)可描述为:在任一瞬时,一个节点上电流的代数和恒等于零。若规定流入节点的电流参考方向取“+”,则流出节点的电流就取“-”,反之亦然。

基尔霍夫电流定律可推广应用于广义节点,即包围部分电路的任意闭合面。如图 1.2.2 所示虚线闭合面包围的三角形电路可视着一广义节点,则有如下节点电流方程:

$$I_A + I_B + I_C = 0$$

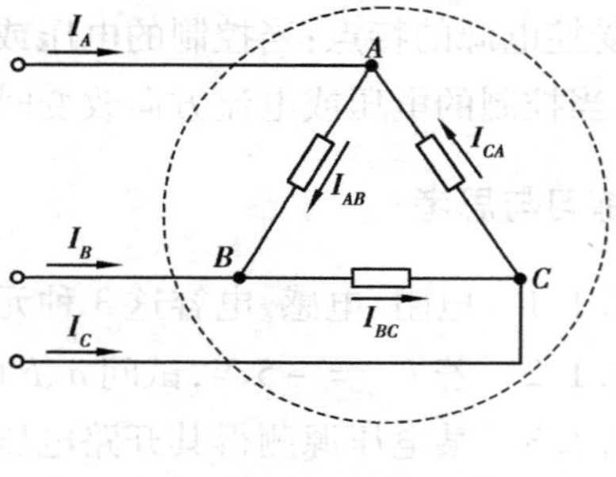

图 1.2.2　节点电流定律的推广应用

此方程的正确性可用 A、B、C 三个具体的节点电流方程进行验证。

1.2.3　基尔霍夫电压定律(KVL)

基尔霍夫电压定律用于确定回路中各段电压间的关系,它指出:在任一瞬时,沿任一回路循行一周,回路中各段电压的代数和恒等于零。规定元件端电压参考方向与循行方向一致取“+”,否则取“-”。即对回路有:

$$\sum U = 0 \tag{1.2.3}$$

对图 1.2.1 所示电路中的回路Ⅲ按图中顺时针循行方向,列电压方程有:

$$U_{S2} - R_2I_2 + R_1I_1 - U_{S1} = 0$$

若选循行方向为逆时针,则电压方程为:$U_{S1} - R_1I_1 + R_2I_2 - U_{S2} = 0$

注意:上述两方程实质上是同一个方程。因此,列写回路电压方程与循行方向的选择无关,但各元件或各段电压的参考方向必须事先标注出来。本教材中,电阻元件的电压、电流参考方向选得关联一致。

基尔霍夫电压定律也可推广应用于广义回路，即回路的部分电路。在图 1.2.3 所示电路中，对广义回路 $ABCA$ 列电压方程有：

$$E + R_1I_1 + R_2I_2 - U_S + U_{CA} = 0$$

即
$$U_{AC} = E + R_1I_1 + R_2I_2 - U_S$$

注意：$U_{CA} = -U_{AC}$

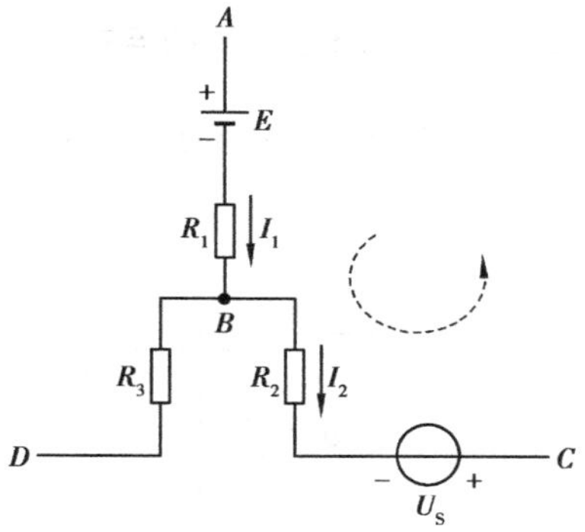

图 1.2.3　回路电压定律的推广应用

练习与思考

1.2.1　列写节点电流方程或回路电压方程是否可以不标注电流或电压的参考方向？

1.2.2　在图 1.2.4 所示电路中，已知 $I_1 = 6$ A，$I_2 = 9$ A，则 $I_3 = ?$

1.2.3　在图 1.2.5 所示电路中，已知 $U_S = 3$ V，$I_S = 2$ A，求 a、b 两点间的电压是多少？

1.2.4　在图 1.2.6 所示电路中，流过电压源的电流 I 是多少？

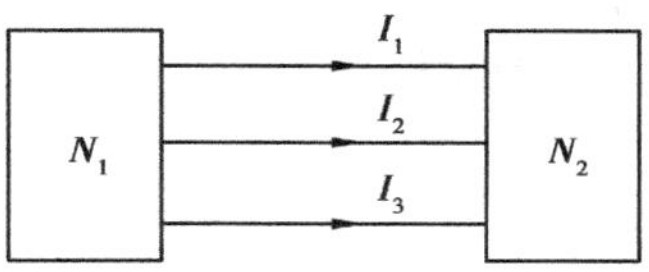

图 1.2.4

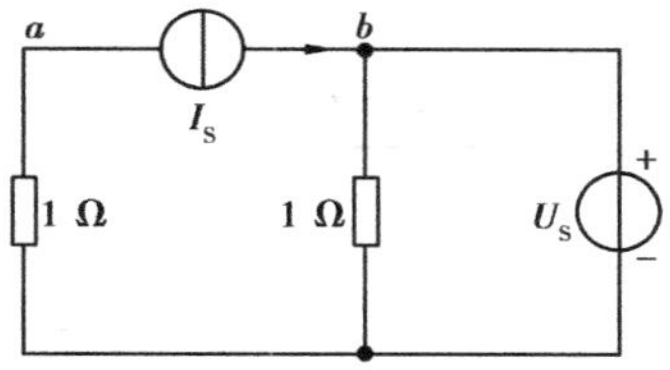

图 1.2.5

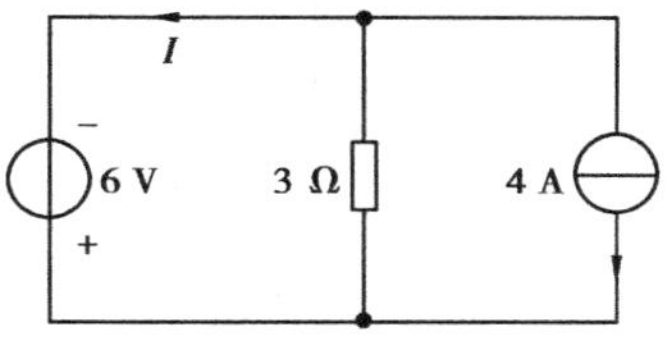

图 1.2.6

1.2.5　写出图 1.2.7 所示电路中端电压 U 的表达式。

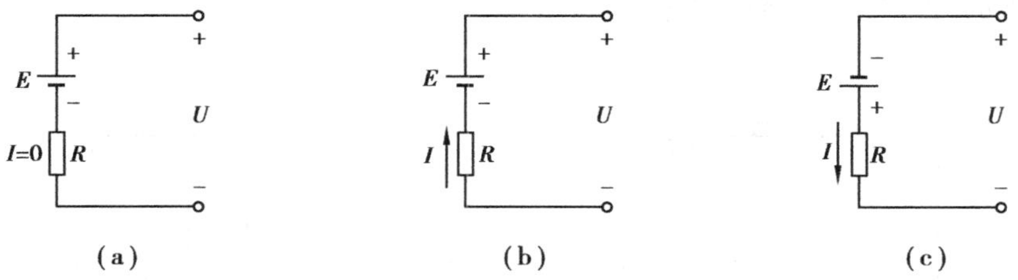

图 1.2.7

1.3　电源模型的等效变换

在前面 1.1.2 内容中介绍了理想电源与实际电源模型的特点，下面分析讨论理想电源之间的连接和两种实际电源模型之间的等效变换。

1.3.1 理想电压源的连接

理想电压源可以串联，如图 1.3.1 所示，对外电路可等效为一个电压源（应用 KVL 定律）。

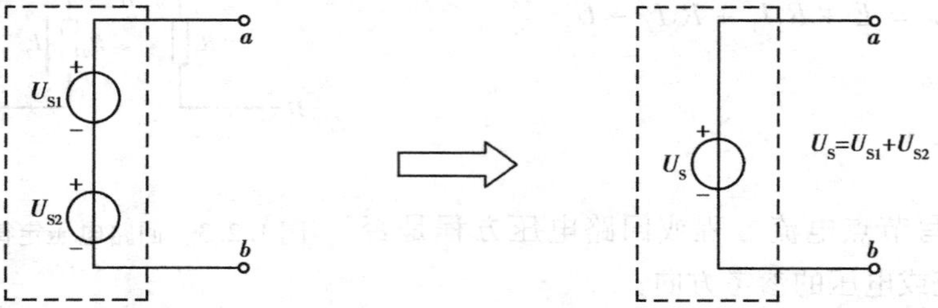

（a）理想电压源串联1　　　　（b）等效电路1

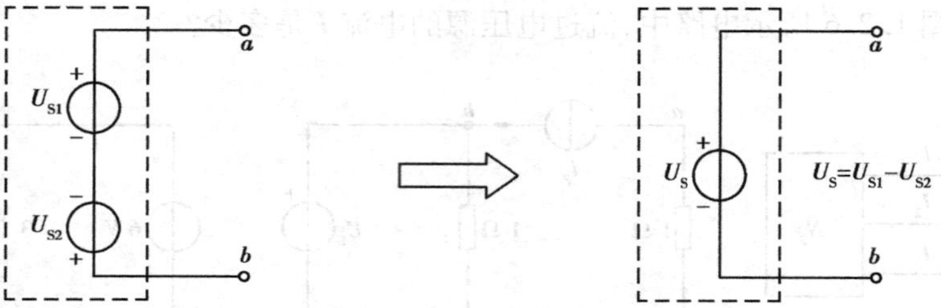

（c）理想电压源串联2　　　　（d）等效电路2

图 1.3.1　理想电压源串联及其等效电路

理想电压源也可并联，但必须大小相等、极性相同，对外电路而言即等效为一个电压源，如图 1.3.2 所示；否则，电源会被损坏。

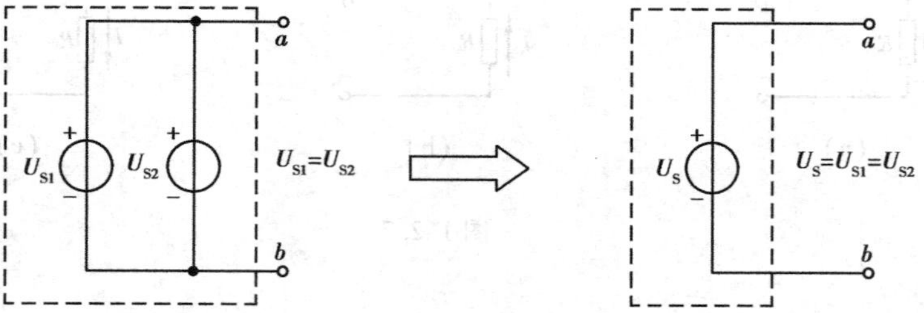

（a）理想电压源并联　　　　（b）等效电路

图 1.3.2　理想电压源并联及其等效电路

理想电压源与其他电路元件并联，对外电路而言均可等效为该理想电压源，如图 1.3.3 所示。

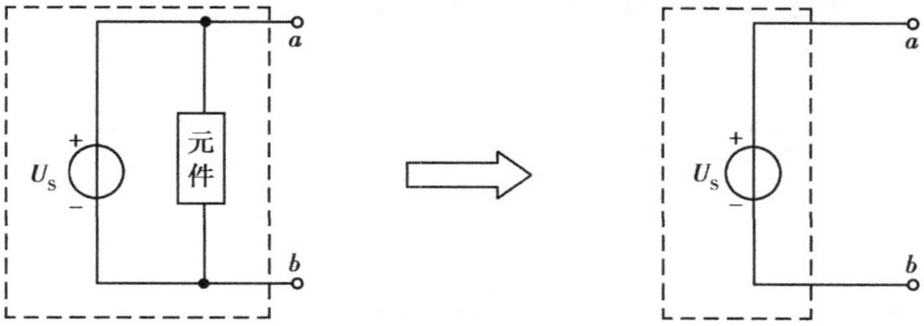

(a)理想电压源与元件并联　　　　(b)等效电路

图 1.3.3　理想电压源与元件并联及其等效电路

1.3.2　理想电流源的连接

理想电流源可以并联，如图 1.3.4 所示，对外电路可等效为一个电流源（应用 KCL 定律）。

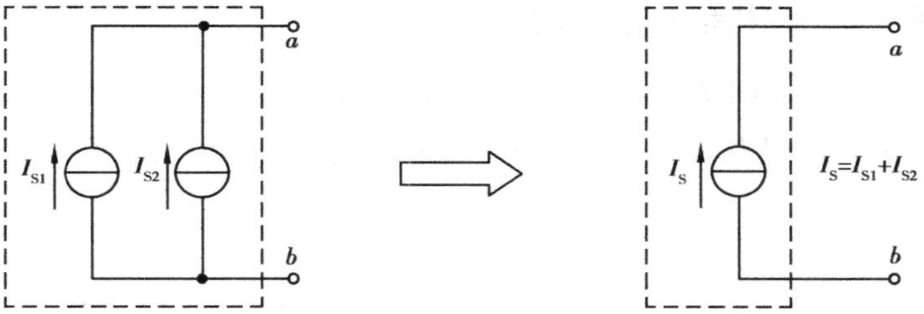

(a)理想电流源并联1　　　　(b)等效电路1

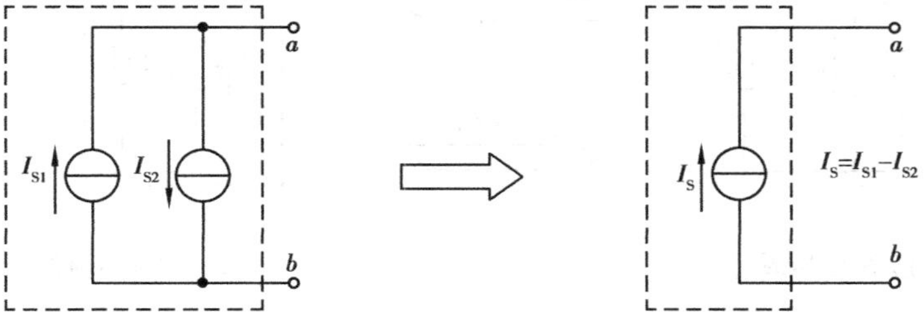

(c)理想电流源并联2　　　　(d)等效电路2

图 1.3.4　理想电流源并联及其等效电路

理想电流源也可串联，但必须大小相等、方向相同，对外电路而言即等效为一个电流源，如图 1.3.5 所示；否则，电源会被损坏。

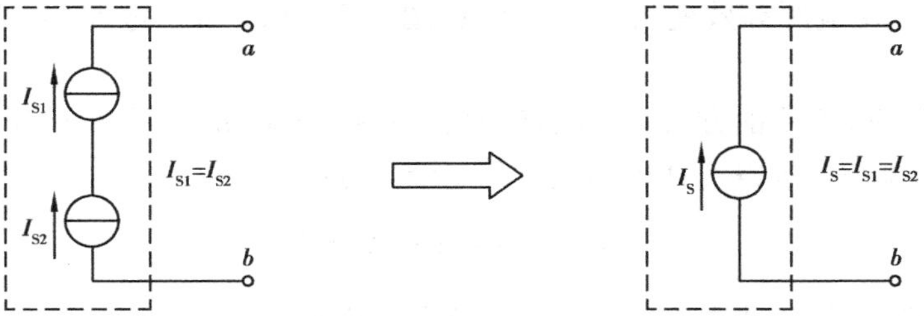

(a)理想电流源串联　　　　(b)等效电路

图 1.3.5　理想电流源串联及其等效电路

理想电流源与其他电路元件串联，对外电路而言均可等效为该理想电流源，如图 1.3.6 所示。

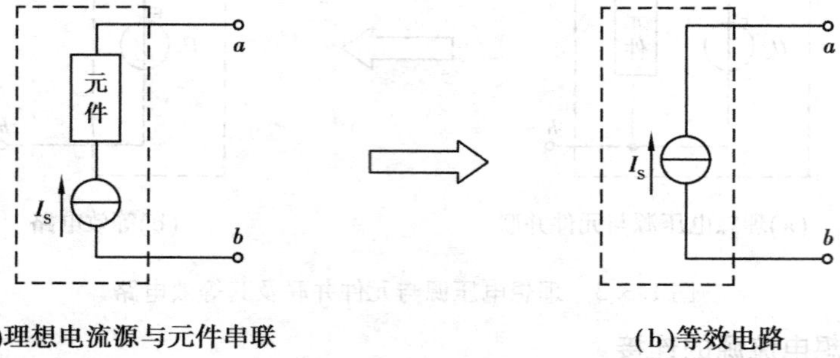

图 1.3.6　理想电流源与元件串联及其等效电路

1.3.3　两种实际电源模型的等效变换

在电路分析计算中，有时采用电源的等效变换来化简电路。凡是一理想电压源与电阻串联的模型，都可化为一理想电流源与这个电阻并联的模型，对外电路而言它们是等效的，如图 1.3.7 所示。

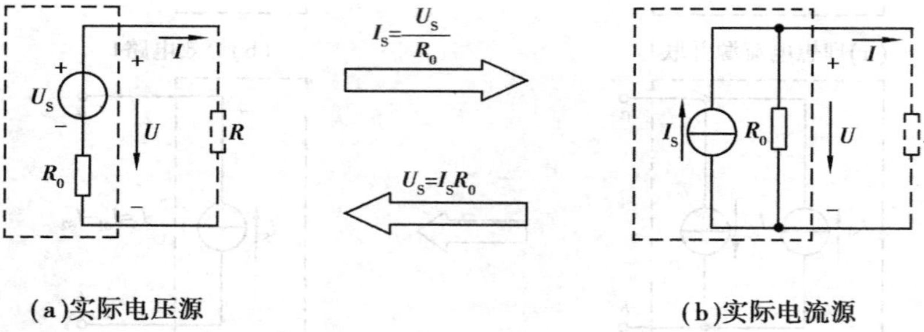

图 1.3.7　两种实际电源模型的等效变换

注意：①电流源的流向指向电压源的“+”极，即两种电源对外供出的电压、电流方向相同；

②在等效变换过程中，电阻 R_0 不变；

③理想电压源($R_0=0$)与理想电流源($R_0=\infty$)不能等效变换。

例 1.3.1　试用电源等效变换的方法计算图 1.3.8(a)所示电路中 1 Ω 电阻通过的电流 I。

解　用电源等效变换的方法化简电路步骤，如图 1.3.8(b) ~ 图 1.3.8(e)所示。

最后应用分流公式求得 1 Ω 电阻通过的电流 I 为：

$$I=\left(\frac{2}{1+2}\times 3\right)\text{A}=2\ \text{A}$$

注意：在变换过程中，待求支路一直要保留在电路中。

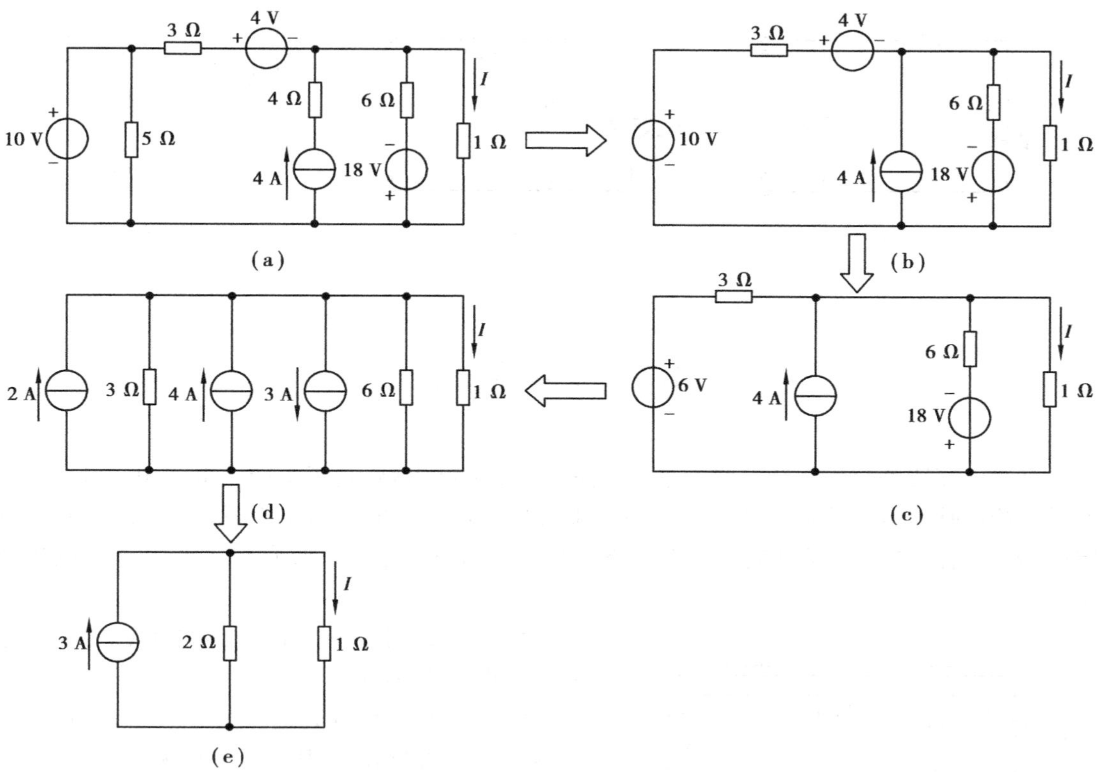

图 1.3.8　电源等效变换的方法计算图

练习与思考

1.3.1　在图 1.3.9 所示的(a)、(b)两个电路中，(1)R_1 是不是电源的内阻？(2)R_2 中的电流 I_2 及其两端的电压 U_2 各等于多少？(3)改变 R_1 的阻值，对 I_2 和 U_2 有无影响？(4)求理想电压源通过的电流 I 和理想电流源的端电压 U 各是多少？(5)改变 R_1 的阻值对(4)中的 I 和 U 有无影响？

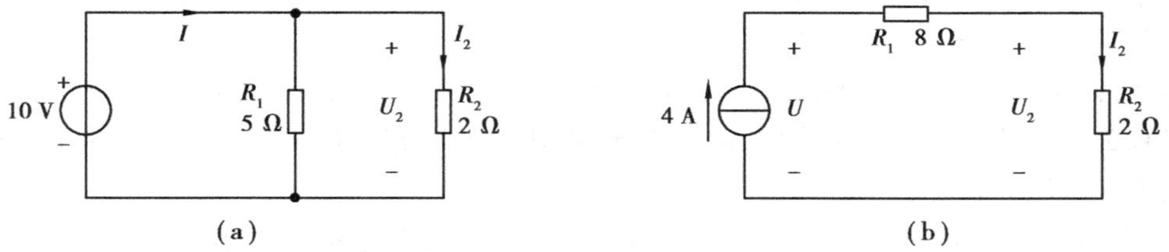

图 1.3.9

1.3.2　理想电压源与理想电流源之间为什么不能等效变换？

1.3.3　图 1.3.10 所示电路，用电源等效变换的方法，化简电路。

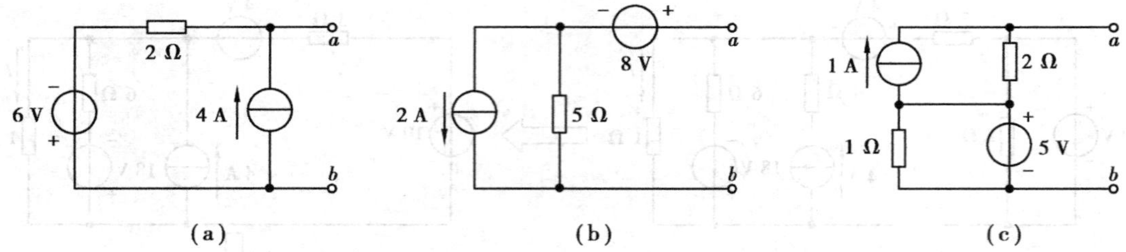

图 1.3.10

1.4 支路电流法

支路电流法是分析复杂电路的基本方法。所谓复杂电路,是指不能用电阻串、并联化简,然后直接用欧姆定律求解的电路。支路电流法是以各支路电流为未知量,应用 KCL 和 KVL 定律,列出支路电流方程组进行求解。下面以图 1.4.1 电路为例,介绍支路电流法的解题步骤。

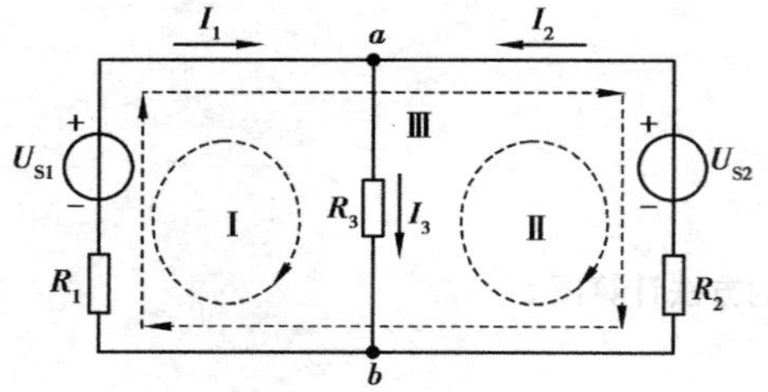

图 1.4.1 电路图

例 1.4.1 试用支路电流法求解图 1.4.1 电路中的电流 I_1、I_2、I_3。

解 (1)应用 KCL 定律列节点电流方程,此电路有 a、b 两个节点,其电流方程为:

a 点:$I_1+I_2=I_3$ b 点:$I_3=I_1+I_2$

显然,这两个方程实质上是一个方程,即 2 个节点的电路,独立的节点电流方程只有 1 个。n 个节点的电路,其独立的节点电流方程有 $n-1$ 个。

(2)应用 KVL 定律列回路电压方程,此电路有 3 个回路,其电压方程为(均从 a 点出发,顺时针循行一周):

回路Ⅰ:$I_3R_3+I_1R_1-U_{S1}=0$

回路Ⅱ:$U_{S2}-I_2R_2-I_3R_3=0$

回路Ⅲ:$U_{S2}-I_2R_2+I_1R_1-U_{S1}=0$

显然,回路Ⅲ方程可由回路Ⅰ、回路Ⅱ方程相加获得,即 3 个回路的电路,独立的回路电压方程有 2 个。若电路有 b 条支路,n 个节点,则独立的回路电压方程有 $b-(n-1)$ 个,常取网孔列独立电压方程。

(3)将独立的节点电流方程和独立的回路电压方程联立起来,组成支路电流方程组:

a 点:$I_1+I_2=I_3$

回路Ⅰ:$I_3R_3+I_1R_1-U_{S1}=0$

回路Ⅱ:$U_{S2}-I_2R_2-I_3R_3=0$

(4)求解方程组,得各支路电流。

例 1.4.2 在图 1.4.1 电路中,已知:$U_{S1}=50$ V,$U_{S2}=10$ V,$R_1=R_2=R_3=5$ Ω,求电流 I_1、I_2、I_3,并验证电路的功率平衡关系。

解 将电路参数代入上例得到的支路电流方程组,得:

$$\begin{cases} I_1 + I_2 = I_3 \\ 5I_3 + 5I_1 - 50 = 0 \\ 10 - 5I_2 - 5I_3 = 0 \end{cases}$$

求解得：

$$\begin{cases} I_1 = 6\ \text{A} \\ I_2 = -2\ \text{A} \\ I_3 = 4\ \text{A} \end{cases}$$

功率关系：

$P_{R1} = I_1^2 R_1 = (6^2 \times 5)\text{W} = 180\ \text{W}$（负载、吸收）

$P_{R2} = I_2^2 R_2 = [(-2)^2 \times 5]\ \text{W} = 20\ \text{W}$（负载、吸收）

$P_{R3} = I_3^2 R_3 = (4^2 \times 5)\text{W} = 80\ \text{W}$（负载、吸收）

$P_{U_{S1}} = -U_{S1}I_1 = (-50 \times 6)\text{W} = -300\ \text{W}$（电源、发出）

$P_{U_{S2}} = -U_{S2}I_2 = [-10 \times (-2)]\ \text{W} = 20\ \text{W}$（负载、吸收）

由此可见，$|\sum P_{吸收}| = |\sum P_{发出}|$，整个电路保持功率平衡。

注意：①计算功率时，当元件电压、电流参考方向选得关联一致时，则 $P = UI > 0$，为负载、吸收功率；$P = UI < 0$，为电源、发出功率。

②当元件电压、电流参考方向选得非关联一致时，其功率计算式变为 $P = -UI$，如本例中计算两个电源的功率。结论仍是：$P > 0$，负载、吸收功率；$P < 0$，电源、发出功率。

③若已知电阻电流和电阻参数，通常用 $P = I^2R$ 计算电阻功率，其值总是"+"值，作为负载吸收消耗功率。

练习与思考

1.4.1　总结应用支路电流法求解电路的主要步骤。

1.4.2　若电路有 b 条支路，n 个节点，试写出独立节点数和独立回路数的关系式。通常如何选取独立的回路？

1.4.3　在图 1.4.2 所示电路中，有多少条支路？多少个节点？标注支路电流参考方向，并列写支路电流方程组。

1.4.4　在图 1.4.3 所示电路中，试分析理想电压源和理想电流源的工作状态，即功率平衡关系。

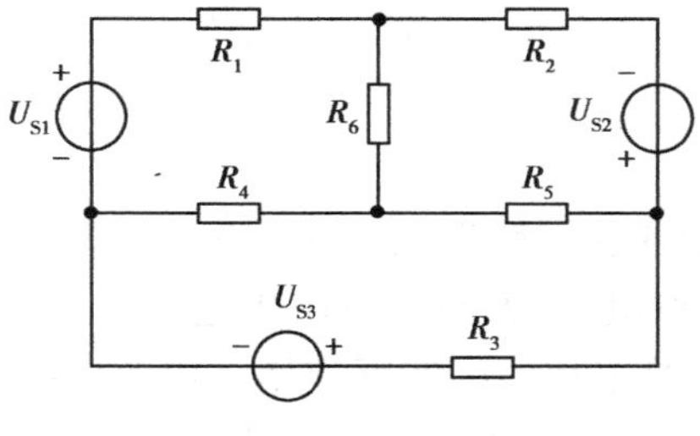

图 1.4.2

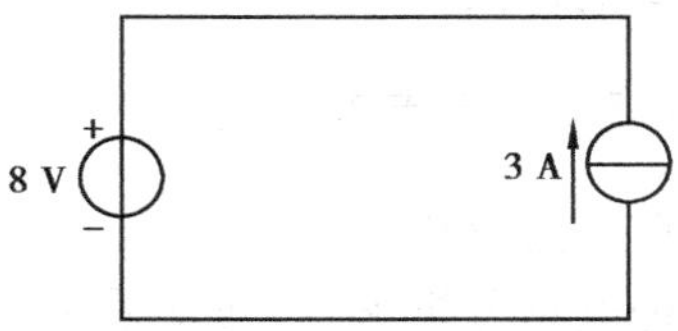

图 1.4.3

1.5 电位的概念与节点电压法

1.5.1 电位的概念

在分析计算电路时(特别是电子电路中),经常要用到电位这个概念。电路元件中电流的实际方向总是从高电位点流向低电位点,它们之间存在电位差(即电压)。所谓某点的电位,就是该点到参考点的电压。因此,计算电位时,必须选定电路中的零电位参考点,并用接地符号"⊥"标注出来。

例 1.5.1 在图 1.5.1 电路中 A 点断开,试求 A 点电位。

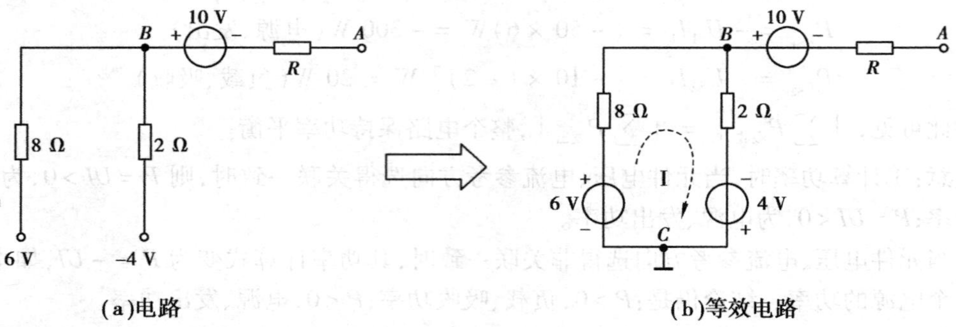

图 1.5.1 电路及等效电路

解 画出原电路的等效电路,即选定的 C 点为电路中的零电位参考点,则 A 点电位为:

$$V_A = U_{AB} + 2I - 4 = \left(-10 + 2 \times \frac{6+4}{8+2} - 4\right)\text{V} = -12\ \text{V}$$

或

$$V_A = U_{AB} - 8I + 6 = \left(-10 - 8 \times \frac{6+4}{8+2} + 6\right)\text{V} = -12\ \text{V}$$

要计算某点的电位,就从该点出发,通过一定的路径绕到零电位点,该绕行路径上各段电压的代数和即为计算点的电位。各段电压正、负确定:电压参考方向与绕行方向相同的取"+",反之取"−"。

注意:①零点电位一旦选定,电路中各点的电位就唯一确定;当零电位点变化时,各点电位将随之变化。

②电路任意两点间的电位差(即电压),不会随零电位点的变化而发生变化。

1.5.2 节点电压法

在电路分析计算中,常常会遇到独立节点数少于独立回路数的电路,如图 1.5.2 所示。对这种电路分析求解,通常采用节点电压法。所谓节点电压,就是在电路中选定一个参考节点,求出其他节点对参考节点的电压。考虑到土木、建筑工程中的实际应用及篇幅所限,本节只介绍具有 2 个节点的节点电压求解方法,下面结合例题进行方法介绍,最后总结得出弥尔曼公式。

例 1.5.2　在图 1.5.2 电路中，试求电流 I_L 表达式。

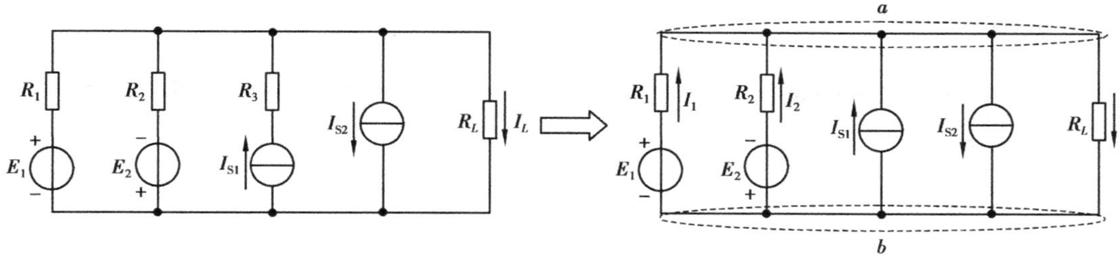

图 1.5.2　电路及等效电路

解　画出原电路的等效电路，要求电流 I_L，只要求出并联端电压 U_{ab}（若选 b 为参考节点，则 a 点对 b 点的电压 U_{ab} 即为节点电压），问题即可解决。

（1）应用基尔霍夫电压定律，把端电压 U_{ab} 用含电阻支路的电流表示出来，则有：

$$\begin{cases} U_{ab} = -I_1R_1 + E_1 \\ U_{ab} = -I_2R_2 - E_2 \\ U_{ab} = I_LR_L \end{cases} \Longrightarrow \begin{cases} I_1 = \dfrac{E_1 - U_{ab}}{R_1} \\ I_2 = \dfrac{-E_2 - U_{ab}}{R_2} \\ I_L = \dfrac{U_{ab}}{R_L} \end{cases} \tag{1.5.1}$$

（2）应用基尔霍夫电流定律，对 a 节点列电流方程，有：

$$I_1 + I_2 + I_{S1} - I_{S2} - I_L = 0 \tag{1.5.2}$$

（3）将（1.5.1）式，即 I_1、I_2、I_L 表达式代入（1.5.2）式节点电流方程，整理得：

$$U_{ab} = \frac{\dfrac{E_1}{R_1} - \dfrac{E_2}{R_2} + I_{S1} - I_{S2}}{\dfrac{1}{R_1} + \dfrac{1}{R_2} + \dfrac{1}{R_L}} = \frac{\sum \dfrac{E}{R} + \sum I_S}{\sum \dfrac{1}{R}} \text{（弥尔曼公式）} \tag{1.5.3}$$

（4）待求支路电流 I_L 为：

$$I_L = \frac{U_{ab}}{R_L}$$

小结：①弥尔曼公式中，分子是各电流源的代数和（若是电压源模型转换成电流源模型），流进待求节点的电流源取“+”，反之取“-”；分母是连接在两节点之间的各电阻倒数之和（电导之和）。

②凡是电路具有两个节点的电路，均可用式（1.5.3）求节点电压。

练习与思考

1.5.1　电位的相对性与电压的绝对性是什么含义？总结电位与电压的异同点。

1.5.2　在图 1.5.3 电路中，分别计算开关 S 断开与闭合时 A 点的电位。

1.5.3　在图 1.5.4 电路中，（1）画出完整的电路图来，零电位参考点在哪里？并用“⊥”符号标注出来；（2）当 R_2 增大时，A、B 两点的电位如何变化？

1.5.4　在图 1.5.5 电路中，应用弥尔曼公式列写节点电压 U_{AB} 表达式。

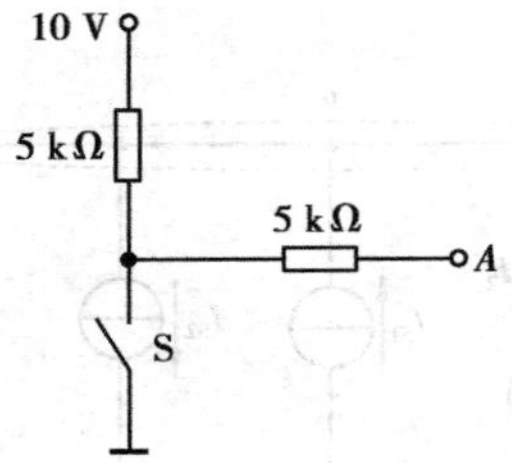

图 1.5.3

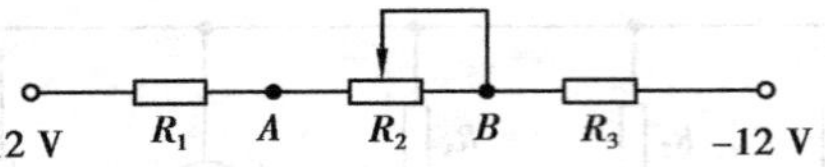

图 1.5.4

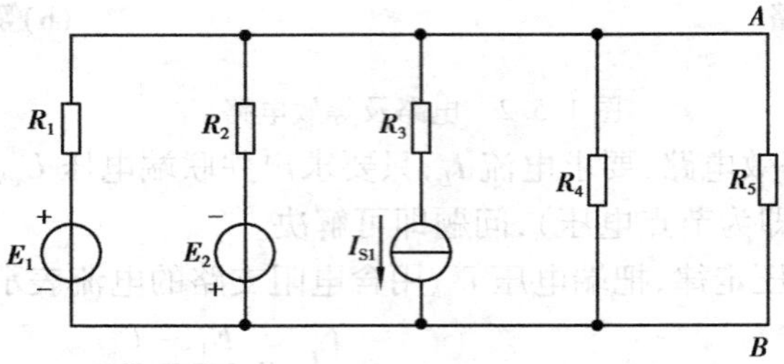

图 1.5.5

1.6 齐次性与叠加原理

1.6.1 齐次性

在线性电路(电路参数不随电压、电流的变化而改变的电路)中,若有一组激励$\{u_{S1}(t)$,$u_{S2}(t)\}$产生的一组响应为$\{f_1(t), f_2(t)\}$,则将所有激励均乘以常数K而成为$\{Ku_{S1}(t)$,$Ku_{S2}(t)\}$时,所有响应也应乘以同一常数K而成为$\{Kf_1(t), Kf_2(t)\}$,这一性质称为线性电路的齐次性。

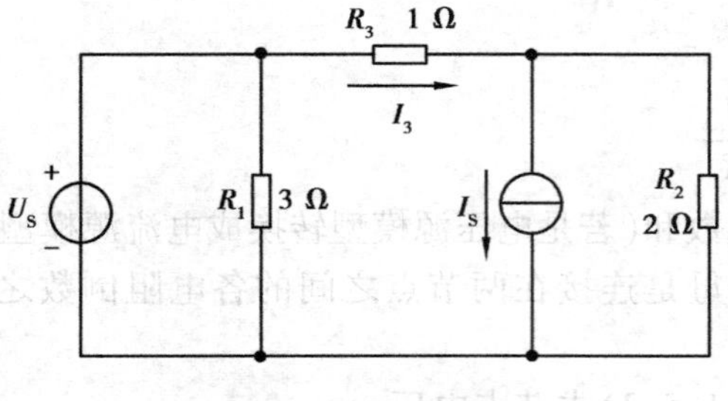

图 1.6.1 电路

例 1.6.1 在图 1.6.1 电路中,已知$U_S = 12\ \text{V}$,$I_S = 3\ \text{A}$时,$I_3 = 6\ \text{A}$。求:当$U_S = 6\ \text{V}$,$I_S = 1.5\ \text{A}$时,$I_3 = ?$

解 据已知条件,所求问题相当于原电源激励同时乘以系数$K = 0.5$,由线性电路的齐次性可知,响应也应乘以系数 0.5,则

$$I_3 = 6\ \text{A} \times K = 6\ \text{A} \times 0.5 = 3\ \text{A}$$

(可用电源等效变换的方法求解,验证)

1.6.2 叠加原理

在多个电源作用的线性电路中,任一支路的电流或电压都是电路中各个独立电源单独作用时在该支路中所产生的电流或电压的代数和,线性电路的这一性质称为叠加原理,如图 1.6.2所示。所谓独立电源,是指理想电流源的电流或理想电压源的电压为一定值(对交流而言,为一确定的时间函数),与电路中其他地方的电流、电压无关。

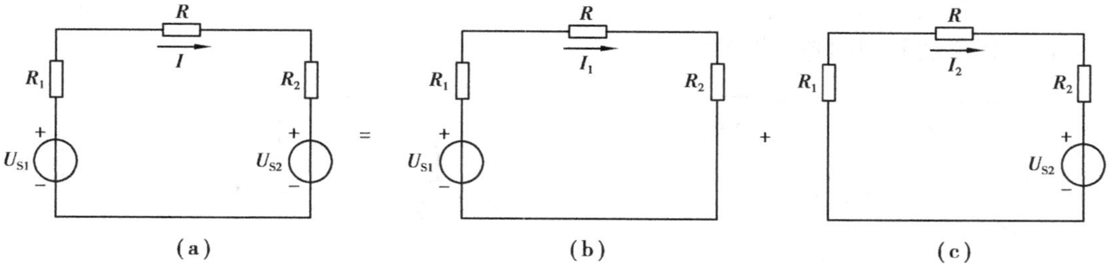

$I=I_1+I_2=\dfrac{U_{S1}-U_{S2}}{R_1+R+R_2}$　　$I_1=\dfrac{U_{S1}}{R_1+R+R_2}$　　$I_2=\dfrac{-U_{S2}}{R_1+R+R_2}$

图 1.6.2　叠加原理示意图

当电压源不作用时，令其 $U_S=0$，即电压源予以短路；当电流源不作用时，令其 $I_S=0$，即电流源予以开路。电路结构和其他元件参数均不变。

例 1.6.2　在图 1.6.3 电路中，已知：$U_S=16\ \text{V}$，$R_1=R_2=R_3=R_4=R$，当电源全部作用在电路中时，测得 $U_{AB}=8\ \text{V}$。若当 $U_S=0$ 时，求此时的 A、B 电压 $U''_{AB}=$？

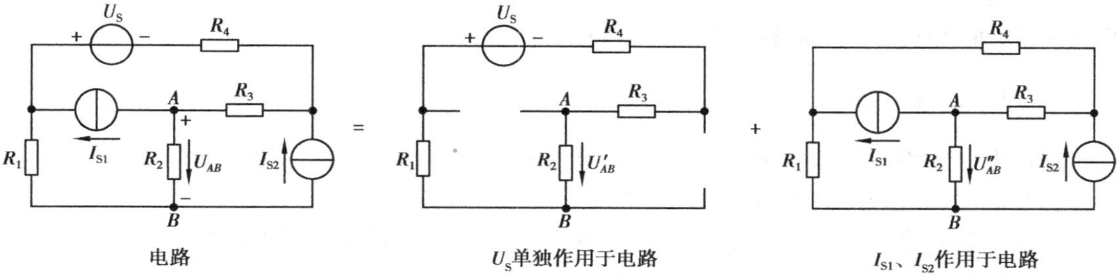

图 1.6.3

解　此题可用叠加原理反过来求解。根据已知条件和所求问题，画出原电路的两个叠加图，如图所示，则有：

$$U_{AB}=U'_{AB}+U''_{AB}$$

所以 $U''_{AB}=U_{AB}-U'_{AB}=8-\left(-\dfrac{U_S}{R_1+R_2+R_3+R_4}\times R_2\right)=8-\left(-\dfrac{16}{4R}\times R\right)=12\ \text{V}$

注意：①叠加原理只适用于求解线性电路中的电流或电压。

②叠加电流或电压时注意参考方向，求的是代数和（叠加图中的参考方向与原图参考方向相同取“＋”，与原图参考方向相反取“－”）。

③不能用叠加原理对功率直接进行叠加求解。在图 1.6.2 电路中，当 $I=I_1+I_2$ 时，显然，$P_R=I^2R=(I_1+I_2)^2R\neq I_1^2R+I_2^2R$，即 $P_R\neq P'_R+P''_R$。

④当不同频率的信号作用于线性电路时，叠加原理是电路分析的理论基础。如线性电路在非正弦周期信号电源激励下，可应用叠加原理分别对信号的各个频率分量进行分析。

练习与思考

1.6.1　在图 1.6.4 电路中，试用叠加原理求电流 I。若右边电压源的电压增加一倍（即为 12 V），再根据叠加原理和齐次性求电流 I。

1.6.2　在图 1.6.5 电路中,试用叠加原理求电压 U。若电流源的电流减小一半(即为 2 A),试根据叠加原理和齐次性求电压 U。

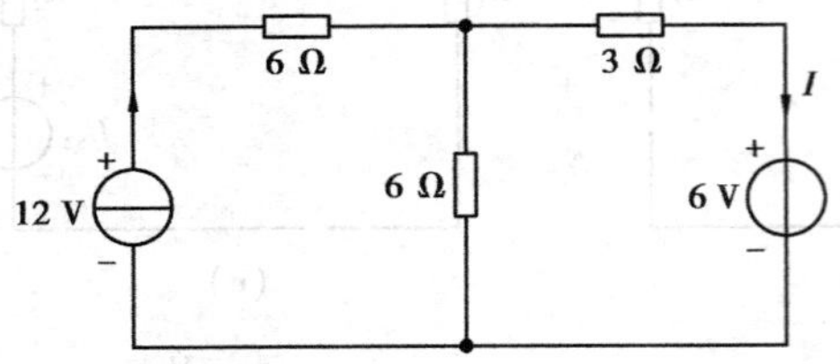

图 1.6.4

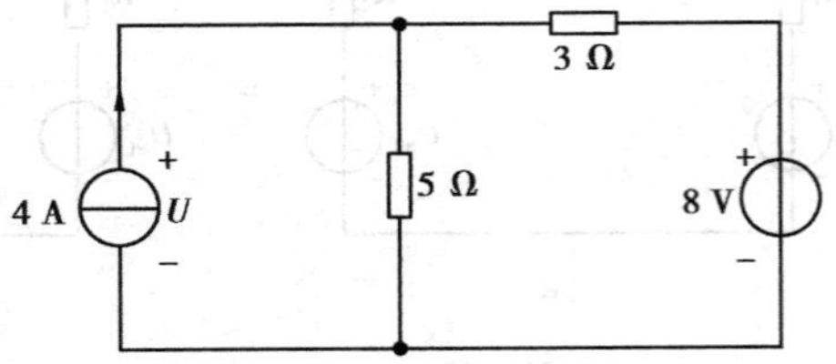

图 1.6.5

1.7　等效电源定理

在复杂电路的分析计算中,通常不需要计算所有的支路电流或电压,而是计算某个元件或特殊支路的电流、电压,若用前面几节所述的方法来分析求解,就显得有些烦琐。为了使计算简化,这种电路的求解通常应用等效电源的方法。

1.7.1　二端网络

任何电路网络不论其复杂程度如何,只要它具有两个出线端都称为二端网络。按其内部是否含有电源,分为有源(含源)二端网络和无源二端网络。

有源二端网络如图 1.7.1(a)所示,对输出端口的外电路来说,仅相当于一个电源的作用,对外供出电压和电流。因此,这个有源二端网络一定可以化简为一个等效电源。若等效电源用理想电压源与电阻的串联模型来表示,即为戴维南定理;若等效电源用理想电流源与这个电阻并联的模型来表示,即为诺顿定理。由于两种实际电源模型是可以相互转换的,且学时数有限,本节着重介绍戴维南定理。

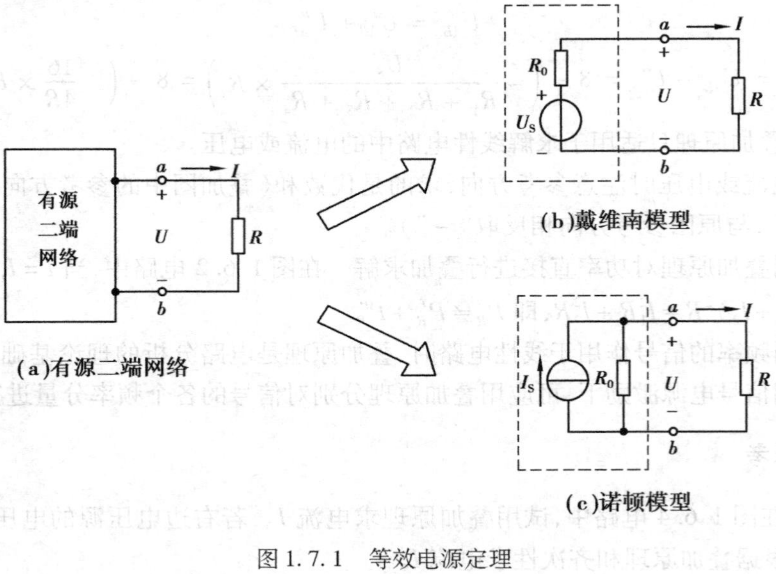

图 1.7.1　等效电源定理

1.7.2　戴维南定理

对于任何线性有源二端网络，就其对外部电路的作用而言，都可以用一个理想电压源 U_S 与电阻 R_0 串联的电压源模型来等效代替，如图 1.7.1 所示。等效电源中的 U_S 值等于有源二端网络 a、b 端断开时的开路电压，即 $U_S = U_{abo}$。等效电源的内阻 R_0 等于有源二端网络中所有独立电源除源（将各理想电压源视为短路 $U_S = 0$，各理想电流源视为开路 $I_S = 0$）后，化为无源网络从 a、b 端求得的等效电阻，即 $R_0 = R_{ab}$，这就是戴维南定理。

因此，要求图 1.7.1(a) 中 R 的电流 I，等效于求图 1.7.1(b) 中 R 的电流 I，即有：

$$I = \frac{U_S}{R_0 + R}$$

例 1.7.1　在图 1.7.2(a) 所示的桥式电路中，求桥臂上的电流 I_g 表达式。

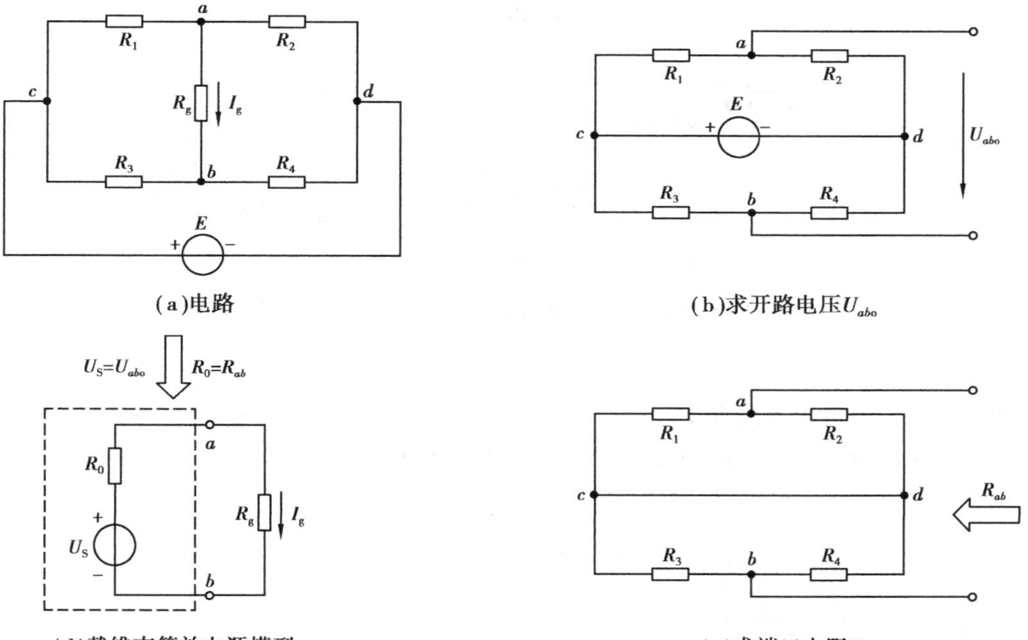

(a)电路　(b)求开路电压 U_{abo}　(d)戴维南等效电源模型　(c)求端口电阻 R_{ab}

图 1.7.2

解　本例中的电路是一复杂电路，虽然只有一个电源作用，但 5 个电阻的连接关系既非串联又非并联，不能直接应用欧姆定律求解。电路中有 6 条支路，4 个节点，但只求一条支路电流。因此，本题用戴维南定理求解最简便。

(1) 首先断开（移去）待求支路 R_g，如图 1.7.2(b) 所示，求出开路电压 U_{abo}。

$$U_{abo} = \frac{E}{R_1 + R_2} \times R_2 - \frac{E}{R_3 + R_4} \times R_4 \text{（选 } adb \text{ 路径）}$$

或

$$U_{abo} = -\frac{E}{R_1 + R_2} \times R_1 + \frac{E}{R_3 + R_4} \times R_3 \text{（选 } acb \text{ 路径）}$$

(2) 将 a、b 有源二端网络化为无源二端网络，如图 1.7.2(c) 所示，求出端口等效电阻 R_{ab}。

$$R_{ab} = R_1 // R_2 + R_3 // R_4 = \frac{R_1 \times R_2}{R_1 + R_2} + \frac{R_3 \times R_4}{R_3 + R_4}$$

(3)画出戴维南等效电源模型,接上待求支路,如图 1.7.2(d)所示,则待求电流为:

$$I_g = \frac{U_S}{R_0 + R_g}$$

例 1.7.2 在图 1.7.3(a)所示电路中,试用戴维南定理求电流 I_L。

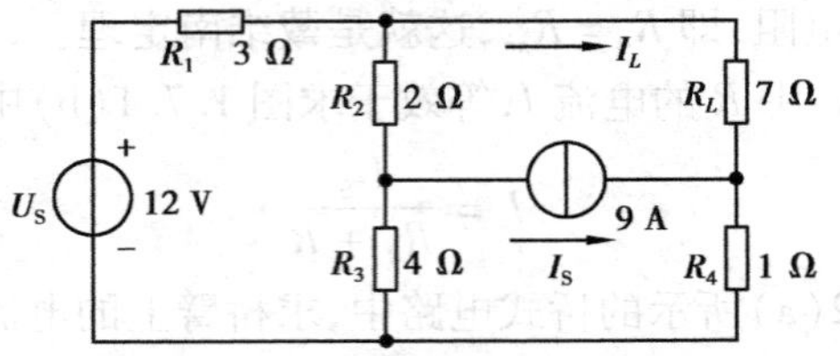

(a)电路

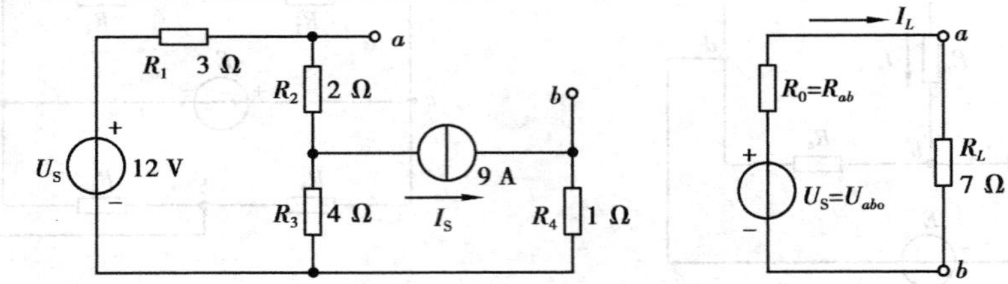

(b)断开待求支路的有源二端网络　　(c)等效电路

图 1.7.3

解 (1)断开待求支路 R_L,如图 1.7.3(b)所示,求出有源二端网络的开路电压 U_{abo} 和等效电阻 R_{ab},由于有源二端网络中含有电压源和电流源可用叠加原理求开路电压。

当 U_S 单独作用于电路,$I_S=0$ 时:

$$U'_{abo} = \frac{U_S}{R_1 + R_2 + R_3} \times (R_2 + R_3) = \left[\frac{12}{3+2+4} \times (2+4)\right] \text{V} = 8 \text{ V}$$

当 I_S 单独作用于电路,$U_S=0$ 时:

$$U''_{abo} = -\frac{R_3}{(R_1 + R_2) + R_3} I_S R_1 - I_S R_4 =$$

$$\left(-\frac{4}{9} \times 9 \times 3 - 9 \times 1\right) \text{V} = -21 \text{ V} \quad 或$$

$$U''_{abo} = \frac{R_3}{(R_1 + R_2) + R_3} I_S R_2 - \frac{(R_1 + R_2)}{(R_1 + R_2) + R_3} I_S R_3 - I_S R_4 =$$

$$\left(\frac{4}{9} \times 9 \times 2 - \frac{5}{9} \times 9 \times 4 - 9 \times 1\right) \text{V} = -21 \text{ V}$$

因此,有源二端网络的开路电压 U_{abo} 为:$U_{abo} = U'_{abo} + U''_{abo} = [8 + (-21)] \text{ V} = -13 \text{ V}$

(2)化含源二端网络为无源网络,令 $U_S=0$(短路)、$I_S=0$(开路),求出 R_{ab}。

$$R_{ab} = R_1 // (R_2 + R_3) + R_4 = (2+1)\Omega = 3\ \Omega$$

(3)画出有源二端网络对应的戴维南等效模型,接上待求支路 R_L,如图 1.7.3(c)所示,则

$$I_L = \frac{U_S}{R_0 + R_L} = \left(\frac{-13}{3+7}\right)\text{A} = -1.3\ \text{A}$$

1.7.3　最大功率传输定理

对于任何线性有源二端网络，都可等效为戴维南模型或诺顿模型，如图1.7.4所示。当外接负载电阻 R 发生变化时，等效电源对外输送的电压 U、电流 I、功率 P 是不相同的。下面讨论在什么条件下等效电源对外输出的功率最大或外接负载获得的功率最大。

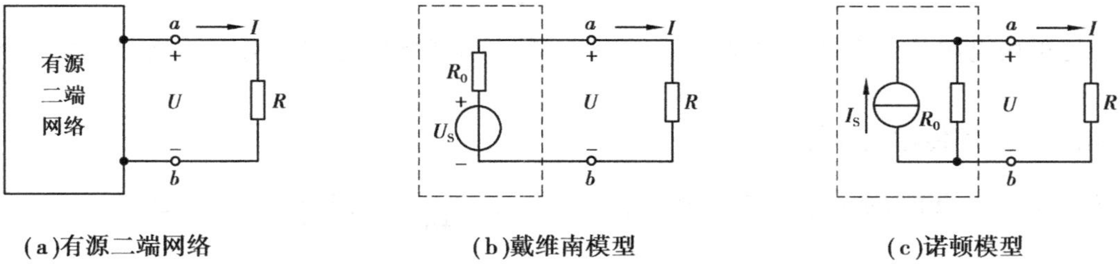

图1.7.4　功率传输定理

以戴维南等效电源模型如图1.7.4(b)所示，讨论功率传输问题。显然，负载电阻 R 从等效电源获得的功率为：

$$P = I^2R = \left(\frac{U_S}{R_0 + R}\right)^2 R \qquad (1.7.1)$$

当等效电源参数 U_S、R_0 确定时，式(1.7.1)负载获得的功率与负载电阻 R 呈二次函数关系。因此，存在一个极值，令 $\mathrm{d}P/\mathrm{d}R=0$，求极值点，则有

$$\frac{\mathrm{d}P}{\mathrm{d}R} = U_S^2\left[\frac{(R_0+R)^2 - 2(R_0+R)R}{(R_0+R)^4}\right] = U_S^2\,\frac{(R_0 - R)}{(R_0+R)^3} = 0$$

可见，唯一极值点为：$R=R_0$ 时，P 将达到最大值，即电源输出或负载获得最大功率。这就是最大功率传输定理，且输出最大功率值为：

$$P_{\max} = \frac{U_S^2}{4R_0}\quad(\text{当}\ R = R_0\ \text{时}) \qquad (1.7.2)$$

若用诺顿等效电源模型，则负载获得的最大功率表示为：

$$P_{\max} = \frac{I_S^2 R_0}{4}\quad(\text{当}\ R = R_0\ \text{时}) \qquad (1.7.3)$$

注意：最大功率传输定理是在电源参数确定的前提下，调节负载电阻 R 来获得最大功率。若负载 R 固定，而 R_0 可以改变，则 R_0 越小，负载 R 获得的功率会越大。当 $R_0=0$ 时，负载 R 获得最大功率。

例1.7.3　在图1.7.5(a)所示电路中，若 R_L 可变，当 $R_L=$？时，它才能从电路中获得最大功率？并求此最大功率。

解　将 a、b 左端含源二端网络化为戴维南模型，如图1.7.5(b)等效电路所示，其中

$$U_S = U_{abo} = I_S R_1 - U_S = (6\times3-3)\text{V} = 15\ \text{V},$$

$$R_0 = R_{ab} = R_1 + R_3 = (3+2)\Omega = 5\ \Omega$$

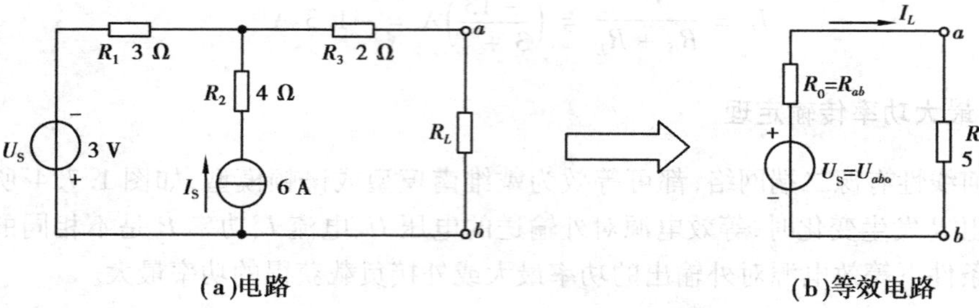

图 1.7.5

（也可用电源等效变换方法，将 a、b 左端含源二端网络化为戴维南等效电源模型或诺顿模型）

据最大功率传输定理得：

$R_L = R_0 = 5\ \Omega$ 时，负载获得最大功率，其中：$P_{L\max} = \dfrac{U_S^2}{4R_0} = \left(\dfrac{15^2}{4\times 5}\right)\ \mathrm{W} = 11.25\ \mathrm{W}$

练习与思考

1.7.1 如何将含源二端网络化为无源二端网络？总结求取端口等效电阻的方法。

1.7.2 试用戴维南定理将图 1.7.6 中 3 个电路化为等效电压源模型，然后再应用电源等效变换的方法求得这些电路的诺顿模型（等效电流源模型）。

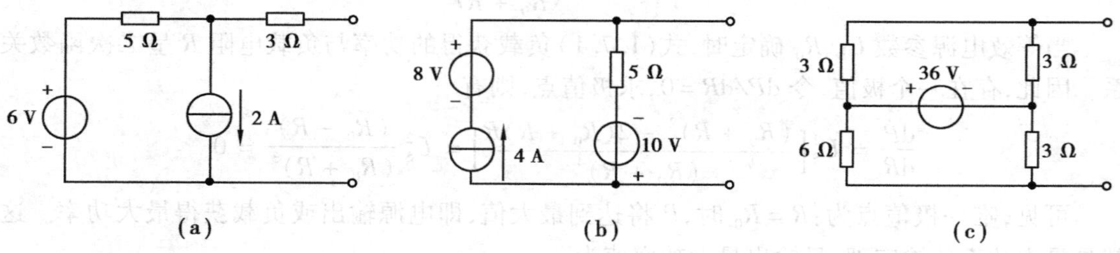

图 1.7.6

1.7.3 线性有源二端网络及端口特性如图 1.7.7 所示，试求此二端网络的戴维南等效电路。当外接负载电阻时，R_L 取值为多大时可获得最大功率？

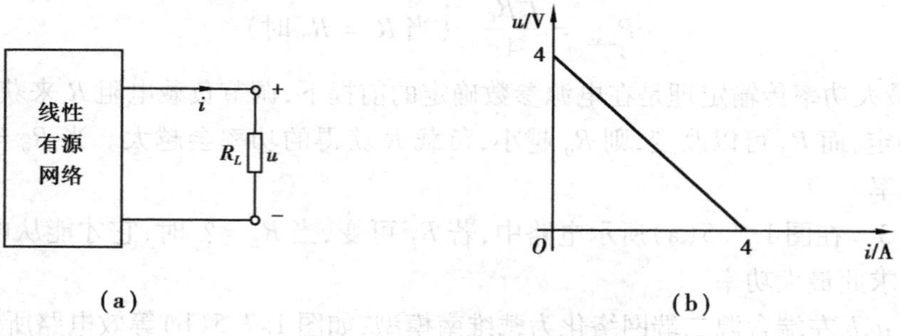

图 1.7.7

本章小结

1. 本章首先介绍了电路的基本概念，对于实际电路，忽略次要因素，把电路元件视为具有集中参数的理想电路元件，从而构成电路模型。熟悉电阻、电感、电容、恒压源、恒流源这 5 种理想电路元件文字符号、图形符号及各自的特性。对于电动势、电压、电流、电位、电功率等各电量要理解其物理含义，并熟悉它们的单位。

理解电流、电压参考方向及关联参考方向与非关联参考方向的含义，通常电阻元件的电流、电压参考方向都选得关联一致。在分析计算电路列写方程式之前，首先应标注电流或电压的参考方向，当计算出的电流（电压）为正值时，表明该电量的参考方向与实际方向一致，为负值则说明参考方向与实际方向相反。

理解功率正、负的含义。当元件的电压、电流参考方向选得关联一致时，功率计算式为：$P = UI$ 若功率为正，则是负载；功率为负，则是电源。

2. 电路有 3 种状态，它们是：负载工作状态、开路状态、短路状态，每种状态特点不同，学习时要注意理解和掌握。电路在负载工作时，常常会遇到负载大小或增减的情况，即是指负载取用电功率的大小或增减，不要误认为是负载电阻大小或增减。理解额定值的概念，在使用电气设备时，应遵守额定值的规定。

3. 充分理解和掌握分析求解电路的三大基本定律：欧姆定律、基尔霍夫电流定律和电压定律。

欧姆定律阐明了线性电阻元件上电压、电流之间的相互约束关系，这种约束取决于支路元件的性质，与电路结构无关。

基尔霍夫节点电流定律（KCL，$\sum i = 0$）与回路电压定律（KVL，$\sum u = 0$），从电路结构上解决了电路在分析计算中应普遍遵循的规律。

4. 熟练掌握电路分析计算中的常用方法：电源的等效变换法、支路电流法、节点电压法、叠加原理、戴维南定理等。

习题 1

1.1　电源的开路电压为 3 V，短路电流为 6 A，求电源的电动势 E 和内阻 R_0。

1.2　求题 1.2 图中待求电压、电流值（设电流表内阻为零，电压表内阻无穷大）。

1.3　在题 1.3 图所示电路中，求 a、b、c 三点的电位。

1.4　在题 1.4 图电路中，求各元件的功率，并说明哪些元件是电源？哪些元件是负载？并验证功率平衡关系。

1.5　在题 1.5 图电路中，试列写支路电流方程组。

1.6　求题 1.6 图电路中的电压 U 与电流 I。

1.7　试用电源等效变换的方法，求题 1.7 图电路中的电流 I。

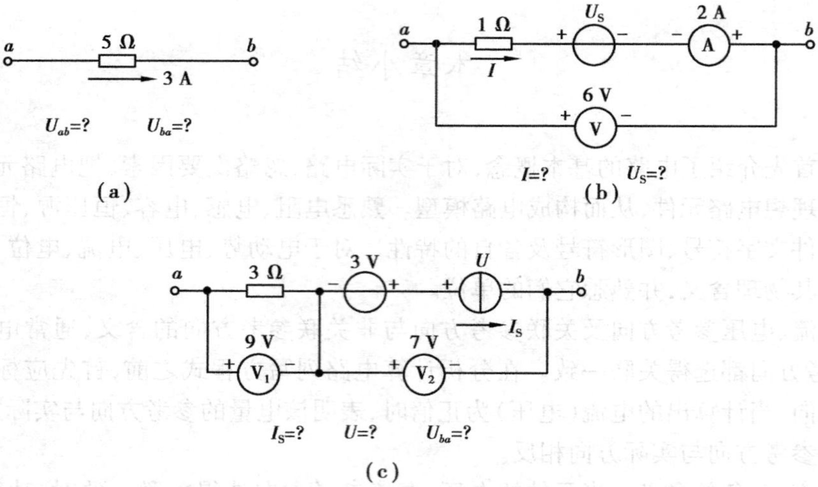

题 1.2 图

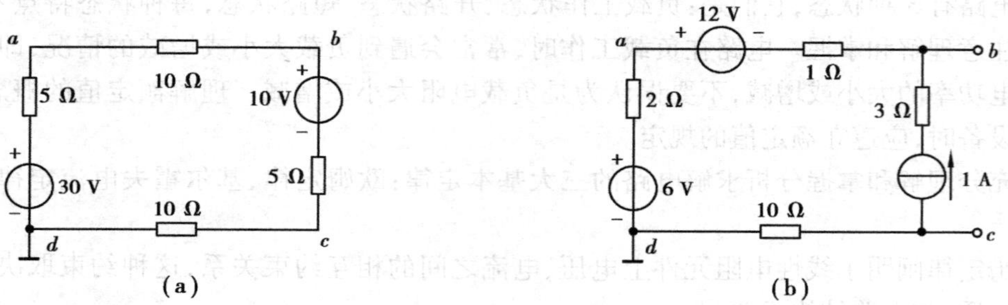

题 1.3 图

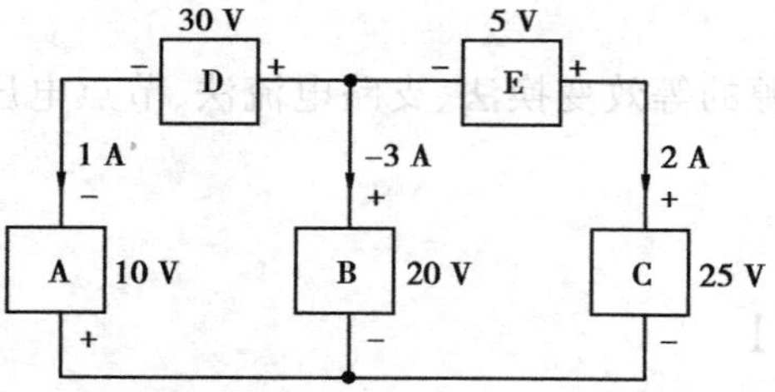

题 1.4 图

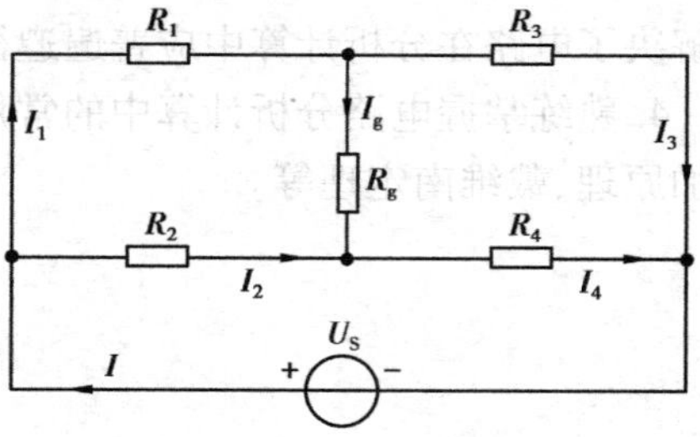

题 1.5 图

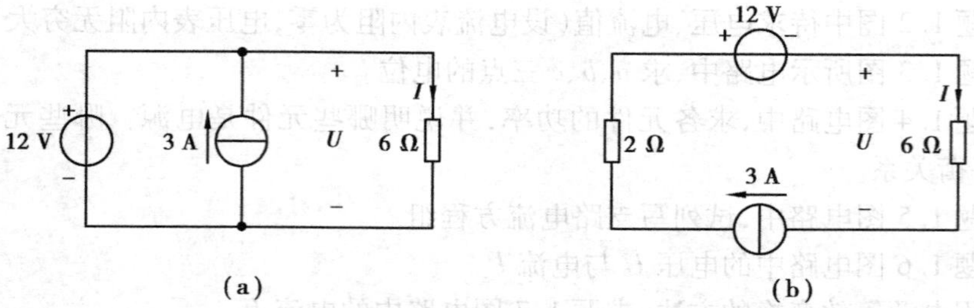

题 1.6 图

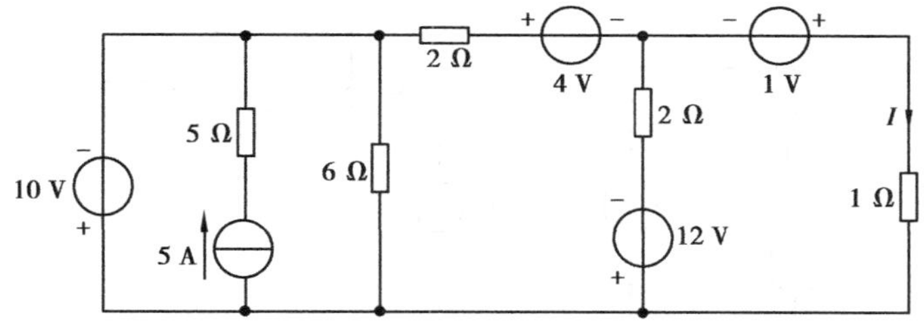

题 1.7 图

1.8　在题 1.8 图电路中，求开关 S 断开和闭合时的电压 U_{ab} 及电流 I。

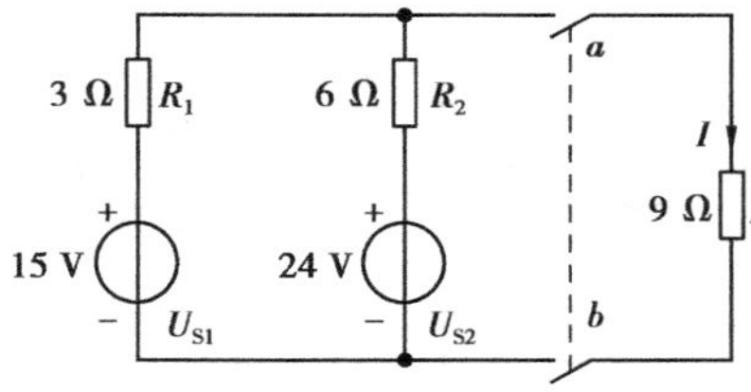

题 1.8 图

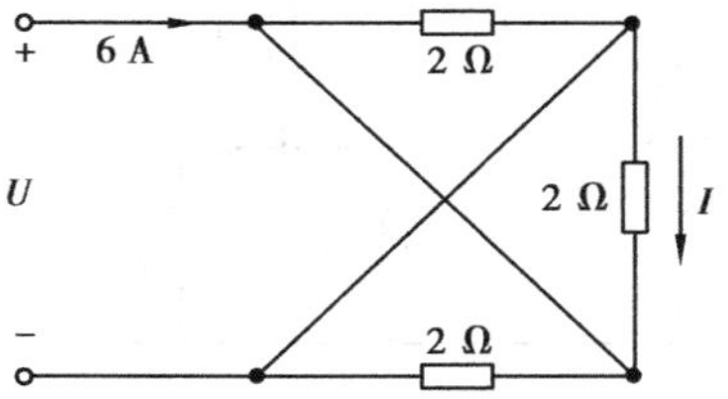

题 1.9 图

1.9　在题 1.9 图电路中，求电流 I。

1.10　电路如题 1.10 图示，求各理想电流源的端电压 U_1、U_2，以及各电源的功率，并判断在电路中是作为电源还是负载使用。

1.11　试简化题 1.11 图示电路，并用节点电压法求 R_1、R_2、R_3 中通过的电流。

1.12　在题 1.12 图示电路中试计算：(1) $R=0$ 时的电流 I；(2) $I=0$ 时的电阻 R；(3) $R=\infty$ 时的电流 I。

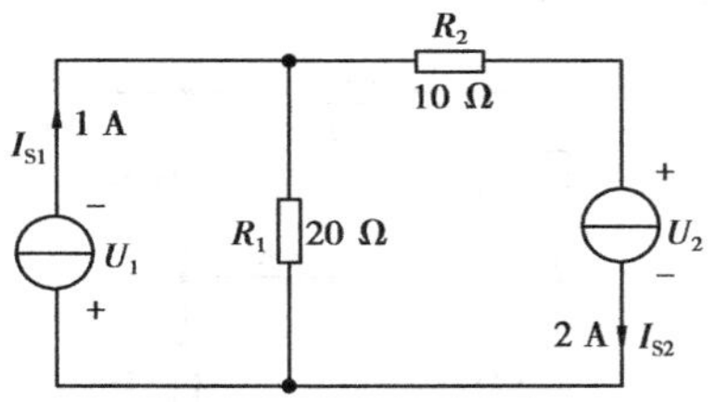

题 1.10 图

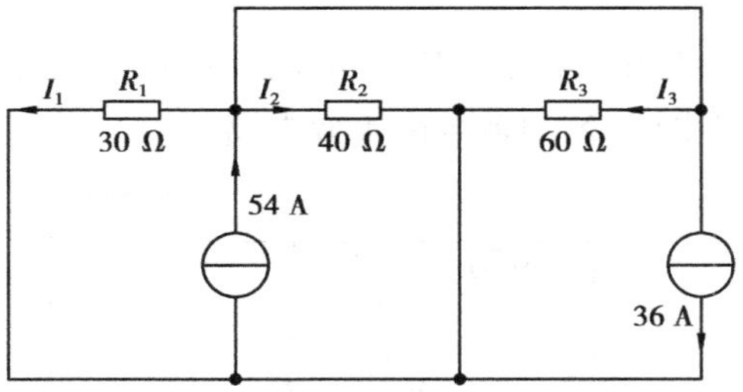

题 1.11 图

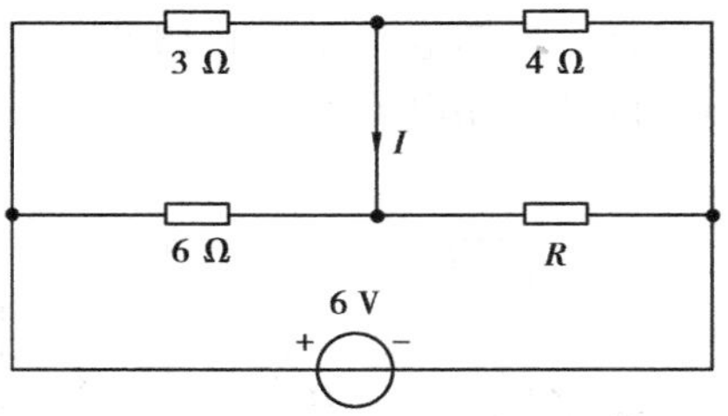

题 1.12 图

1.13　用节点电压法求题 1.13 图所示电路中的端电压 U_{ab} 及电流 I。

1.14　试用电源等效变换的方法求题 1.14 图示电路中 2 Ω 电阻通过的电流 I。

1.15　电路如题 1.15 图所示，试用叠加原理计算支路电流 I。

1.16　试用叠加原理计算题 1.16 图示电路中的电压 U 和电流 I。

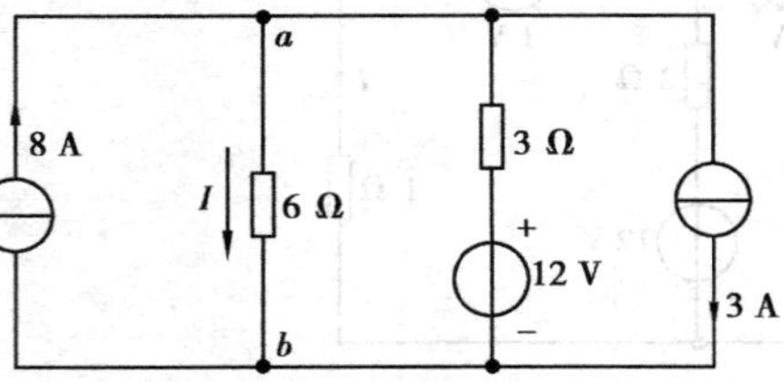

题 1.13 图

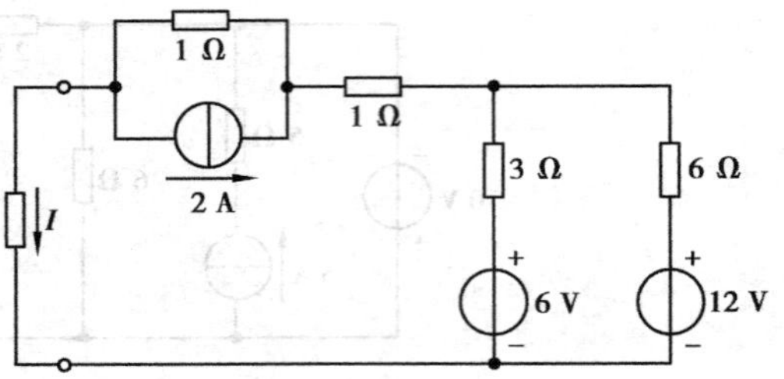

题 1.14 图

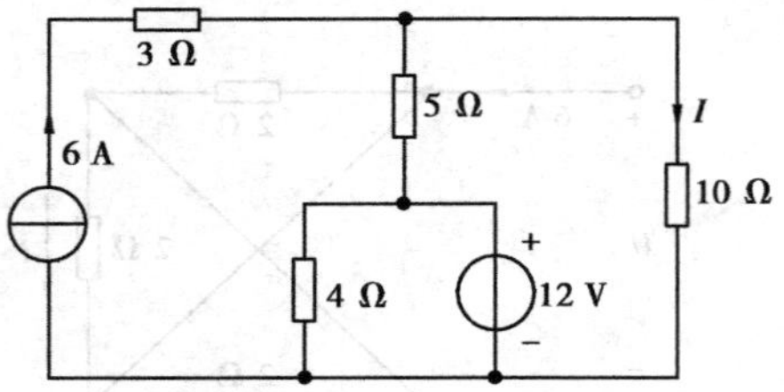

题 1.15 图

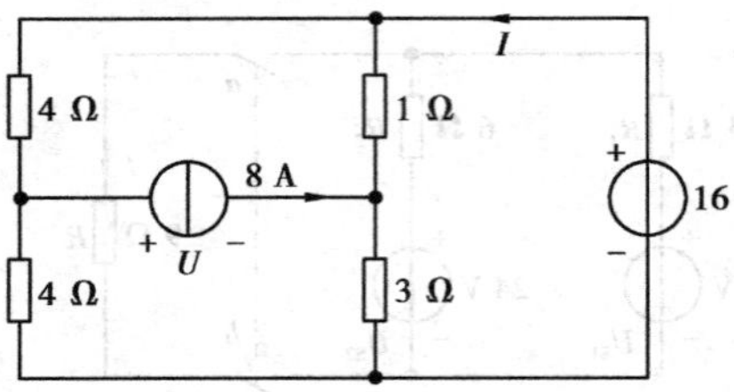

题 1.16 图

1.17 有源线性二端网络如题 1.17 图(a)所示,该网络的等效电压源模型如题 1.17 图(b)所示。试求等效模型中的 U_S 和 R_0 的值。

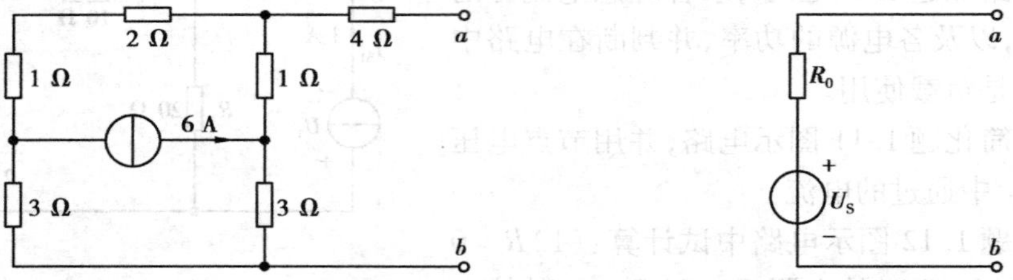

(a) (b)

题 1.17 图

1.18 已知电路如题 1.18 图(a)、(b)所示。从图(a)测得 $U_{ab}=8$ V,从图(b)测得 a、b 两点之间的短路电流 $I_{SC}=17.8$ A,求有源二端线性网络 N 的戴维南等效电路。

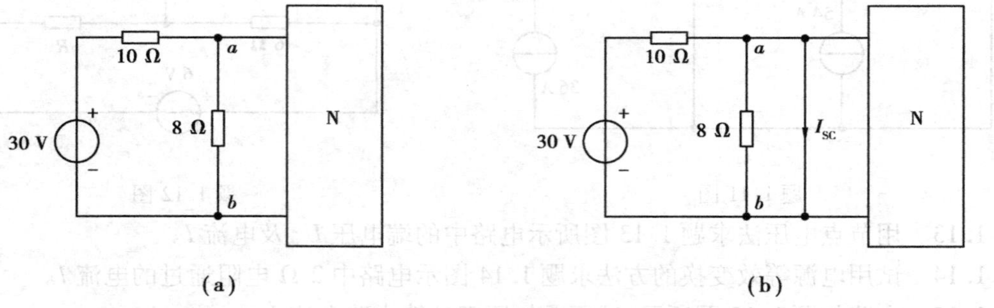

(a) (b)

题 1.18 图

1.19　电路如题 1.19 图所示，试用戴维南定理计算支路电流 I。

1.20　电路如题 1.20 图所示，已知：$R_1 = R_2 = R_3 = R_4 = 5\ \Omega$，$I_S = 3\ A$，$U_{S1} = 10\ V$，$U_{S2} = 28\ V$。试用戴维南定理计算电压 U_4，并用节点电压法（弥尔曼公式）进行验证。

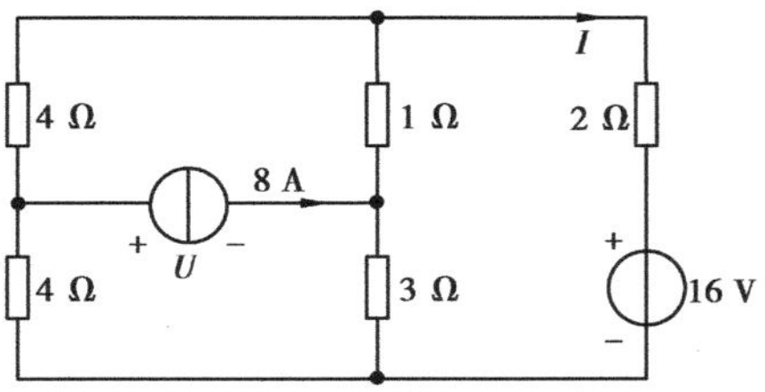

题 1.19 图

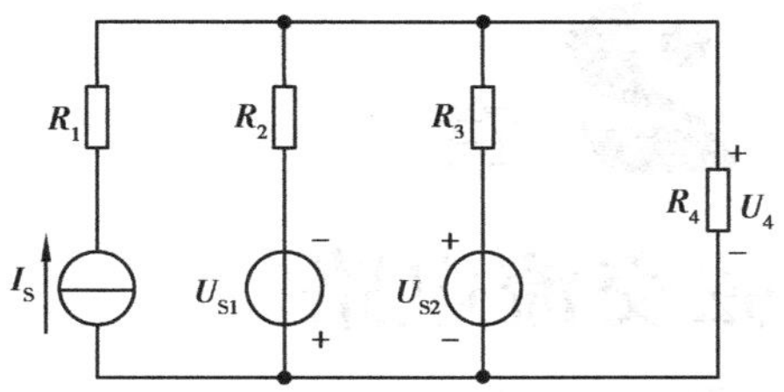

题 1.20 图

1.21　在电源模型参数（U_S 或 I_S、R_0）确定的前提下，试推导电源输出最大功率的条件。

1.22　电路如题 1.22 图所示，负载要获得最大功率，求负载电阻 R_L 值及最大功率。

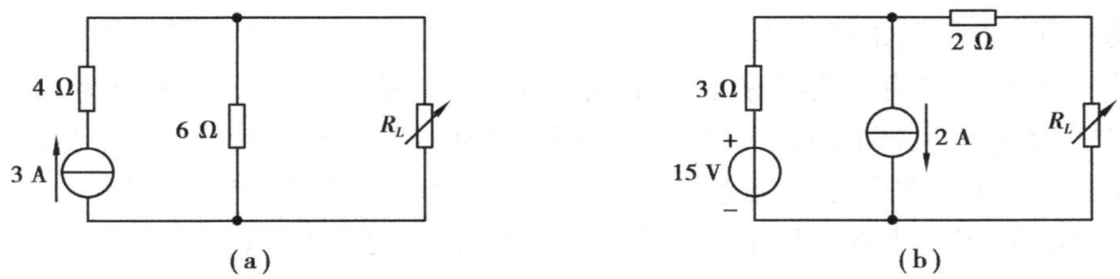

题 1.22 图

1.23　现有额定电压为 220 V、功率分别为 25 W 和 60 W 的白炽灯各一盏，将其串联后接入 220 V 的电源上，求每盏灯实际承受的电压和功率，哪盏灯相对来说要亮些？

1.24　总结求解复杂电路的各种方法及解题思路；在一题多解中，分析归纳最简便、适用的方法。

第 2 章 正弦交流电路

第 1 章中介绍了直流电路，但是在交流电尤其是三相正弦交流电出现以前，电能的大规模应用问题一直没有得到很好的解决。和直流电相比较，正弦交流电除了产生、转换、输送、控制方便等优点外，还具有一些特殊性。如：同频率的正弦量相加减，其结果仍为同频率的正弦量；正弦量的微分或积分也仍为同频率的正弦量；正弦波形变化平缓，不会出现尖峰点。由于正弦交流电的应用非常广泛，工业生产、建筑工地中大量使用的三相异步电动机以及日常生活中的家用电器，基本上都使用正弦交流电。因此，正弦交流电路的分析与计算是电工学教学内容中的一个重要部分。

本章重点介绍正弦交流电路的基本概念、基本理论和基本分析方法，也是为学习交流电机、电器和电子技术打下基础。

2.1 正弦交流电的基本概念

大小和方向都随时间变化的电流（电压或电动势）称为交流电。大小和方向都随时间按正弦函数规律作周期性变化的电流（电压或电动势）称正弦交流电。

正弦交流电的电压 u、电动势 e 和电流 i，常用时间 t 的正弦函数式表示为：

$$
\begin{aligned}
u &= U_m\sin(\omega t + \psi_u)\\
e &= E_m\sin(\omega t + \psi_e)\\
i &= I_m\sin(\omega t + \psi_i)
\end{aligned}
\tag{2.1.1}
$$

正弦交流电的波形如图 2.1.1(a)所示，T 为正弦交流电量的变化周期，在图 2.1.1(b)、(c)中，电压 u 与电流 i 的参考方向用实线箭头表示，实际方向用虚线表示。在交流电的正半周，电压 u 与电流 i 的瞬时值大于零，其实际方向与参考方向相同，如图 2.1.1(b)所示；在交流电的负半周，电压 u 与电流 i 的瞬时值小于零，其实际方向与参考方向相反，如图 2.1.1(c)所示。

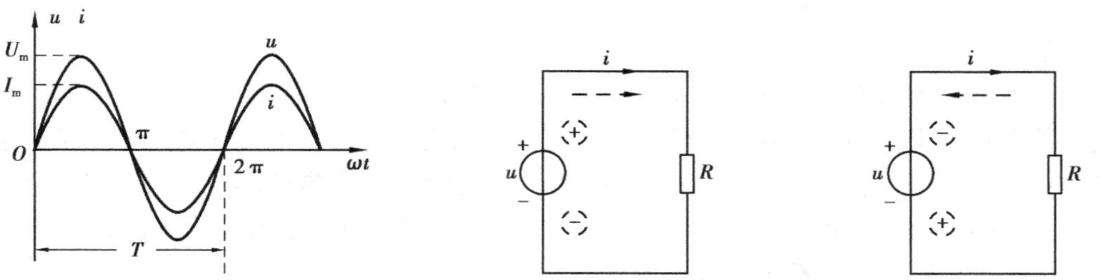

(a)正弦交流电波形　(b)电流实际方向与参考方向同　(c)电流实际方向与参考方向反

图 2.1.1

2.1.1　正弦交流电的三要素

由数学可知，一个正弦量与时间的函数关系可以用它的频率、初相位和幅值 3 个量来表示它的基本特征，这 3 个量称为正弦量的三要素。同样，对于一个正弦交流电来说，也可以由这三要素来唯一确定。

正弦电压、正弦电动势和正弦电流都称为正弦电量。式(2.1.1)中的 u、e 和 i 称为正弦量的瞬时值；U_m、E_m、I_m 称为正弦量的幅值；ω 称为正弦量的角频率；ψ_u、ψ_e、ψ_i 称为正弦量的初相位。下面分别进行介绍。

(1)周期、频率和角频率

正弦交流电完成一次周期性变化所需的时间称为周期，用 T 表示，它是波形重复出现的最短时间，其单位常用秒(s)表示。单位时间内(每秒)正弦交流电完成周期性变化的次数称为频率，用 f 表示，单位：赫[兹](Hz)。频率与周期的关系为：$f=\frac{1}{T}$。

我国及其他多数国家发电厂发出的交流电频率为 50 Hz，通常称为“工频”，也有的国家采用 60 Hz。其他技术领域里应用着不同频率的交流电，如航空工业用的交流电为 400 Hz，电子技术里应用的音频电流为 20 ~20 000 Hz。

正弦交流电变化一个周期，相当于正弦函数变化了 2π 个弧度，称之为电角度。单位时间内交流电变化的电角度称为电角速度，亦称角频率，用 ω 表示。

$$\omega=\frac{2\pi}{T}=2\pi f \tag{2.1.2}$$

由此可见，用角频率也可表示交流电变化的快慢，单位：弧度 / 秒(rad/s)。

(2)瞬时值、最大值和有效值

1)瞬时值

交流电在任一时刻的实际值叫做瞬时值，瞬时值表明随着时间的变化某一时刻正弦量的大小。规定交流电的瞬时值一律用英文小写字母表示，如 i、u、e 分别表示交流电流、电压和电动势的瞬时值。

2)最大值

交流电在变化过程中所出现的最大瞬时值叫做最大值，或称为幅值，对于一个正弦交流电量而言，最大值是一个常量，用英文大写字母加下标 m 表示，如 I_m、U_m、E_m分别表示交流电流、电压和电动势的最大值。

3)有效值

瞬时值和最大值都是表征正弦交流电量某一瞬间的参数,不能衡量正弦交流电量在一个周期内的做功效果,因此,引入有效值概念。有效值的度量是根据电流热效应规定的,其物理含义是:如果交流电流通过电阻 R 在一个周期 T 时间内产生的热量,与某一数值的直流电流通过同一电阻 R 在相同的时间 T 内产生的热量相等,则这个直流电流的数值就是该交流电的有效值。根据有效值定义有下列等式成立。

$$\int_0^T i^2 R\mathrm{d}t = I^2 RT$$

由上式可得:

$$I = \sqrt{\frac{1}{T}\int_0^T i^2 \mathrm{d}t} \tag{2.1.3}$$

式(2.1.3)不仅适用于正弦交流电计算有效值,也适用于非正弦周期量计算有效值,如矩形波、三角波等。有效值用英文大写字母不加下标表示,如 I、U、E 分别表示交流电流、电压和电动势的有效值。

对正弦交流电路而言,设交流电流为 $i = I_{\mathrm{m}}\sin(\omega t)$,代入式(2.1.3),化简整理得:

$$I = \frac{I_{\mathrm{m}}}{\sqrt{2}} \tag{2.1.4}$$

这个结论同样适用于电压和电动势,即

$$U = \frac{U_{\mathrm{m}}}{\sqrt{2}}, E = \frac{E_{\mathrm{m}}}{\sqrt{2}} \tag{2.1.5}$$

通常所说的交流电压和电流大小都是指有效值。在电工测量中,交流电表测得的数值是有效值,交流电器设备铭牌上标注的额定值也是有效值。

(3)相位、初相位和相位差

1)相位和初相位

对正弦交流电量如 $i = I_{\mathrm{m}}\sin(\omega t + \psi_i)$,不同时刻 t 对应不同的瞬时值,由于最大值保持不变,所以正弦交流电中的 $(\omega t + \psi_i)$ 反映了正弦量在交变过程中瞬时值的变化进程。$(\omega t + \psi_i)$ 称为正弦交流电的相位(或相位角)。当 $t = 0$ 时,正弦交流电流的相位 ψ_i 称为初相位。在波形图中,ψ_i 是坐标原点与零值点之间的电角度,其大小可正可负,为了便于分析计算,一般规定初相位绝对值 $|\psi_i| \leqslant \pi$(或 180°)。

2)相位差

两个同频率正弦量的相位角之差,称为相位差,用英文字母 φ 加下标表示。假设两个同频率的正弦交流电分别为:

$$u = U_{\mathrm{m}}\sin(\omega t + \psi_u) \quad i = I_{\mathrm{m}}\sin(\omega t + \psi_i) \tag{2.1.6}$$

则它们之间的相位差角为:

$$\varphi_{ui} = (\omega t + \psi_u) - (\omega t + \psi_i) = \psi_u - \psi_i \tag{2.1.7}$$

可见,两个同频率正弦量的相位差就等于它们的初相位之差。

当 $\varphi_{ui} > 0$,称电压“超前”电流,或者称电流“滞后”电压;若 $\varphi_{ui} = 0$,称电压、电流“同相”,即在波形图上两者同步变化;如果 $\varphi_{ui} = \pi$,称电压、电流“反相”,即在波形图中,两者反向变化，当一个达到正最大值时，另一个达到负最大值；如果 $\varphi_{ui}=\dfrac{\pi}{2}$，则称电压、电流“正交”。

同样规定，相位差 $|\varphi|\leqslant\pi$。如果 $|\varphi|>\pi$，用 2π（或 $360°$）进行修正。

注意：只有两个同频率的正弦量才能比较它们的相位关系，其相位差为一个确定值。对于不同频率的正弦量讨论它们的相位差是毫无意义的。

2.1.2　正弦量的相量表示法与相量图

前面的正弦交流电量都是用函数式和波形图来表示，虽然它们都直观地表明了正弦交流电量的特征，但是却不能准确地进行度量，加减乘除很不方便。因此，为了简化交流电路的分析和计算，引入相量的概念。所谓相量，就是与正弦量对应的复数量。复数运算在高等数学中有详细阐述，为了便于本章交流电路的分析计算，下面对复数运算作简单复习。

复数的表现形式主要有代数形式、三角函数式、指数形式和极坐标形式4种。

图2.1.2所示是一个复数直角坐标系，横轴表示复数的实部，称为实轴，以“+1”为单位；纵轴表示虚部，称为虚轴，以“+j”为单位。复平面中的有向线段 A，在实轴上的投影为 a（即实部），在虚轴上的投影为 b（即虚部）。则有向线段 A 可用复数的代数式表示为：

$$A=a+\mathrm{j}b$$

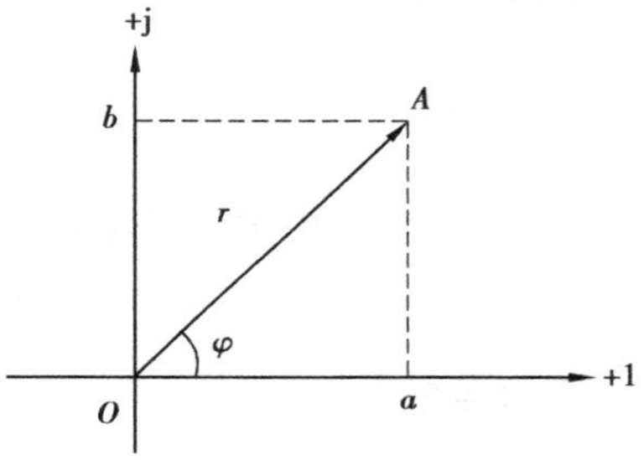

图2.1.2　有向线段的复数

复数的三角形式：$A=r\cos\varphi+\mathrm{j}r\sin\varphi$

复数的指数形式：$A=re^{\mathrm{j}\varphi}$（可由欧拉公式推导得出）

复数的极坐标形式：$A=r\angle\varphi$（更简约的一种复数表示）

复数的模：$r=\sqrt{a^2+b^2}$

复数的辐角：$\varphi=\arctan\dfrac{b}{a}$（与正实轴间的夹角）

或　　$a=r\cos\varphi$　　$b=r\sin\varphi$

综上所述，复数的代数式、三角函数式、指数式、极坐标式之间可以相互转换。

其中，代数形式适用于复数的加、减运算；极坐标形式或指数形式适用于复数的乘、除运算；三角形式适用于代数形式与极坐标（或指数）形式之间的相互转换。

由上述可知，一个复数由模和辐角两个要素（或实部、虚部）确定。在分析正弦交流电路时，所有正弦交流电量均为同一频率，故不必计算频率这个要素。若求出正弦量的大小（幅值或有效值）及初相角，则正弦量就可唯一的确定了。因此，用复数表示正弦量时，只需要表示有效值（或最大值）与初相位两个要素。若用复数的模表示正弦量的最大值或有效值，用复数的辐角表示正弦量的初相位，则任一正弦量都有与之对应的复数量，即正弦量对应的相量。

为了与一般的复数相区别，用于表示正弦交流电量的相量表示方法：用相应物理量大写字母表征相量，并且在大写字母头上加“·”（圆点）。如表示正弦电压 $u=U_{\mathrm{m}}\sin(\omega t+\psi)$ 的幅值相量用极坐标表示为：$\dot{U}_{\mathrm{m}}=U_{\mathrm{m}}\angle\psi$

有效值相量表示为：$\dot{U}=U\angle\psi$，注意：$U_{\mathrm{m}}=\sqrt{2}U$

用相量表示正弦量时，需要明确以下几点：

①相量只是用于表示正弦量,并不等于正弦量。所以,用相量表示正弦量实质上是一种数学变换,目的是为了简化运算。

②只有同频率的正弦量才能用相量或相量图(把几个同频率正弦量对应的相量画在同一坐标平面上构成的图形)分析。

③相量中的 j 就是复数中的虚数单位,即 $j=\angle 90°$。当任意一个相量乘以"+j"后,即该相量逆时针旋转了 90°;若乘以"-j",即该相量顺时针旋转了 90°。所以,j 也称为旋转 90°的算子。

④正弦交流电量只有幅值相量和有效值相量,没有瞬时值相量。

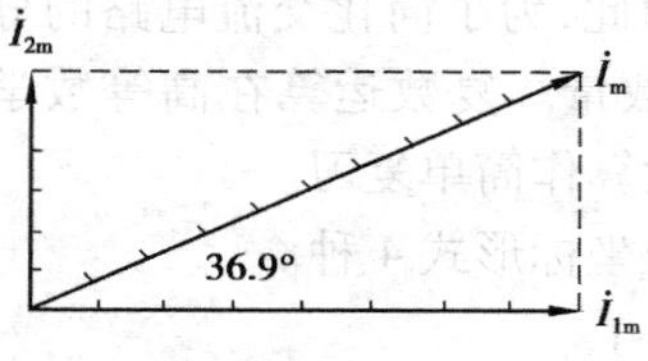

图 2.1.3　相量图

例 2.1.1　已知 $i_1=8\sin 628t$ A, $i_2=6\sin(628t+90°)$ A。(1)试写出电流幅值的相量式;(2)画出相量图;(3)求 $i=i_1+i_2$。

解　(1) $\dot{I}_{1m}=8\angle 0°A$, $\dot{I}_{2m}=6\angle 90°$ A

所以 $\dot{I}_m=\dot{I}_{1m}+\dot{I}_{2m}=(8+j6)A=10\angle 36.9°$ A

(2)画相量图如图 2.1.3 所示。

(3)总电流瞬时值 i 的表达式为:

$$i=10\sin(628t+36.9°)\text{A}$$

练习与思考

2.1.1　已知 $i=14.14\sin(628t+25°)$ A,求电流 i 的周期、有效值和初相。

2.1.2　已知 $i_1=310\sin(314t+25°)$ A, $i_2=310\sin(314t+55°)$ A,试问哪个电流超前?哪个电流滞后?相位差是多少?

2.1.3　已知 $i_1=310\sin(628t+55°)$ A, $i_2=310\sin(314t+55°)$ A,试问两个电流同相吗?为什么?

2.1.4　已知电流 $i_1=310\sin 628t$ A, $i_2=310\sin(628t+90°)$ A, $i_3=i_1+i_2$,求 i_3 有效值为多少?并画出所有电流相量图。

2.2　单一元件的正弦交流电路

电阻、电感和电容都是电路元件,为了方便正弦交流电路的相量分析,本节先对这 3 种单一元件的交流电路进行定义和分析,讨论它们在电压、电流、功率等方面各自的特点。

2.2.1　电阻元件

(1)电压、电流关系

本节只讨论线性电阻元件,即 R 为一常值。设电阻通过的电流为: $i=I_m\sin\omega t$,根据欧姆定律,电阻两端的电压为: $u=Ri=RI_m\sin\omega t=U_m\sin\omega t$。由此可见:

$U_m=RI_m$ 方程两边同除以$\sqrt{2}$得:

$$U=RI \tag{2.2.1}$$

用相量表示为：

$$\frac{\dot{U}_{\mathrm{m}}}{\dot{I}_{\mathrm{m}}} = \frac{\dot{U}}{\dot{I}} = \frac{U\angle 0^\circ}{I\angle 0^\circ} = R \tag{2.2.2}$$

相量图为：　$\xrightarrow{\dot{I}} \dot{U}$

结论：

①对电阻元件 R 而言，电压与电流（瞬时值、幅值、有效值或相量）始终满足欧姆定律；

②电压、电流同相。

(2)功率关系

①瞬时功率 p

瞬时功率等于单一元件瞬时电压、电流的乘积，用小写字母 p 表示：

$$p = ui = U_{\mathrm{m}}\sin\omega t I_{\mathrm{m}}\sin\omega t = UI(1-\cos 2\omega t) \tag{2.2.3}$$

讨论：根据式(2.2.3)可以看出，对电阻元件而言，瞬时功率始终大于等于0，其物理含义为电阻元件始终吸收功率，把电能转换为热能消耗掉。

②平均功率（有功功率）P

由于瞬时功率 p 是不断变化的，因此，在工程中引入了平均功率（也称有功功率），它表征电路元件实际消耗的功率。平均功率是瞬时功率的平均值，用大写字母 P 表示。

$$P = \frac{1}{T}\int_0^T p\mathrm{d}t = \frac{1}{T}\int_0^T UI(1-\cos 2\omega t)\mathrm{d}t = UI = I^2R = \frac{U^2}{R} \tag{2.2.4}$$

上式表明对电阻元件来说，有功功率的计算公式与直流电路相同，但这里 U 与 I 指的是有效值。

例 2.2.1　已知某白炽灯（纯电阻元件）的额定值为 $U_{\mathrm{N}}=100\ \mathrm{V}$，$P_{\mathrm{N}}=100\ \mathrm{W}$，求其电阻 R 的值。

解　因为 $P_{\mathrm{N}}=\frac{U_{\mathrm{N}}^2}{R}$，　所以 $R=\left(\frac{100^2}{100}\right)\ \Omega=100\ \Omega$

2.2.2　电感元件

(1)电压、电流关系

当电感元件加正弦交流电压时，电感通过交变电流。对于线性电感，其中的磁链 ψ、磁通 Φ 以及电感 L 具有如下关系：

$$\psi = N\Phi = Li_L$$

根据电磁感应定律，则有：

$$e_L = -\frac{\mathrm{d}\psi}{\mathrm{d}t} = -N\frac{\mathrm{d}\Phi}{\mathrm{d}t} = -L\frac{\mathrm{d}i_L}{\mathrm{d}t} \tag{2.2.5}$$

根据基尔荷夫电压定律（KVL）可得：$u_L+e_L=0$，所以得到电感元件电压电流瞬时值关系为：

$$u_L = L\frac{\mathrm{d}i_L}{\mathrm{d}t} \tag{2.2.6}$$

设电感电流为 $i=I_{\mathrm{m}}\sin\omega t$，则电压 $u_L=L\frac{\mathrm{d}i_L}{\mathrm{d}t}=\omega LI_{\mathrm{m}}\sin(\omega t+90^\circ)=U_{\mathrm{m}}\sin(\omega t+90^\circ)$，所以

可以得出电压、电流的大小关系和相位关系。

①电压与电流的数量关系：

$$U_{\rm m} = \omega L I_{\rm m}, \quad 或\ U = \omega L I \tag{2.2.7}$$

②电压超前电流相位 90°，如图 2.2.1(b)、(c)所示。

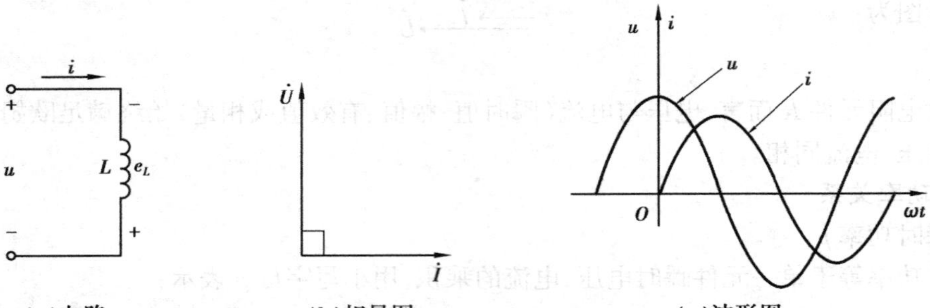

(a)电路　　(b)相量图　　(c)波形图

图 2.2.1　电感元件

为了表征电感元件的电压、电流大小关系，引入感抗的概念。

感抗：电感元件的电压与电流幅值(或有效值)之比。感抗是反映电感元件对电流阻碍作用的物理量，用 X_L 表示，单位：Ω(欧[姆])，即

$$X_L = \frac{U_{\rm m}}{I_{\rm m}} = \frac{U}{I} = \omega L = 2\pi f L \tag{2.2.8}$$

可见，感抗与频率成正比，f 越大，感抗越大，电感元件对电流阻碍作用越强，反之越弱；如果 $f=0$，即直流电路，感抗为 0，电感元件在直流电路中相当于短路。

(2)功率关系

①瞬时功率 p

电感元件的瞬时功率可表示为：

$$p = ui = U_{\rm m}\sin(\omega t + 90°) \cdot I_{\rm m}\sin\omega t = UI\sin 2\omega t \tag{2.2.9}$$

讨论：根据式(2.2.9)可以看出，对电感元件而言，瞬时功率的频率是电压、电流频率的 2 倍，即电压、电流变化一个周期，功率变化两个周期，其波形如图 2.2.2 所示。

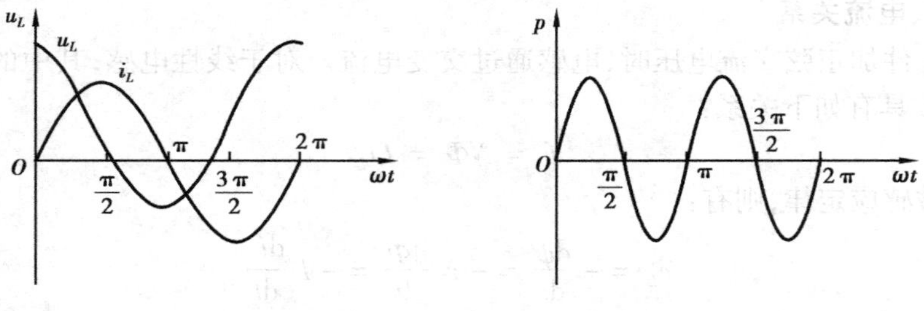

图 2.2.2　电感元件的功率

在第一个$\frac{1}{4}$周期和第三个$\frac{1}{4}$周期内，瞬时功率 $p>0$，此时电感电流绝对值增大，电感储存的磁能增加；在第二个$\frac{1}{4}$周期和第四个$\frac{1}{4}$周期内，瞬时功率 $p<0$，此时电感电流绝对值减小，电感储存的磁能减少。

②平均功率(有功功率) P

$$P = \frac{1}{T}\int_0^T p\mathrm{d}t = \frac{1}{T}\int_0^T UI\sin 2\omega\mathrm{d}t = 0 \tag{2.2.10}$$

上式表明对电感元件而言,有功功率为 0,说明电感元件是非耗能元件。

③无功功率 Q

对电感元件而言,虽然有功功率(平均功率)为 0,但瞬时功率值有正有负。当功率为正时,电感元件吸收功率,把电源提供的电能以磁场能的形式储存起来;当功率为负时,电感元件释放能量,把前半周期储存的能量又归还给电源。为了表征电感元件与电源之间进行能量互换的规模,引入无功功率的概念。

无功功率取瞬时功率的幅值(最大值)。从本质上看,无功功率是一个特别的瞬时功率,用大写字母 Q 表示,为了区别于有功功率,定义无功功率的单位为乏(var)。从电感元件瞬时功率表达式(2.2.9)可得:

$$Q = UI = X_L I^2 = \frac{U^2}{X_L} \tag{2.2.11}$$

例 2.2.2　有一线圈,其电阻忽略不计。把它接在 100 Hz、220 V 的正弦交流电源上时测得流过线圈的电流 $I = 2.5$ A。求线圈的电感 L。若把该线圈接在 1 000 Hz、220 V 的正弦交流电源上,求线圈的电流 I。

解　(1)接在 100 Hz 的电源上时,则有:

$$I = \frac{U_L}{X_L} = \frac{U_L}{2\pi f L}$$

由此可得:

$$L = \frac{U_L}{2\pi f I} = \frac{220}{2\pi \times 100 \times 2.5}\ \mathrm{H} = 0.14\ \mathrm{H}$$

(2)接到 1 000 Hz 的电源上时,则有:

$$X_L = 2\pi f L = (2\pi \times 1\ 000 \times 0.14)\ \Omega \approx 880\ \Omega$$

$$I = \frac{U_L}{X_L} = \frac{220}{880}\ \mathrm{A} = 0.25\ \mathrm{A}$$

计算表明电源频率越高,感抗越大,电流就越小。

2.2.3　电容元件

电容元件的结构是中间具有绝缘层的双金属片构成,如图 2.2.3 所示。

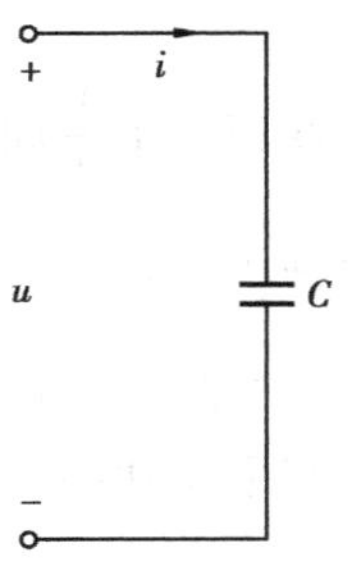

图 2.2.3　电容元件

(1)电压、电流关系

对电容元件,满足以下关系:

$$q_C = C u_C \tag{2.2.12}$$

式中,q_C 表示电容器所存储的电荷,单位:库[仑],C;u_C 表示电容器的端电压,单位:伏[特],V。从上式可以看出,电容器储存的电荷与其两端所加电压成正比。由于流过电容的电流 i_C 决定于单位时间内通过电容的电荷量,即 $i_C = \frac{\mathrm{d}q_C}{\mathrm{d}t}$,将式(2.2.12) q_C 表达式代入此微分

式中,得电容电压与电流的关系:

$$i_C = C\frac{\mathrm{d}u_C}{\mathrm{d}t} \tag{2.2.13}$$

设电容电压为 $u_C = U_m \sin \omega t$,则

$$i_C = C\frac{\mathrm{d}u_C}{\mathrm{d}t} = \omega C U_m \sin(\omega t + 90°) = I_m \sin(\omega t + 90°) \tag{2.2.14}$$

由此可见,电容元件的电压、电流数量关系和相位关系为:

①电压与电流的数量关系:

$$I_m = \omega C U_m, 或 I = \omega C U \tag{2.2.15}$$

②电流超前电压相位 90°。

为了表征电容元件的电压、电流大小关系,引入容抗的概念。

容抗定义:电容元件的电压与电流的幅值(或有效值)之比。容抗是反映电容元件对电流阻碍作用的物理量,用 X_C 表示(单位:欧[姆]),即

$$X_C = \frac{U_{Cm}}{I_{Cm}} = \frac{U_C}{I_C} = \frac{1}{\omega C} = \frac{1}{2\pi f C} \tag{2.2.16}$$

可见,容抗与频率成反比,f 越大,容抗越小,电容元件对电流阻碍作用越弱,反之越强;如果 $f=0$,即直流电路,容抗为无穷大,相当于电容元件开路。

(2)功率关系

①瞬时功率 p

电容元件的瞬时功率表示为:

$$p_C = u_C i_C = U_m \sin \omega t \cdot I_m \sin(\omega t + 90°) = UI \sin 2\omega t \tag{2.2.17}$$

讨论:根据式(2.2.17)可以看出,对电容元件而言,瞬时功率的频率是电压、电流频率的 2 倍,即电压、电流变化一个周期,功率变化两个周期,其波形如图 2.2.4 所示。

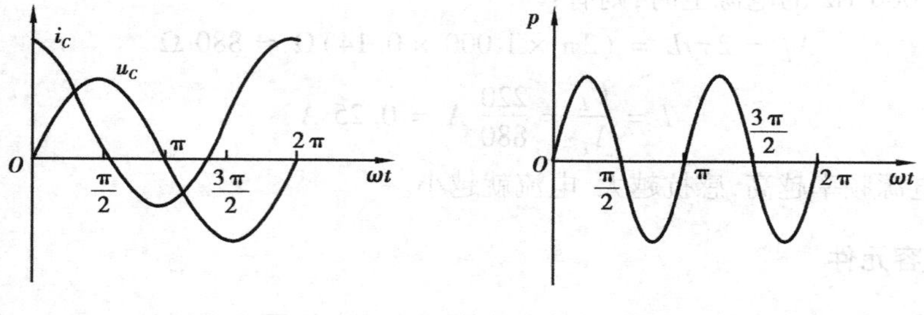

图 2.2.4　电容元件的功率

在第一个$\frac{1}{4}$周期和第三个$\frac{1}{4}$周期内,瞬时功率 $p>0$,此时电容电压绝对值增大,电源对电容元件进行充电;在第二个$\frac{1}{4}$周期和第四个$\frac{1}{4}$周期内,瞬时功率 $p<0$,此时电容电压绝对值减小,电容元件进行放电。

②平均功率(有功功率)P

$$P = \frac{1}{T}\int_0^T p\mathrm{d}t = 0 \tag{2.2.18}$$

上式表明对电容元件而言,有功功率为 0,说明电容元件也是非耗能元件。

③无功功率 Q

电容元件仍是一储能元件。当瞬时功率为正时，把电源供给的能量以电场能形式储存起来；当瞬时功率为负时，它释放能量，把前半周期储存的能量归还给电源。为了表征电容元件与电源之间互换能量的规模，同样引入无功功率 Q，其单位：乏(var)。

为了同电感元件的无功功率做比较，设电流：$i=I_{\rm m}\sin\omega t$ 为参考正弦量，则

$$u = u_{\rm m}\sin(\omega t - 90°)$$

于是可得瞬时功率为：

$$p = p_C = ui = -UI\sin 2\omega t$$

所以

$$Q_C = -U_CI_C = -X_CI^2 = -\frac{U_C^2}{X_C} \tag{2.2.19}$$

即电容性无功功率取负值，而电感性无功功率取正值，以便区别。

练习与思考

2.2.1　单项选择

(1)在电感元件的正弦交流电路中，伏安关系正确的表达式是(　　)。

①$i=L\dfrac{{\rm d}u}{{\rm d}t}$　　②$U={\rm j}X_LI$　　③$\dot U={\rm j}X_L\dot I$　　④$u=X_Li$

(2)将正弦电压 $u=20\sqrt{2}\sin(\omega t+60°)$ V 加于 $X_L=20\ \Omega$ 的电感上，则通过该电感元件的电流表达式为(　　)。

①$i=\sqrt{2}\sin(\omega t+150°)$ A　　②$i=2\sin(\omega t-30°)$ A

③$i=2\sin(\omega t+150°)$ A　　④$i=\sqrt{2}\sin(\omega t-30°)$ A

(3)在正弦交流电路中电感元件的无功功率为(　　)。

①$Q=0$　　②$Q=ui$　　③$Q=UI$　　④$Q=X_Lu^2$

(4)正弦交流电路中电容元件的电压电流关系可表示为(　　)。

①$u=C\dfrac{{\rm d}i}{{\rm d}t}$　　②$U=\dfrac{I}{\omega C}$

③$i=\dfrac{1}{C}\int_0^t u{\rm d}t+u_0$　　④$u={\rm j}X_Ci$

(5)在正弦交流电路中电容元件的无功功率可表示为(　　)。

①$Q=0$　　②$Q=ui$　　③$Q=-UI$　　④$Q=X_Lu^2$

(6)若电容两端的电压为 $u=\sqrt{2}U\sin\omega tV$，则电容中最大储能 $W_{C\max}$ 可表示为(　　)。

①$\dfrac{U^2}{2X_C}$　　② CU^2　　③$\dfrac{1}{2}CU^2$　　④$2X_CU^2$

2.2.2　判断题

(1)如果电感元件上的电压等于零，则通过它的电流也一定为零。(　　)

(2)如果电容元件上的电流等于零，则该电容元件的电压也一定是零。(　　)

(3)在正弦交流电路中，电感线圈电流 i_L 为零，其储存的能量一定为零。(　　)

(4)在正弦交流电路中，电容两端的电压 u_C 和电流 i_C 都是按正弦规律变化的正弦量，电流 i_C 的大小取决于电压 u_C 的变化率，所以，当电流 i_C 为最大值时，电压 u_C 为零。(　　)

(5)在正弦交流电路中,电阻两端的电压 u_R 增加时,通过它的电流 i_R 也随之增加。 ( )

2.3 正弦交流电路的分析计算

2.3.1 串、并联正弦交流电路的分析

在学习了单一元件的正弦交流电路以后,下面讨论应用相量分析法对由多个电路元件构成的串、并联电路进行分析。

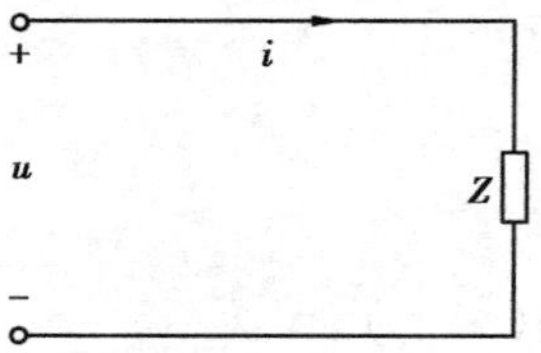

图 2.3.1 复阻抗

为了便于分析计算,首先引入复阻抗的概念。复阻抗是衡量电路元件或部分电路对电流阻碍作用的物理量,用大写字母 Z 表示,单位是欧[姆],量纲与电阻相同。$Z=\dfrac{\dot{U}}{\dot{I}}=R+\mathrm{j}X=|Z|\angle\varphi$,其中,$\dot{U}$ 表示电路的端电压相量,$\dot{I}$ 表示电路的端电流相量,复阻抗用复数代数形式表示时,R 表示实部,X 表示虚部,常称 X 为电抗。复阻抗用极坐标形式表示时,其模 $|Z|=\dfrac{U}{I}=\sqrt{R^2+X^2}$ 称为阻抗,反映了电压电流的大小关系;$\varphi=\psi_u-\psi_i=\arctan\dfrac{X}{R}$ 称为阻抗角,反映了电压电流的相位关系。根据这一定义,可以得出单一元件的复阻抗表达式:

电阻元件:$Z_R=R\angle 0°=R$

电感元件:$Z_L=X_L\angle 90°=\mathrm{j}X_L=\mathrm{j}\omega L=\mathrm{j}2\pi fL$

电容元件:$Z_C=X_C\angle -90°=-\mathrm{j}X_C=\dfrac{1}{\mathrm{j}\omega C}=\dfrac{1}{\mathrm{j}2\pi fC}$

(1)电路元件的串联

与直流串联电路一样,在交流电路中,若两个电路元件串联,如图 2.3.2(a)所示,其等效复阻抗 $Z=Z_1+Z_2$。如果是 n 个电路元件串联,则等效复阻抗 $Z=\sum\limits_{i=1}^{n}Z_i$。

(2)电路元件并联

与直流电路电阻并联情况一样,如果是两个电路元件并联,如图 2.3.2(b),其等效复阻抗 $\dfrac{1}{Z}=\dfrac{1}{Z_1}+\dfrac{1}{Z_2}$。如果是 n 个电路元件并联,其等效复阻抗 $\dfrac{1}{Z}=\sum\limits_{i=1}^{n}\dfrac{1}{Z_i}$。

例 2.3.1 在图 2.3.2(b)电路中,已知交流电源电压为 $u=20\sin(314t+45°)$ V,支路 1 流过的电流为 $i_1=2\sqrt{2}\sin 314t$ A,支路 2 流过的电流为 $i_2=2\sqrt{2}\sin(314t+90°)$ A,求 Z_1、Z_2 及总电流 I。

解 因为 $\dot{U}=10\sqrt{2}\angle 45°$ V,$\dot{I}_1=2\angle 0°$ A,$\dot{I}_2=2\angle 90°$ A

所以得:

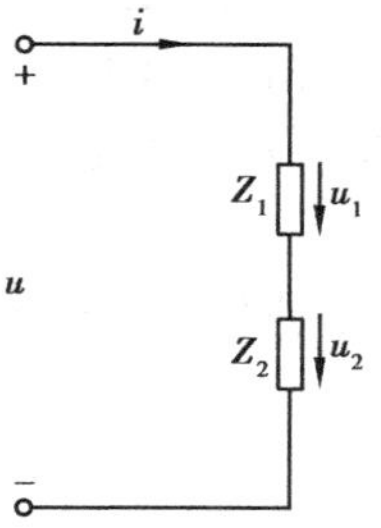

(a)复阻抗串联

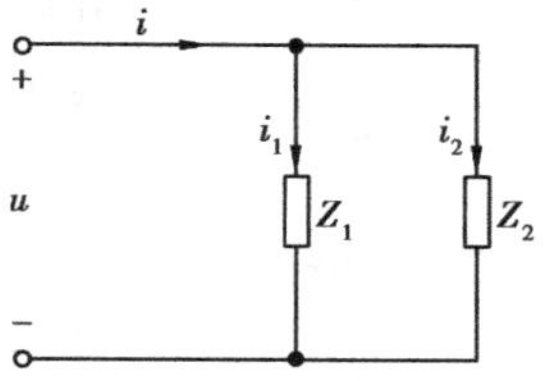

(b)复阻抗并联

图 2. 3. 2　复阻抗的串、并联电路

$$Z_1 = \frac{\dot{U}}{\dot{I}_1} = 5\sqrt{2}\angle 45° = 5 + \mathrm{j}5\ \Omega,$$

$$Z_2 = \frac{\dot{U}}{\dot{I}_2} = 5\sqrt{2}\angle -45° = 5 - \mathrm{j}5\ \Omega$$

$$\dot{I} = \dot{I}_1 + \dot{I}_2 = 2 + 2\mathrm{j} = 2\sqrt{2}\angle 45°\ \mathrm{A}, I = 2\sqrt{2}\ \mathrm{A}$$

(3)视在功率

在交流电路的功率分析中,常用的功率形式有瞬时功率、有功功率、无功功率和视在功率几种。前面介绍了瞬时功率、有功功率、无功功率的概念,下面介绍视在功率。视在功率是衡量交流电源做功能力的物理量,其大小是电压和电流有效值的乘积,用 S 表示,即 $S = UI$。

视在功率 S 说明在电压 U 和电流 I 的作用下,电源可能提供或负载可能获得的最大功率。为了区别于有功功率和无功功率,视在功率单位为伏安(VA)。P、Q、S 具有如下关系:

$$P = UI\cos\varphi = S\cos\varphi \quad Q = UI\sin\varphi = S\sin\varphi \quad S = \sqrt{P^2 + Q^2}$$

其中,φ 角是电压 u 与电流 i 的相位差角。

例 2. 3. 2　有一交流电源,其电压 $u = 30\sqrt{2}\sin(314t + 15°)$ V,流过外部负载电路的电流为 $i = 2\sqrt{2}\sin(314t + 60°)$ V,求该电源的视在功率及供出的有功功率。

解　因为 $U = 30$ V,$I = 2$ A,所以 $S = UI = (30 \times 2)$ VA $= 60$ VA

则 $P = UI\cos\varphi = [30 \times 2\cos(15° - 60°)]$ W ≈ 42.43 W

2. 3. 2　RLC 串联电路

下面讨论线性元件电阻、电感、电容串联的交流电路的分析、计算。

(1)电压与电流的关系

如图 2. 3. 3 所示串联电路。由于各元件通过的电流都相同,所以,在比较这些正弦量的相位关系时,一般选择电流相量为参考正弦量,即设 $i = I_m \sin\omega t$,其初相角为 0。一个电路只能选择一个正弦量作为参考相量。

参考相量的选择一般遵循以下规律:对串联电路,所有电路元件的电流相同,所以一般选电流作为参考相量;对于并联电路,所有支路的端电压相同,所以一般选端电压作为参考相

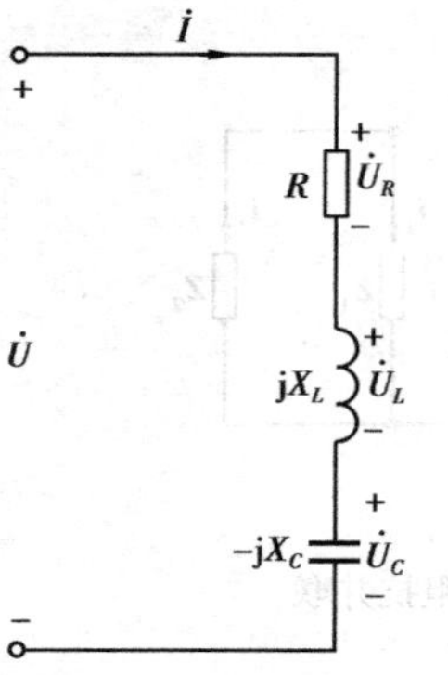

图 2.3.3　RLC 串联电路

量;对串、并联电路,如果题目没有给定参考相量,就根据串、并联电路主要部分来选择参考相量,串联为主则选电流作为参考相量,并联为主则选电压作为参考相量;或根据已知条件来确定参考相量。

设电路中各元件的电压分别为 u_R、u_L、u_C,则对应的电压有效值分别为:

$$U_R = IR, U_L = IX_L, U_C = IX_C$$

那么,总电压大小是否为各分段电压之和呢? 首先用相量图进行分析。

画出各元件电压相量,经 $\dot{U}_R$、$\dot{U}_L$、$\dot{U}_C$ 三个相量合成后,得总压相量 $\dot{U}$,如图 2.3.4 所示,由图可知,电压、电流的相位差角为 φ。显然,总电压不等于各分段电压之和。即 $U \neq U_R + U_L + U_C$,图 2.3.5 称电压三角形。

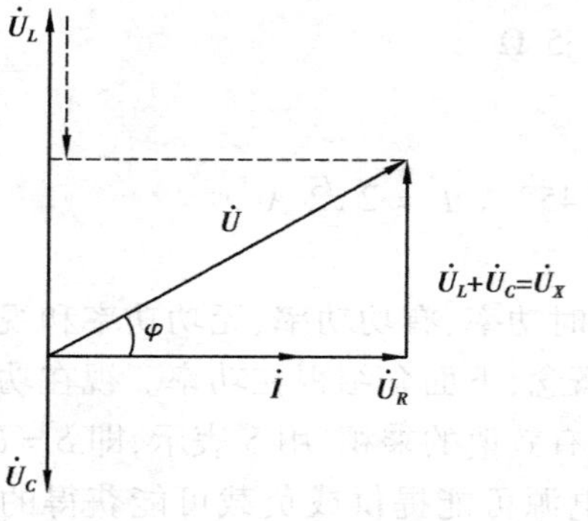

图 2.3.4　RLC 串联电路相量图

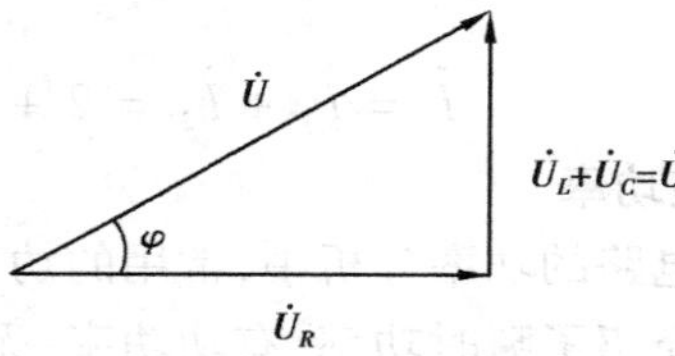

图 2.3.5　电压三角形

(2)功率关系

将图 2.3.5 各边分别乘以电流 I 得功率三角形,如图 2.3.6 所示。图中 P 表示电阻元件消耗的电功率,Q 表示电感、电容元件与电源之间进行电能交换的电功率,称为无功功率,单位为乏(var);S 表示电路的总功率、电器设备的总容量,叫做视在功率,单位为伏安(VA),常用 kVA。通常情况下,电器设备的额定电压与额定电流的乘积即为额定视在功率(或额定容量)。由图可见,视在功率也不等于无功功率和有功功率之和,即 $S \neq P + Q$,功率三角形为直角三角形,因此,可以得出下列关系式:

$$P = S\cos\varphi, Q = S\sin\varphi, S = \sqrt{P^2 + Q^2} \tag{2.3.1}$$

将电压三角形各边都除以电流 I 得阻抗三角形,如图 2.3.7 所示。图中 $|Z|$ 表示交流电

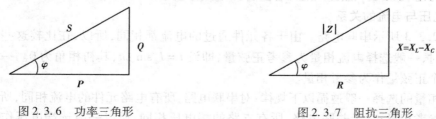

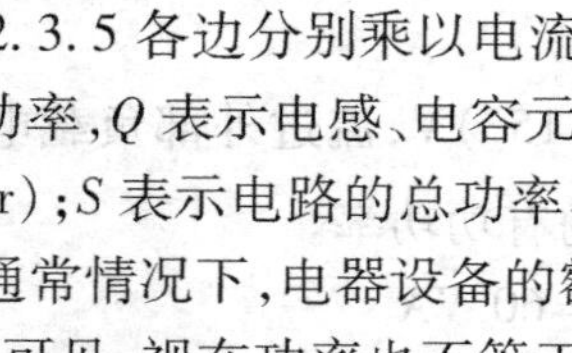

图 2.3.6　功率三角形

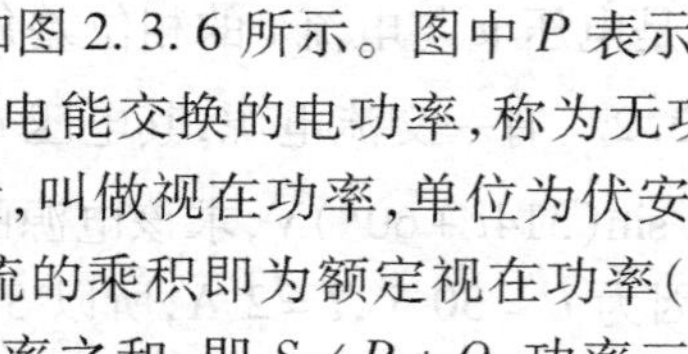

图 2.3.7　阻抗三角形

路的总阻抗，单位为欧［姆］（Ω）。由图可见，总阻抗也不等于它们的代数和，即

$$|Z| \neq R + X \qquad (2.3.2)$$

显然，电压、功率、阻抗这 3 个三角形为相似三角形。

例 2.3.3　在图 2.3.8（a）所示交流电路中，若 V_1、V_2 表的读数均为 5 V，则图中 V 表的读数正确的是（　　）。

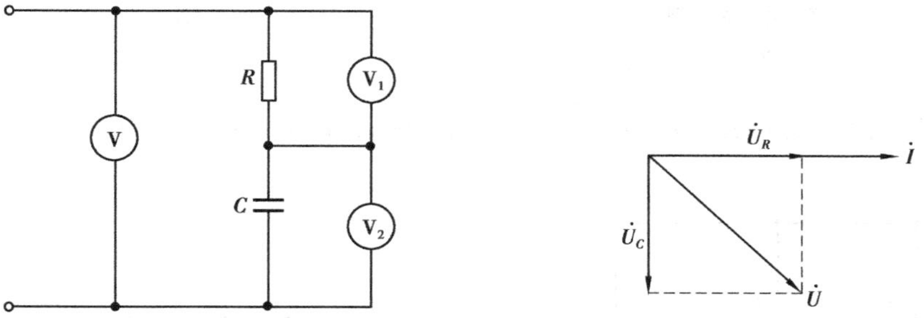

（a）电路　　**（b）相量图**

图 2.3.8

A. 0 V　　B. 10 V　　C. $5\sqrt{2}$ V　　D. $2\sqrt{5}$ V

解　画相量图，如图 2.3.8（b）所示。由于 R 和 C 的电压相量互差 90°，与合成后的总电压相量三者构成一直角三角形，根据勾股定理可得正确答案为 C。

2.3.3　串联谐振现象

在含有电感（注意：实际电感同时含有电阻特性）、电容元件的交流电路中，若端口电压 u 与端口电流 i 同相时，整个电路呈现电阻特性，电路的这种工作状态称为谐振现象。

RLC 串联电路发生谐振的条件为：

电感电压与电容电压大小相等，相位相反，相量图中相互抵消，即

$$U_L = U_C \Rightarrow X_L = X_C$$

将 $X_L = 2\pi fL$，$X_C = \dfrac{1}{2\pi fC}$，代入式 $X_L = X_C$ 中，得

串联谐振电路的谐振频率：

$$f_0 = \frac{1}{2\pi\sqrt{LC}} \qquad (2.3.3)$$

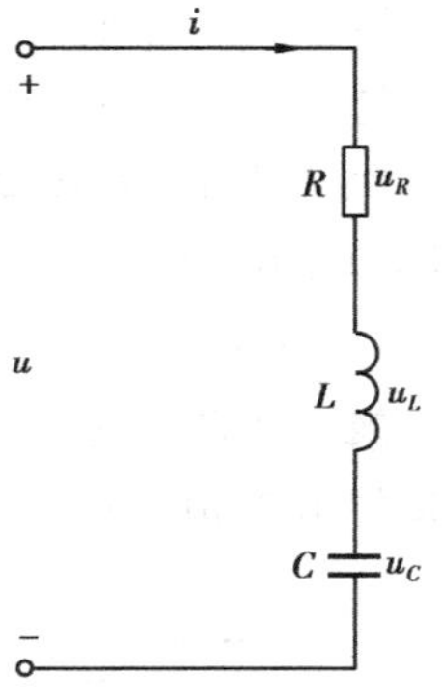

图 2.3.9

RLC 串联电路发生谐振时具有如下几个特点：

①电感、电容两端的电压大小相等，相位相反，即 $\dot{U}_L = -\dot{U}_C$

②电感、电容的阻抗相等，即 $X_L = X_C$

③电路中的阻抗最小 $|Z|_{min} = R$，电流最大 $I_{max} = \dfrac{U}{|Z|_{min}} = \dfrac{U}{R}$

在 RLC 串联电路中，当 $X_L = X_C \gg R$ 时，有 $U_L = U_C \gg U$，所以串联谐振也称为电压谐振。

谐振时，由于电路中电流很大，使得电感、电容两端的电压会上升很高。因此，在无线电工程中，常利用这一特点，将微弱的电信号通过串联谐振，使得电感或电容获得高于信号电压

许多倍的输出信号，即串联谐振电路具有选择性（选频性）。但在电力系统中，由于电源电压本身较高，串联谐振可能会击穿电容器和线圈的绝缘层，因此，应避免发生串联谐振现象。

2.3.4 RLC 并联电路及其谐振现象

(1) 电压与电流的关系

下面讨论电阻、电感、电容并联的交流电路，如图 2.3.10 所示。由于各元件两端的电压相等，所以设 $u = U_{\mathrm{m}}\sin \omega t$ 为参考正弦量。

各元件中的电流相量分别为 $\dot{I}_R$、$\dot{I}_L$、$\dot{I}_C$，各电流的相量（设 $I_C > I_L$）关系如图 2.3.11 所示。

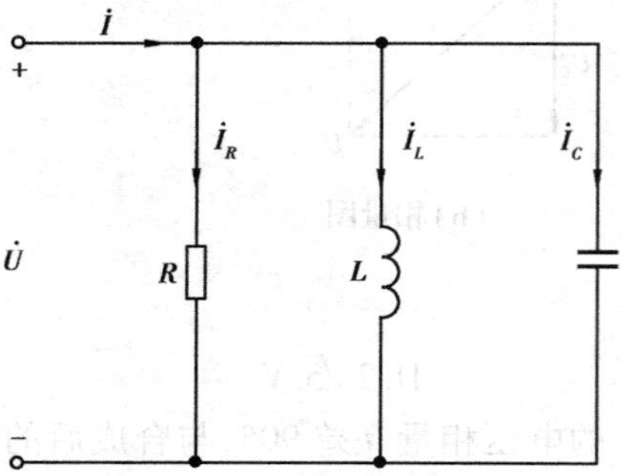

图 2.3.10　RLC 并联电路

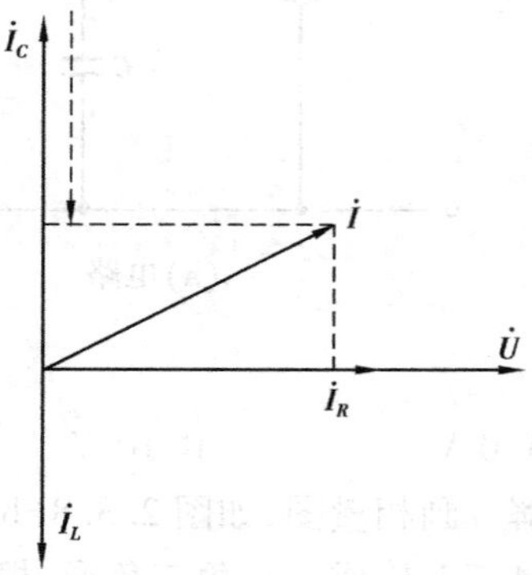

图 2.3.11　相量图

由相量图可得并联电路有如下特点：

①电路中的总电流大小不等于各支路电流的大小之和，即 $I \neq I_R + I_L + I_C$；

②当 $I_C > I_L$ 时，总电流超前总电压，电路呈容性负载；

③当 $I_C < I_L$ 时，总电流相位滞后总电压，电路呈感性负载；

④当 $I_C = I_L$ 时，总电流与总电压同相，电路呈纯电阻性。

例 2.3.4　在图 2.3.12(a) 所示交流电路中，若 A_1、A_2 表的读数均为 10 A，则图中 A 表的读数正确的是（　　）。

A. 10 A　　B. 20 A　　C. 0 A　　D. $10\sqrt{2}$ A

解　画相量图，如图 2.3.12(b) 所示。由于电阻、电感中的电流相量相互垂直，与总电流相量构成直角三角形，根据勾股定理可得正确答案为 D。

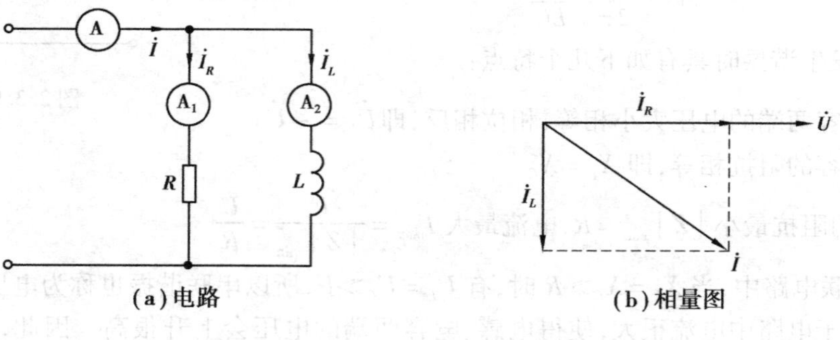

(a) 电路　　(b) 相量图

图 2.3.12

(2)并联谐振现象

在 RLC 并联电路中,如图 2.3.10 所示。当 $I_L = I_C$ 时,总电压与总电流同相,电路发生谐振,整个电路呈电阻特性,并联电路的这种工作状态称为并联谐振。

RLC 并联电路发生谐振的条件是:

$$I_L = I_C \Rightarrow X_L = X_C \Rightarrow 2\pi f_L = \frac{1}{2\pi f_C}$$

所以

$$f_0 = \frac{1}{2\pi\sqrt{LC}} \tag{2.3.4}$$

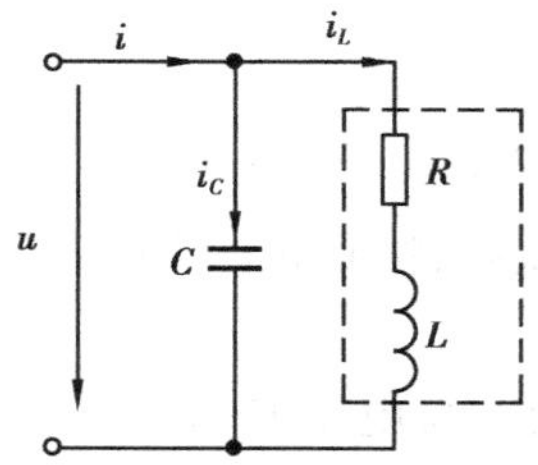

图 2.3.13　线圈与电容器并联电路

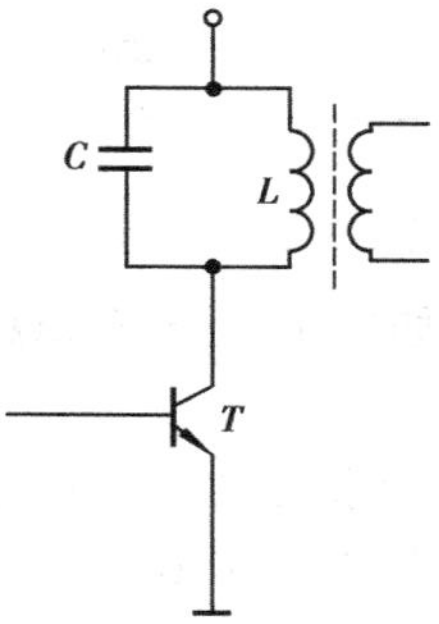

图 2.3.14　选频电路

RLC 并联电路在发生谐振时有如下几个特点:

①由相量图可知,电路中的总电流最小 $I_{min} = I_R$。

②电路的总阻抗 $|Z| = R$ 最大。

③电感和电容支路的电流相等,若 $X_L = X_C \ll R$,则有 $I_L = I_C \gg I$,所以并联谐振也称为电流谐振。

并联谐振也常常发生在线圈与电容器并联的电路中,如图 2.3.13 所示。并联谐振电路具有选择性,在工程电子技术中有着广泛的应用。如图 2.3.14 所示选频电路,各种频率的信号经过晶体三极管时,只有当 LC 并联网络达到谐振状态时,与谐振频率相同的信号在变压器的次级边才会有最大的信号电压输出,从而选择出所需要的频率信号。

练习与思考

2.3.1　单项选择

(1)已知某元件上,$u = 100\sin(\omega t + 80°)$ V,$i = 5\sin(\omega t + 60°)$ A,则该元件为(　　)。

①纯电容　　②纯电感　　③电阻电感　　④电阻电容

(2)RL 串联正弦交流电路,下列各式正确的是(　　)。

①$Z = R + \mathrm{j}\frac{1}{\omega L}$　　②$\dot{U} = \dot{U}_R - \dot{U}_L$

③$Z = \sqrt{R^2 - (\omega L)^2}$　　④$Z = R + \mathrm{j}\omega L$

(3)RL 串联正弦交流电路中,$R = 5\ \Omega$,$X_L = 8.66\ \Omega$,电感电压超前电流的相位为(　　)。

①60°　　②30°　　③ -30°　　④ -60°

(4)在图 2.3.15 所示正弦电路中,若 $\omega L \ll \frac{1}{\omega C_2}$,且电流有效值 $I_1=4$ A,$I_2=3$ A,则总电流有效值 I 约为(　　)。

①7 A　　②-2 A　　③1 A　　④-1 A

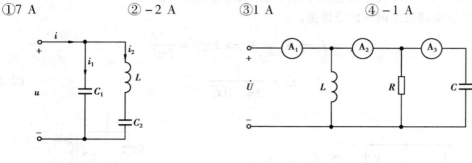

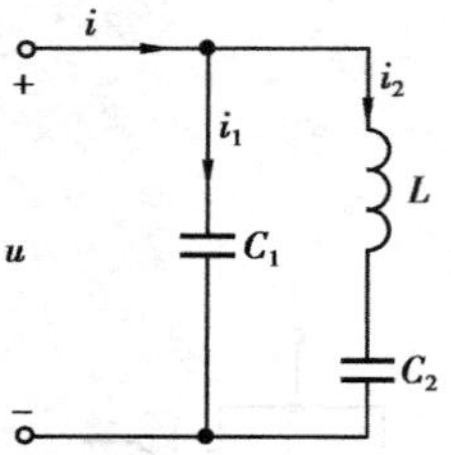

图 2.3.15　电路

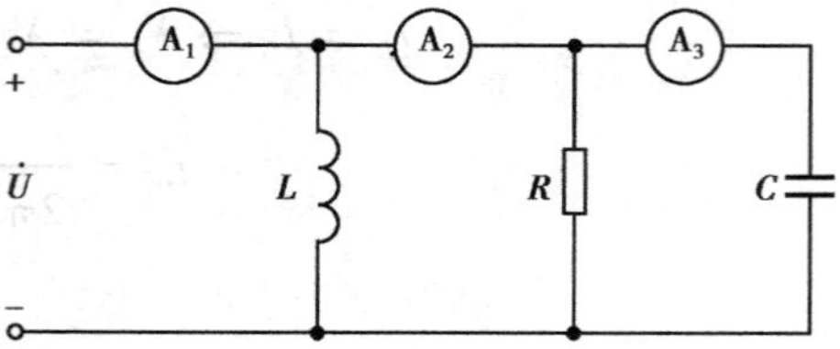

图 2.3.16　电路

2.3.2　如果用一个 10 kΩ 的电阻和一个 1 μF 电容并联后,接到 $u=220\sqrt{2}\sin 314t$ V 的交流电压上。

(1)试分别求出电容和电阻上的电流值;(2)画出总电流和总电压的相量图。

2.3.3　在图 2.3.16 所示的交流电路中,已知 $X_L=X_C=R=4\ \Omega$,电流表 A_1 的读数为 3 A。试问:

(1)并联等效的复阻抗 Z 为多少?

(2)A_2 和 A_3 表的读数为多少?

2.4　功率因数及功率补偿

交流电路中的功率因数定义为:有功功率与视在功率的比值,即

$$\cos\varphi=\frac{P}{S}=\frac{P}{\sqrt{P^2+Q^2}} \tag{2.4.1}$$

在供电系统的负载中,大多属感性负载。例如在工矿企业中大量使用的异步电动机,控制电路中的交流接触器,以及照明用的日光灯等,都是感性负载。由于感性负载的电流滞后于电压($\varphi\neq 0$),所以功率因数总小于 1($\cos\varphi<1$),电能利用效率不高。

(1)功率因数 cos φ 过低在电能利用和电力系统运行中会出现如下两方面的问题:

①电源容量不能得到充分利用

交流电源(发电机和变压器)的容量是按照设计的额定电压 U_N 和额定电流 I_N 确定的。

视在功率 $S_N=U_NI_N$ 就是电源的额定容量。交流电源可否供出如此大的有功功率,还得看负载电路的功率因数。如 $S=1\,000$ kVA 的发电机,给功率因数 $\cos\varphi=0.9$ 的负载供电,它能提供给负载 $P=S\cos\varphi=(1\,000\times 0.9)$ kW $=900$ kW 的有功功率。当 $\cos\varphi=0.5$ 时,它就只能输出有功功率 $P=500$ kW。可见,负载功率因数降低后,电源输出的有功功率也随之减小,电源的容量未充分发挥效益。

②增加了线路的电压降落和功率损失

因为 $P=UI\cos\varphi$　　所以 $I=\frac{P}{U\cos\varphi}$,$\Delta P=I^2r$

可见,在电源电压 U 一定和输送的功率 P 一定时,随着 $\cos\varphi$ 的降低,输电线路上的电流 I 将增大。由于输电线路本身有一定的阻抗,因此,电流的增大将增大线路上的电压降,使用户端的电压也随之降低;同时,电流的增大,输电线路上的功率损失 $\Delta P = I^2 r$ 也增大了,r 为输电线路的等效电阻。因此,提高供电系统的功率因数是节能降耗的一个重要途径和方法。

(2)提高功率因数的方法

提高功率因数的方法通常是在电感性负载的两端并联电容器,如图 2.4.1(a)所示,这种电容器称为补偿电容器,它可安装在用电器两端(如日光灯两端并联电容器),也可安装在电源电压输出端口。由于这种方法是在感性负载旁并联电容,供电电源电压不变,因此,不影响原感性负载的工作。同时,电容器本身不消耗有功功率,只提供无功功率,整个电路的有功功率不变。以电压为参考相量画出并联电容前、后的电流相量如图 2.4.1(b)所示。

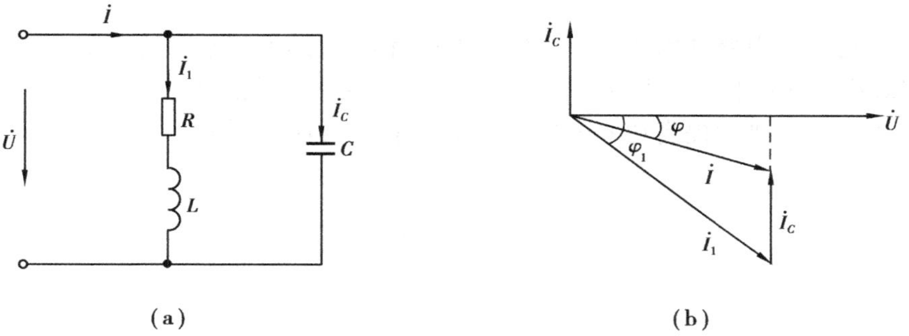

图 2.4.1　提高感性负载功率因数

由相量图可知,当功率因数由 $\cos\varphi_1$ 提高到 $\cos\varphi$ 时,则有:

$$I_C = I_1 \sin\varphi_1 - I\sin\varphi \tag{2.4.2}$$

并电容前供电线路电流:

$$I_1 = \frac{P}{U\cos\varphi_1}$$

并电容后供电线路电流:

$$I = \frac{P}{U\cos\varphi}$$

又并电容后电容支路电流:$I_C = \dfrac{U}{X_C} = \omega CU$,将 I_1、I、I_C 表达式代入式(2.4.2)化简得:

$$C = \frac{P}{\omega U^2}(\tan\varphi_1 - \tan\varphi) \tag{2.4.3}$$

练习与思考

2.4.1　为什么要提高供电系统的功率因数?

2.4.2　提高了供电系统的功率因数,供电线路的电流是增大还是减小? 整个电路的有功功率有无变化? 无功功率有无变化? 感性负载支路的无功功率有无变化?

2.4.3　通过给感性负载并联电容的方法来提高电路的功率因数,有无可能使得呈感性的电路变为了呈容性的电路,为什么?

本章小结

1. 本章首先介绍了正弦交流电路的基本概念，正弦交流电量的三要素，正弦交流电量的相量表示方法和相量图。

理解周期（频率）、幅值（有效值）以及相位（初相位、相位差）的概念。掌握相量的几种常用表达形式，尤其是代数形式和极坐标形式之间的相互转换要熟练掌握。

2. 单一元件的正弦交流电路有 3 种：电阻元件、电感元件和电容元件，其电压、电流数量、相位关系要清楚。掌握感抗和容抗的物理含义与计算方法，掌握有功功率和无功功率的概念和计算。

3. 掌握正弦交流电路常用的分析计算方法—相量法，熟悉相量图的绘制。理解谐振的概念，掌握 RLC 串联谐振和并联谐振各自的特点。理解功率因数的概念，掌握有功、无功与视在功率的关系及计算。理解提高功率因数的意义，掌握其方法及原理。

习题 2

2.1　单项选择

（1）已知 $u_1=110\ \sin(341t-30°)$ V，$u_2=220\ \sin(341t+15°)$ V，则 u_2 超前 u_1 的相位为（　　）。

①$-15°$　　②$45°$　　③$15°$　　④$-45°$

（2）在 RLC 串联交流电路中，已知 $X_L=X_C=10\ \Omega$，$I=2$ A，$R=3\ \Omega$。则电路的电源电压 U 为（　　）。

①6 V　　②14 V　　③-6 V　　④10 V

（3）在题 2.1（3）图所示正弦交流电路中，电阻元件的瞬时值伏安关系表达为（　　）。

①$u=R\dfrac{\mathrm{d}i}{\mathrm{d}t}$　　②$\dot{I}=uR$　　③$u=Ri$　　④$u=\dfrac{1}{R}\int_0^t i\mathrm{d}t+u_0$

（4）RC 串联正弦交流电路如题 2.1（4）图，下列各式正确的是（　　）。

①$Z=R+\mathrm{j}\dfrac{1}{\omega C}$　　②$\dot{U}=\dot{U}_R-\dot{U}_C$　　③$Z=R-\dfrac{1}{\mathrm{j}\omega C}$　　④$Z=R+\dfrac{1}{\mathrm{j}\omega C}$

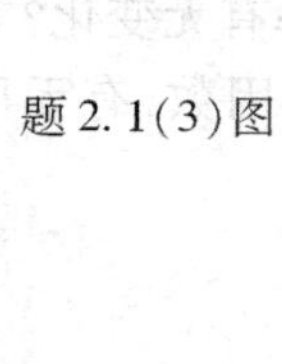

题 2.1（3）图

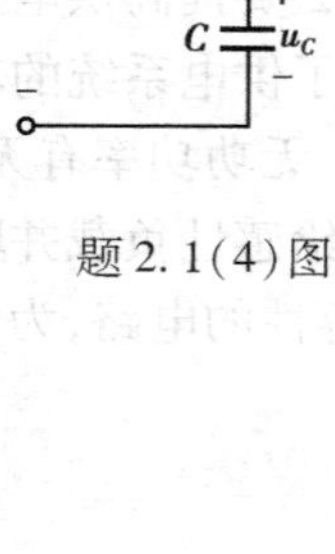

题 2.1（4）图

2.2　判断题

(1)两元件串联时,其总的等效复阻抗可表示为 $Z = Z_1 + Z_2$。　(　　)

(2)在串联交流电路中,元件电压一定小于总电压。　(　　)

(3)在 RLC 串联的交流电路中,串联等效复阻抗为 $Z = R + \mathrm{j}(X_L - X_C)$。　(　　)

(4)正弦量的幅值和有效值是与时间、频率和初相位有关的。　(　　)

2.3　如题 2.3 图所示电路中,除 A_0 和 V_0 外,其余电流表和电压表的读数都在图上标出,试求各电流表 A_0 或各电压表 V_0 的读数,并画出它们的相量图。

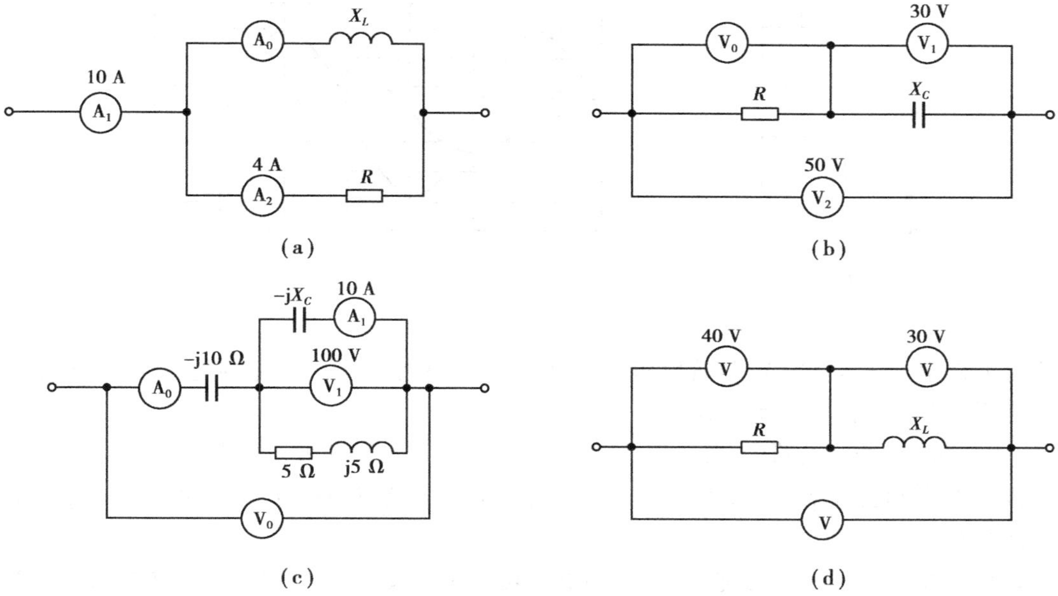

题 2.3 图

2.4　在题 2.4 图中,电流表 A_1 和 A_2 的读数分别为 $I_1 = 3$ A,$I_2 = 4$ A。(1)设 $Z_1 = R$,$Z_2 = -\mathrm{j}X_C$,则电流表 A_0 的读数应为多少?(2)设 $Z_1 = R$,问 Z_2 为何种参数才能使电流表 A_0 的读数最大?此读数应为多少?(3)设 $Z_1 = \mathrm{j}X_L$,问 Z_2 为何种参数才能使电流表 A_0 的读数最小?此读数应为多少?

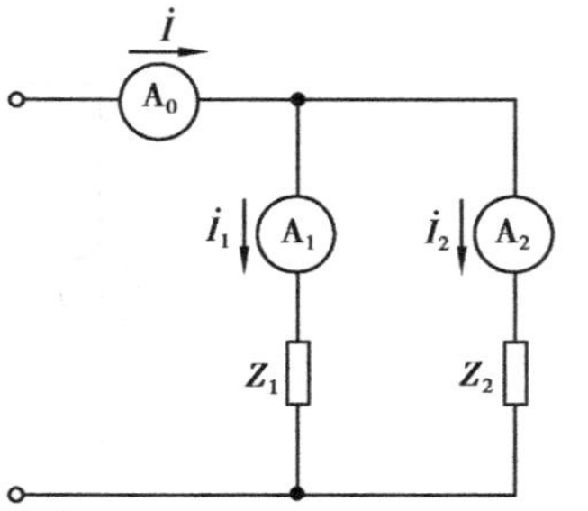

题 2.4 图

2.5　在题 2.5 图中,$I_1 = 10$ A, $I_2 = 10\sqrt{2}$ A,$U = 200$ V, $R = 5\ \Omega$,$R_2 = X_L$,试求 I, X_C,X_L 及 R_2。

2.6　在题 2.6 图中,$I_1 = I_2 = 10$ A,$U = 100$ V,u 与 i 同相,试求 I,R,X_C 及 X_L。

2.7　在题 2.7 图(a)电路中,1 和 2 元件相串联,经实验得到 u_1 和 u_2 的波形如题 2.7 图(b)所示,已知屏幕横坐标为 5 ms/格,纵坐标为 10 V/格。设 u_1 的初相位为零,(1)试写出 u_1、u_2 的瞬时表达式;(2)求电源电压 u,并画出所有电压的相量图。

2.8　日光灯管与镇流器串联接到交流电压上,可看作为一个 RL 串联电路。已知 40 W

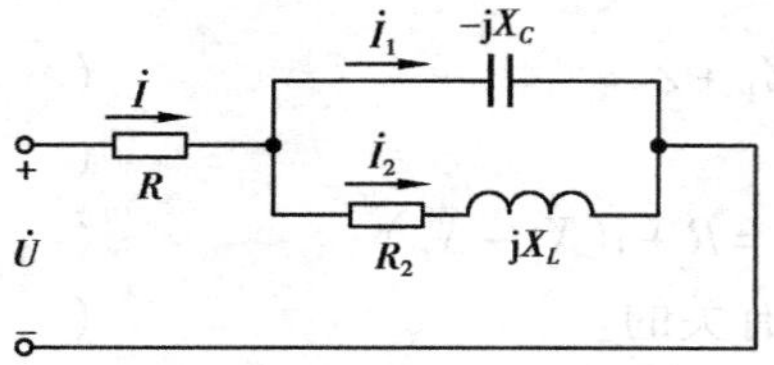

题 2.5 图

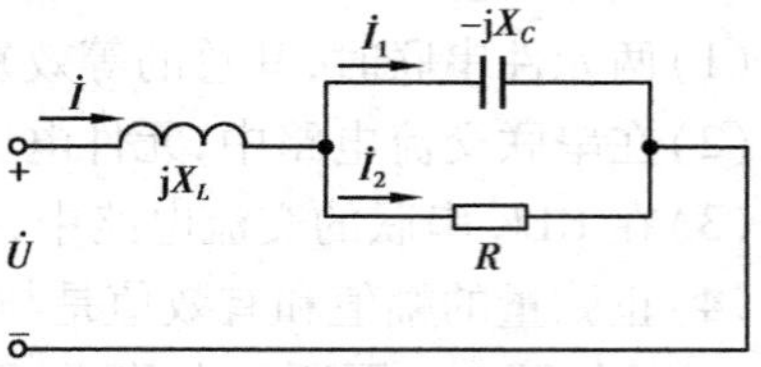

题 2.6 图

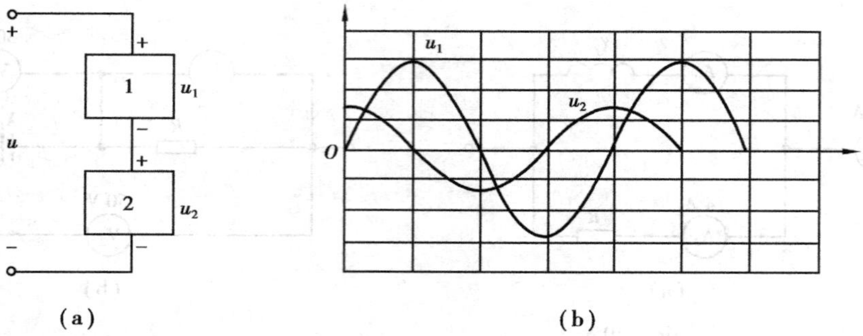

题 2.7 图

日光灯的额定电压为 220 V,灯管电压为 75 V,若不考虑镇流器的功率损耗,试计算日光灯正常发光后电路的电流及功率因数。

2.9　在 RC 串联电路中,电源电压为 u,电阻和电容上的电压分别为 u_R 和 u_C,已知电路阻抗模为 $2\sqrt{2}$ kΩ,频率为 1 kHz,并设 u 与 i 之间的相位差为 45°,$I=14.14$ mA,试求:(1)R 和 C;(2)U。

2.10　如题 2.10 图所示电路中,已知电流表 A_1 的读数为 8 A,电压表 V_1 的读数为 50 V,交流电源的频率为 50 Hz。试求出:(1)其他电表的读数?(2)电容 C 的数值?(3)电路的有功功率、无功功率和功率因数?

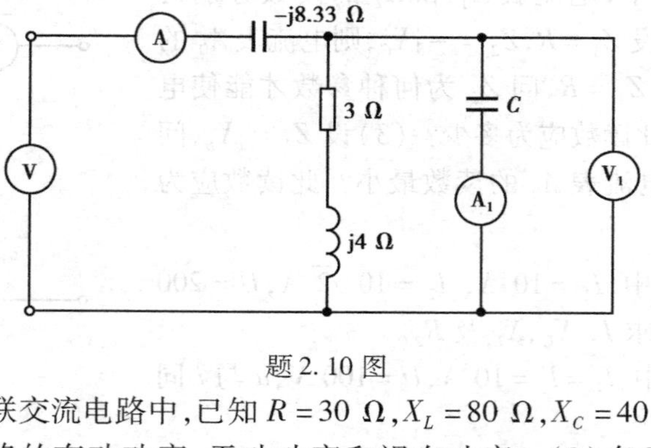

题 2.10 图

2.11　在 RLC 串联交流电路中,已知 $R=30$ Ω,$X_L=80$ Ω,$X_C=40$ Ω,电流为 2 A。试求:(1)电路阻抗;(2)电路的有功功率、无功功率和视在功率?(3)各元件上的电压有效值?(4)画出电路的相量图。

2.12　在 RLC 三元件并联的交流电路中,已知 $R=25$ Ω,$L=8$ mH,$C=500$ μF,电源角频率为 500 rad/s,电压有效值为 100 V。试求(1)电路阻抗;(2)各支路电流及总电流;(3)电路的有功功率、无功功率和视在功率?(4)画出电路的相量图。

2.13　在题2.13图中，已知 $U=220$ V，$R_1=10\ \Omega$，$X_1=10\sqrt{3}\ \Omega$，$R_2=20\ \Omega$，试求各个电流和平均功率。

2.14　在题2.14图中，已知 $u=220\sqrt{2}\sin 314$ V，$i_1=22\sin(314t-45°)$ A，$i_2=11\sqrt{2}\sin(314t+90°)$ A，试求各仪表读数及电路参数 R、L 和 C。

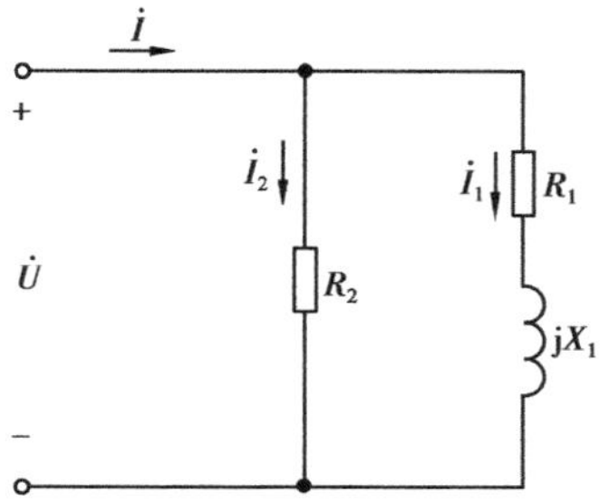

题2.13图

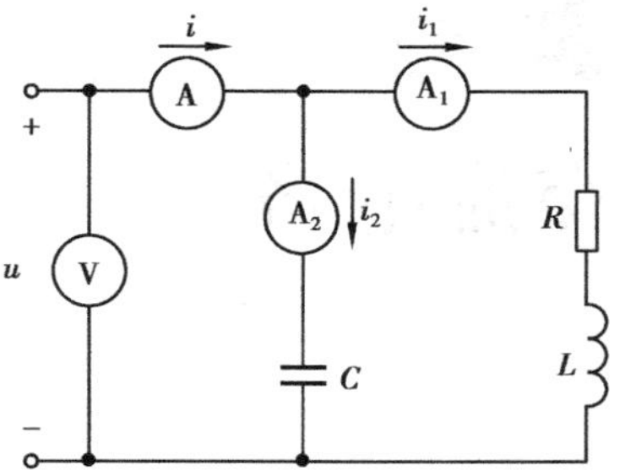

题2.14图

2.15　在题2.15图中，已知 $U=220$ V，$R=22\ \Omega$，$X_L=22\ \Omega$，$X_C=11\ \Omega$，试求电流 I_R，I_L，I_C 及 I。

2.16　求题2.16图(a)、(b)中的电流 i。

2.17　在题2.17图所示的电路中，已知 $\dot{U}_C=1\angle 0°$ V，求 U。

2.18　在题2.18图所示的电路中，已知 $U_{ab}=U_{bc}$，$R=5\ \Omega$，$X_C=\dfrac{1}{\omega C}=5\ \Omega$，$Z_{ab}=R+jX_L$。试求 u、i 同相时 Z_{ab} 等于多少？

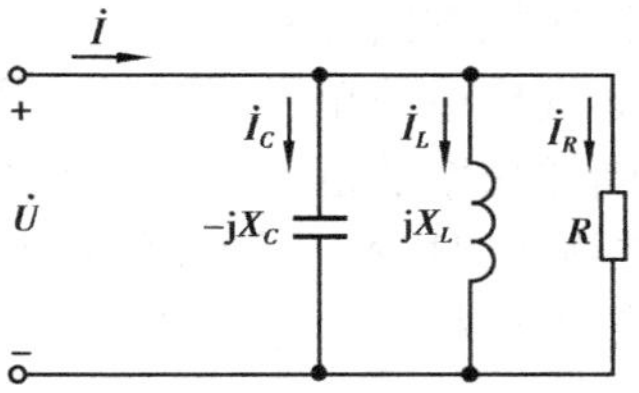

题2.15图

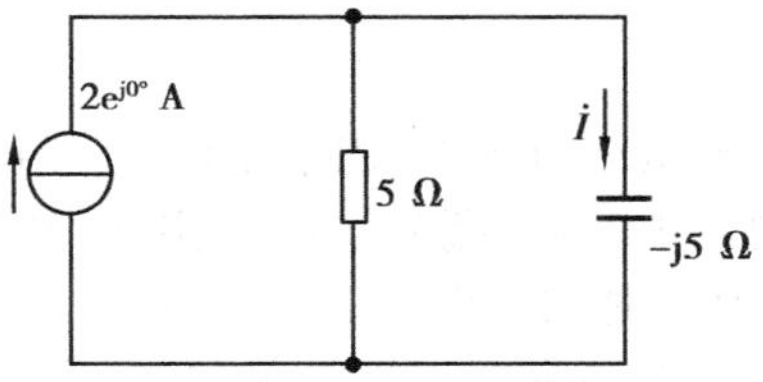

(a)

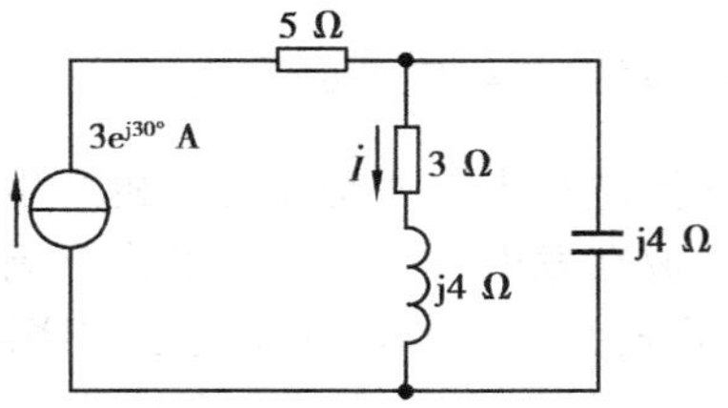

(b)

题2.16图

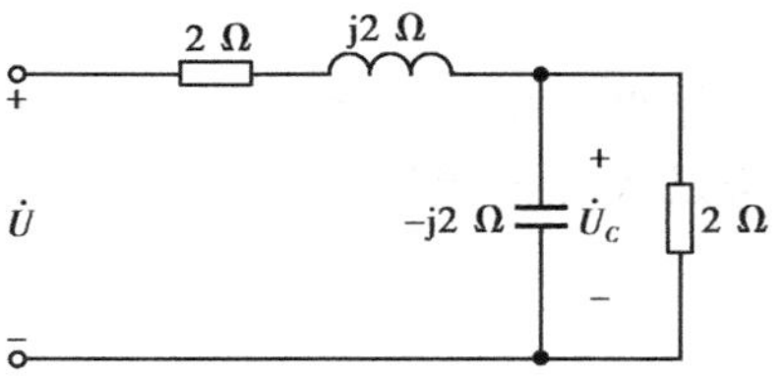

题2.17图

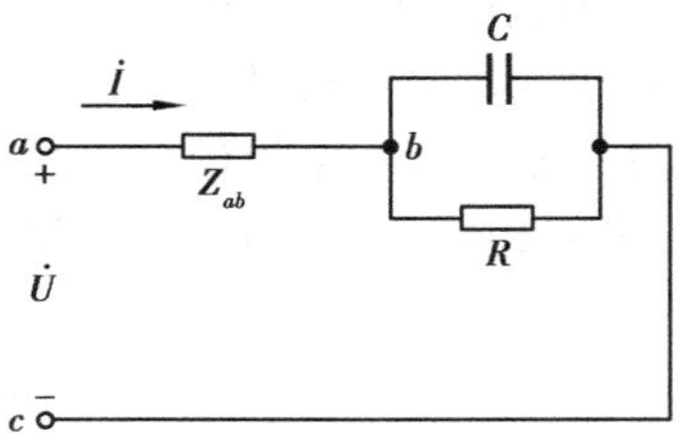

题2.18图

2.19　RLC 串联谐振电路中，已知总电压 $U=200$ V，$R=1\ \Omega$，$X_L=X_C=20\ \Omega$，频率 $f=100$ Hz，试计算(1)电感参数 L 和电容参数 C；(2)电路的 P，Q，S？

第 3 章 三相交流电路

三相交流电与单相交流电相比较具有更多的优点，它在发电、输配电以及将电能转换为机械能方面都有明显的优越性。制造三相发电机、变压器比制造单相发电机、变压器省材料，而且构造简单，性能优良；用同样材料所制造的三相电机，其容量比单相电机大 50%；在输送同样功率的情况下，三相输电线较单相输电线，可节省有色金属 25% 左右，而且电能损失较单相输电时少。因此，在电能的产生和大规模应用中，三相交流电路应用最为广泛。第 2 章介绍了单相交流电路的分析与计算，它是三相交流电路分析和计算的基础。

3.1 三相电源

3.1.1 对称三相电源的产生

三相交流电是由三相交流发电机产生的。在发电机中有 3 个相同的定子绕组，这三相绕组对称地嵌放在发电机定子铁芯的内圆周表面的槽孔中，其始端分别用 A、B、C 表示，末端分别用 X、Y、Z 表示。AX、BY、CZ 这三相绕组分别称为 A 相、B 相和 C 相绕组。发电机转子装有直流励磁绕组，当原动机拖动转子转动，且转子铁芯选择合适的极面形状时，定子三相绕组就会产生大小相等，相位互差 120°的正弦电动势。在电气制图的国家标准中，对于交流系统的相序，对电源方：第一相标 L_1、第二相标 L_2、第三相标 L_3；对三相负载或设备端：依次标注为 U、V、W。目前，在三相交流电路的分析计算中，习惯上仍沿用 A、B、C 字符标注三相电源（或负载），本章仍采用这种标注方式。

通过对三相交流发电机的合理设计和制造，可以使得三相定子绕组产生幅值相等，频率相同，彼此之间相位相差 120°的正弦电源电动势。若以 A 相电源作为参考正弦量，则三相电源表示为：

$$e_A = E_m \sin \omega t \text{V}$$
$$e_B = E_m \sin(\omega t - 120°) \text{V}$$
$$e_C = E_m \sin(\omega t - 240°) = E_m \sin(\omega t + 120°) \text{V} \qquad (3.1.1)$$

相量表达式为：

$$\dot{E}_A = E\angle 0°$$

$$\dot{E}_B = E\angle 120°$$
$$\dot{E}_C = E\angle -120° \qquad (3.1.2)$$

其波形图和相量图如图 3.1.1 所示。

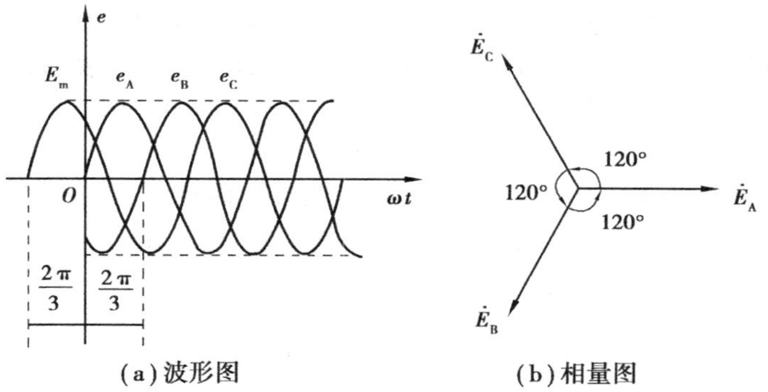

图 3.1.1　三相电源

三相交流电在相位上的先后次序称为相序。如上述的三相电动势 e_A、e_B、e_C 依次滞后 120°,其相序为 A→B→C。

频率相同、幅值相等、相位互差 120°的三相电动势,称为对称三相电动势。根据图 3.1.1 可知,对称三相电动势 e_A、e_B、e_C 在任一时刻它们的瞬时值之和为 0,或相量之和为 0。

3.1.2　对称三相电源的连接

(1)三相电源的星形连接(Y)

通常把发电机三相绕组的末端 X、Y、Z 连接成一点,而把首端 A、B、C 作为与外电路相连接的端点。这种连接方式称为电源的星形连接,如图 3.1.2 所示。

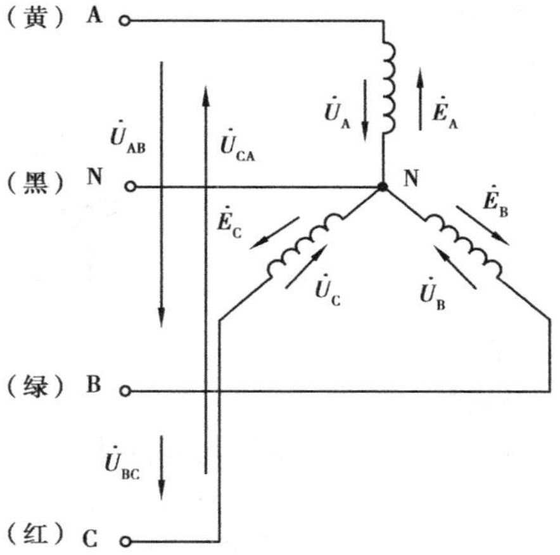

图 3.1.2　三相电源的星形连接

为了方便电路分析,进行如下定义:

中线、零线或地线:在图 3.1.2 中,N 点称为中点,通常电源中性点是接地的,所以也称为零点。从中点(零点)引出的导线称为中线、零线或地线。

端线或相线:从首端(A、B、C)引出的 3 根导线称为端线或相线,俗称火线。它们通常用不同的颜色(黄、绿、红)标记。

三相四线制供电系统:由三根相线和一根中线构成的供电系统称为三相四线制供电系统。通常低压供电网采用三相四线制。日常生活中见到的只有两根导线的单相供电线路只是其中的一相,是由一根相线和一根中线组成的。

相电压:三相四线制供电系统可输送两种电压,一种是相线与中线之间的电压称为相电压,各相电压大小为 U_A、U_B、U_C,没有特别指明哪相电压时,常用 U_P 表示相电压的大小。

线电压:相线与相线之间的电压称为线电压,各线电压大小为 U_{AB}、U_{BC}、U_{CA},没有特别指明哪两根相线之间的电压时,常用 U_L 表示线电压的大小。

规定各相电动势的参考方向从绕组的末端指向首端,而相电压的参考方向则是从首端指向末端(从相线指向中线),线电压的参考方向,例如 U_{AB},则是由 A 端指向 B 端,由图 3.1.2 可知各线电压与相电压之间的关系为:

$$\begin{aligned}\dot{U}_{AB} &= \dot{U}_A - \dot{U}_B \\ \dot{U}_{BC} &= \dot{U}_B - \dot{U}_C \\ \dot{U}_{CA} &= \dot{U}_C - \dot{U}_A\end{aligned} \tag{3.1.3}$$

由于三相电动势是对称的,所以相电压也是对称的。在作相量图时,若以 A 相电压 U_A 作为参考相量,则可作出 $\dot{U}_B$、$\dot{U}_C$ 及各线电压的相量,如图 3.1.3 所示。可见,相电压对称,线电压也是对称的,但线电压是相电压的$\sqrt{3}$倍,在相位上线电压超前相应相电压 30°。线电压的有效值用 U_L 表示,相电压的有效值用 U_P 表示。由相量图可推导得出线电压与相电压的关系是:

$$\dot{U}_L = \sqrt{3}\dot{U}_P \angle 30° \tag{3.1.4}$$

在我国,常用低压供电的三相四线制系统中,线电压是 380 V,相电压是 220 V。

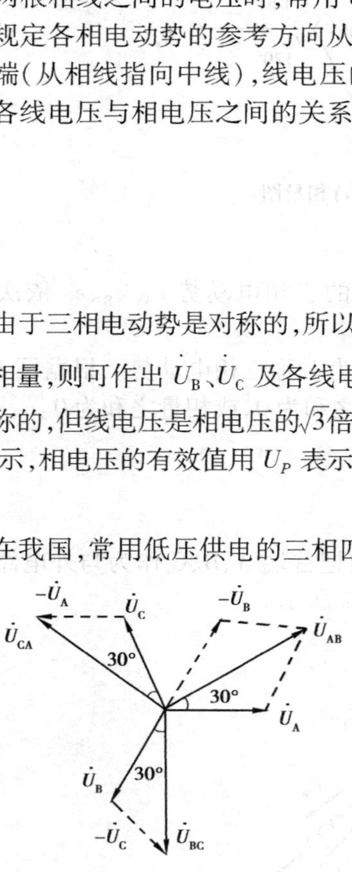

图 3.1.3　线电压与相电压相量图

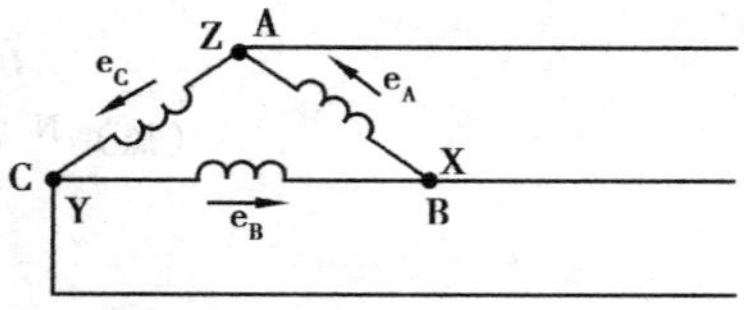

图 3.1.4　电源三角形连接

(2)三相电源的三角形(D)连接

将电源三相绕组的末端、首端依次相联,即 X 与 B、Y 与 C、Z 与 A 相联,形成闭合三角形,再由三个联接点引出端线,就形成电源的三角形(D)连接,如图 3.1.4 所示。电源三角形连接只能向负载提供一种电压,即线电压。此时线电压即为相应绕组的端电压。电源的三角形连接一般只用于工业用户,或用在变流技术中。

练习与思考

3.1.1　单项选择

(1)已知某三相四线制电路的线电压 $\dot{U}_{AB} = 380\angle 33°$ V, $\dot{U}_{BC} = 380\angle -87°$ V, $\dot{U}_{CA}$ =

$380\angle 153°$ V，当 $t=8$ s 时，三个线电压之和为(　　)。

①380 V　　②0 V　　③$380\sqrt{2}$ V　　④$10\angle 45°\Omega$

(2)在某对称三相电源星形连接的电路中，已知线电压 $u_{AB}=380\sqrt{2}\sin\omega t$ V，则 C 相电压有效值相量 $\dot{U}_C=$(　　)。

①$220\angle 90°$V　　②$380\angle 90°$V　　③$220\angle -90°$V　　④$380\angle -90°$V

3.1.2　三相四线制的对称三相电路中，如已知 $u_B=220\sqrt{2}\sin(\omega t-15°)$，试写出 u_A、u_C、u_{AB}、u_{BC}、u_{CA} 的表达式。

3.2　三相交流电路分析

3.2.1　负载星形(Y)连接的三相电路

三相交流电路中负载的连接方式有两种：星形连接和三角形连接。负载星形连接的三相四线制电路如图 3.2.1 所示，若不计中线阻抗，电源中点 N 与负载中点 N′等电位；若端线阻抗也忽略，负载的相电压与电源的相电压相等，即

$$\dot{U}_a=\dot{U}_A,\dot{U}_b=\dot{U}_B,\dot{U}_c=\dot{U}_C \tag{3.2.1}$$

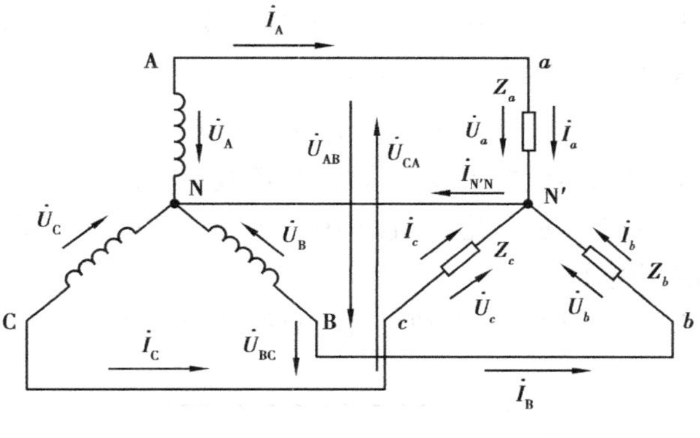

图 3.2.1　负载星形连接

负载的线电压与电源的线电压相等，即

$$\dot{U}_{ab}=\dot{U}_{AB},\dot{U}_{bc}=\dot{U}_{BC},\dot{U}_{ca}=\dot{U}_{CA} \tag{3.2.2}$$

相电流：流过每一相负载的电流，如图 3.2.1 中 $\dot{I}_a$、$\dot{I}_b$、$\dot{I}_c$，相电流大小用 I_P 表示。

线电流：流过端线的电流，如图 3.2.1 中 $\dot{I}_A$、$\dot{I}_B$、$\dot{I}_C$，线电流大小用 I_L 表示。

对称三相负载：设三相负载复阻抗为 $Z_A=|Z_A|e^{j\phi_A}$，$Z_B=|Z_B|e^{j\phi_B}$，$Z_C=|Z_C|e^{j\phi_C}$，当三相负载的复阻抗相等，即 $Z_A=Z_B=Z_C$，或表示为 $|Z_A|=|Z_B|=|Z_C|=|Z|$ 和 $\phi_A=\phi_B=\phi_C=\phi$，称这样的三相负载为对称三相负载。当 $Z_A\neq Z_B\neq Z_C$ 时，则为不对称负载。

当三相负载星形连接时，电路有以下基本关系：

①线电流等于相应相的相电流，即 $\dot{I}_L=\dot{I}_P$。

②三相四线制电路中,线电压等于相电压的$\sqrt{3}$倍,线电压超前相应相电压 30°,即

$$\dot{U}_L = \sqrt{3}\dot{U}_P \angle 30°$$

③三相四线制电路中各相电流的计算可分成 3 个单相电路分别计算,即

$$\dot{I}_A = \dot{I}_a = \frac{\dot{U}_A}{Z_a},\quad \dot{I}_B = \dot{I}_b = \frac{\dot{U}_B}{Z_b},\quad \dot{I}_C = \dot{I}_c = \frac{\dot{U}_C}{Z_c}$$

上述式子中,三个相电压 $\dot{U}_A$、$\dot{U}_B$、$\dot{U}_C$ 始终是对称的。若三相负载不对称,则相电流(或线电流)不对称,其相量图如图 3.2.2(a)所示。

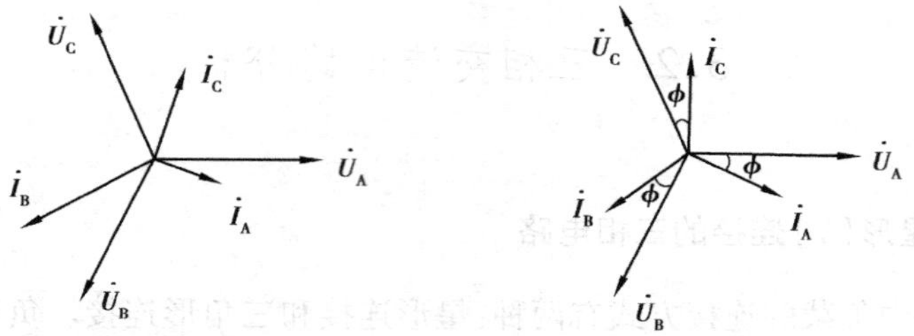

(a)不对称负载　　(b)对称负载

图 3.2.2　负载星形连接相量图

若三相负载对称,即 $Z_A = Z_B = Z_C$ 时,则三相电流(或线电流)也是对称的,如图3.2.2(b)所示为对称感性负载相量图。显然,在电源和负载都对称的情况下,只需计算一相即可,其他两相按照对称关系直接写出,此时中线电流为:

$$\dot{I}_{N'N} = \dot{I}_A + \dot{I}_B + \dot{I}_C = 0 \tag{3.2.3}$$

既然中线电流为零,可以不设置中线。这样,当负载为对称三相负载时,就形成了三相三线制的送电方式,如图3.2.3 所示。此时,电源中点 N 与负载中点 N′的电位仍然相等,每相负载仍然承受电源相应的相电压。

工业生产中广泛使用的三相异步电动机就是对称三相负载。

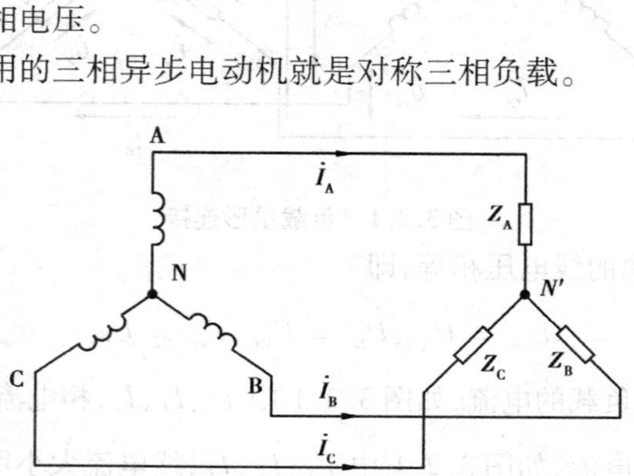

图 3.2.3　对称负载的三相三线制电路

例3.2.1　在图3.2.4(a)所示电路中,对称三相电源电压为 $U_L = 380$ V,三相负载的参数为:$Z_A = 5\ \Omega$,$Z_B = 10\ \Omega$,$Z_C = 20\ \Omega$,均为电阻。试求:(1)各相负载的相电流和中线电流;(2)若中线断开时,各负载上的相电压。

解　设以 A 相电压为参考正弦量，即 $\dot{U}_A = 220\angle 0°\text{V}$。

(1)有中线时，各相负载电压等于电源的相电压，由于电源电压对称，所以各相电流为：

$$\dot{I}_A = \frac{\dot{U}_A}{Z_A} = 44\angle 0°\text{A},\ \dot{I}_B = \frac{\dot{U}_B}{Z_B} = 22\angle -120°\text{A},\ \dot{I}_C = \frac{\dot{U}_C}{Z_C} = 11\angle 120°\text{A}$$

根据 KCL 定律，可求得中线电流 $\dot{I}_{N'N}$ 为：

$$\begin{aligned}\dot{I}_{N'N} &= \dot{I}_A + \dot{I}_B + \dot{I}_C = (44\angle 0° + 22\angle -120° + 11\angle 120°)\text{A}\\ &= (27.5 - \text{j}9.45)\text{A} \approx 29.1\angle -19°\text{A}\end{aligned}$$

由此可见，三相负载不对称时，中线有电流。虽然中线电流不为零，但由于中线的存在，使得负载中性点与电源中性点之间仍然是等电位的，即 $\dot{U}_{N'N} = 0$。因此，负载承受的电压仍然是电源的相电压，使设备或负载在额定电压下正常工作。

(2)当中线断开时，电路变为三相三线制，电路等效为图 3.2.4(b)所示电路。根据第 1 章节点电压法的相量形式，两个中性点之间的电压 $\dot{U}_{N'N}$ 为：

$$\dot{U}_{N'N} = \frac{\dfrac{\dot{U}_A}{Z_A} + \dfrac{\dot{U}_B}{Z_B} + \dfrac{\dot{U}_C}{Z_C}}{\dfrac{1}{Z_A} + \dfrac{1}{Z_B} + \dfrac{1}{Z_C}} = \frac{\dfrac{220\angle 0°}{5} + \dfrac{220\angle 120°}{10} + \dfrac{220\angle -120°}{20}}{\dfrac{1}{5} + \dfrac{1}{10} + \dfrac{1}{20}}\text{V} \approx 83.4\angle 19°\text{V} \tag{3.2.4}$$

显然，负载不对称且无中线时 $\dot{U}_{N'N} \neq 0$。说明 N′和 N 不再是等电位。此时，各相负载上的电压出现了不对称现象，分别为：

$$\begin{aligned}\dot{U}_{AN'} &= \dot{U}_A - \dot{U}_{N'N} = (220\angle 0° - 83.4\angle 19°)\text{V} \approx 144\angle -10.9°\text{V}\\ \dot{U}_{BN'} &= \dot{U}_B - \dot{U}_{N'N} = (220\angle -120° - 83.4\angle 19°)\text{V} \approx 288.1\angle -131°\text{V}\\ \dot{U}_{CN'} &= \dot{U}_C - \dot{U}_{N'N} = (220\angle 120° - 83.4\angle 19°)\text{V} = 249.7\angle 139.1°\text{V}\end{aligned}$$

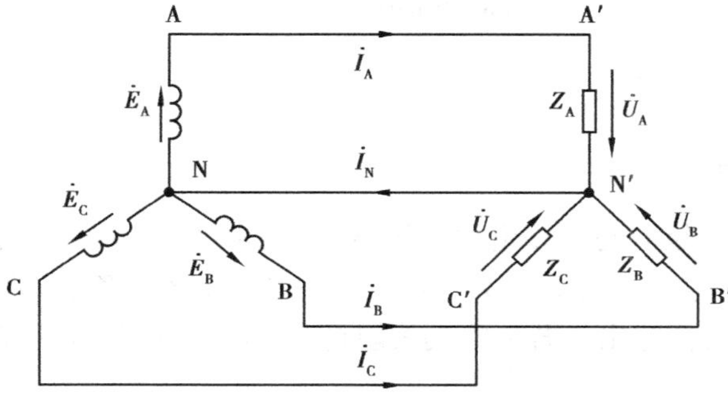

(a)电路

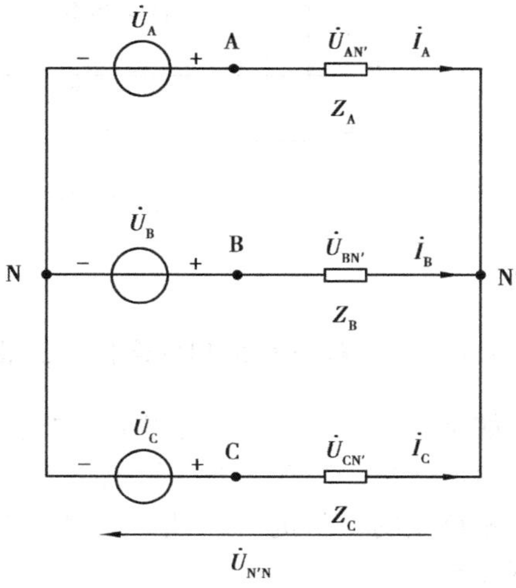

(b)无中线的三相三线制等效电路

图 3.2.4　三相三线制电路及等效电路

由此可见,各相负载实际承受的电压大小不等,有的相超过额定值 220 V,例如 B 相负载电压为 288.1 V,C 相负载电压为 249.7 V;而 A 相负载的电压只有 144 V,低于额定电压。这些情况都会使负载不能正常工作,甚至会损坏设备。同时,各相负载电流也是不对称的。

因此,负载不对称时,中线是不可省掉的。在不对称负载电路中,中线起着保证各相负载电压为各相应电源相电压的作用,从而确保各相负载都能在额定电压下正常工作,互不影响。为了防止中线突然断开导致负载或设备损坏,在中线上不允许安装熔断器和开关。

例 3.2.2 在图 3.2.5(a)所示的三相四线制电路中,外加电压 $U_L=380$ V,试求各相负载电流及中线电流并画相量图。

解 线电压 $U_L=380$ V,则相电压 $U_P=220$ V,如选择 u_A 为参考相量,即其初相为 0,则

$$\dot{I}_A=\frac{\dot{U}_A}{Z_A}=\frac{220\angle 0°}{4+j3}\text{A}=\frac{220\angle 0°}{5\angle 36.9°}\text{A}=44\angle -36.9°\text{A}$$

$$\dot{I}_B=\frac{\dot{U}_B}{Z_B}=\frac{220\angle -120°}{5}\text{A}=44\angle -120°\text{A}$$

$$\dot{I}_C=\frac{\dot{U}_C}{Z_C}=\frac{220\angle 120°}{6-j8}=\frac{220\angle 120°}{10\angle -53.1°}\text{A}=22\angle 173.1°\text{A}$$

$$\dot{I}_N=\dot{I}_A+\dot{I}_B+\dot{I}_C=(44\angle -36.9°+44\angle -120°+22\angle 173.1°)\text{A}=62.5\angle -97.1°\text{A}$$

相量图如图 3.2.5(b)所示。

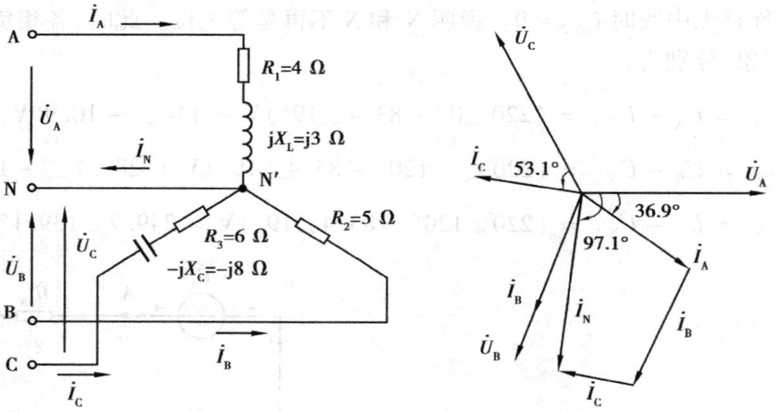

(a)电路图　　(b)相量图

图 3.2.5

3.2.2 负载三角形(D)连接的三相电路

如果将三相负载的首尾相连,再将 3 个连接点与三相电源端线 A、B、C 相接,则构成负载的三角形连接。图 3.2.6 所示电路为三角形连接的三相三线制电路。图中 Z_{AB}、Z_{BC}、Z_{CA} 分别是三相负载的复阻抗,各电量的参考方向按习惯标出。若忽略端线阻抗($Z_L=0$),则电路具有以下关系:

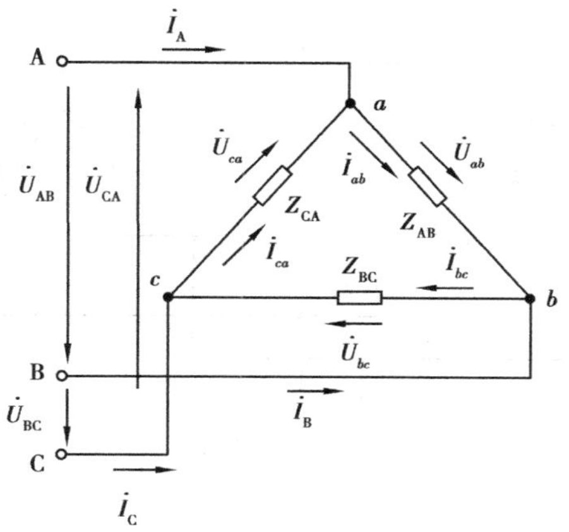

图 3.2.6　负载三角形连接

①线电压等于相应的相电压，即 $U_L = U_P$。由于供电线路上的线电压总是对称的，所以不论负载对称与否，负载的相电压总是对称的。

②各相电流分别计算如下：

$$\dot{I}_{ab} = \frac{\dot{U}_{AB}}{Z_{AB}} = \frac{\dot{U}_{AB}}{|Z_{AB}|\angle\varphi_{AB}},\dot{I}_{bc} = \frac{\dot{U}_{BC}}{Z_{BC}} = \frac{\dot{U}_{BC}}{|Z_{BC}|\angle\varphi_{BC}},\dot{I}_{ca} = \frac{\dot{U}_{CA}}{Z_{CA}} = \frac{\dot{U}_{CA}}{|Z_{CA}|\angle\varphi_{CA}} \quad (3.2.5)$$

当负载对称时，$Z_{AB} = Z_{BC} = Z_{CA} = Z$，则三相电流也是对称的，其相量如图 3.2.7 所示。这时，计算一相电路即可，其他两相按照对称关系直接写出。

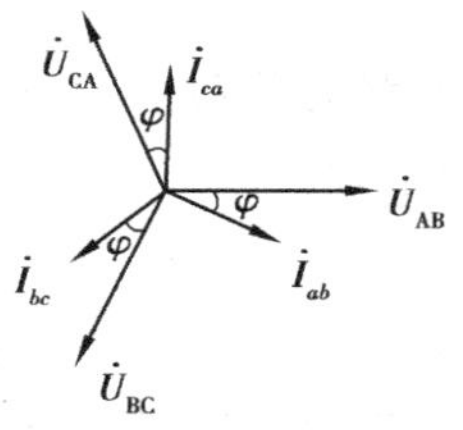

图 3.2.7　对称负载 D 连接相量图

③各线电流由相邻两相电流决定，列节点电流方程得线电流表达式：

$$\dot{I}_A = \dot{I}_{ab} - \dot{I}_{ca},\dot{I}_B = \dot{I}_{bc} - \dot{I}_{ab},\dot{I}_C = \dot{I}_{ca} - \dot{I}_{bc} \quad (3.2.6)$$

④在三相负载对称条件下，线电流是相电流的$\sqrt{3}$倍，线电流滞后相应相电流 30°，即 $\dot{I}_L = \sqrt{3}\dot{I}_P\angle -30°$。此结论可用式(3.2.6)进行证明，或用相量图证明。

负载为三角形连接时，相电压即为供电线路上的线电压，它们总是对称的。若某一相负载断开，不会影响其他两相负载的工作。

例 3.2.3　在图 3.2.8 所示电路中，有两组对称的三相负载，分别接成三角形和星形，其中星形负载阻抗 $Z_A = 10\angle 53.1°\,\Omega$，三角形负载阻抗 $Z_B = 5\ \Omega$，电源相电压 $U_P = 220\ \text{V}$，试求线电流 $\dot{I}_A$。

解　设以 A 相为参考正弦量，即 $\dot{U}_A = 220\angle 0°\text{V}$。

由于三相负载和三相电源均对称，因此只要求出其中一相的负载电流即可。

星形的线电流即为相电流：$\dot{I}_{YL} = \dot{I}_{YP} = \dfrac{\dot{U}_A}{Z_A} = \dfrac{220\angle 0°}{10\angle 53.1°}\text{A} = 22\angle -53.1°\text{A}$

三角形的相电流为：$\dot{I}_{AB} = \dfrac{\dot{U}_{AB}}{Z_B} = \dfrac{380\angle 30°}{5}\text{A} = 76\angle 30°\text{A}$

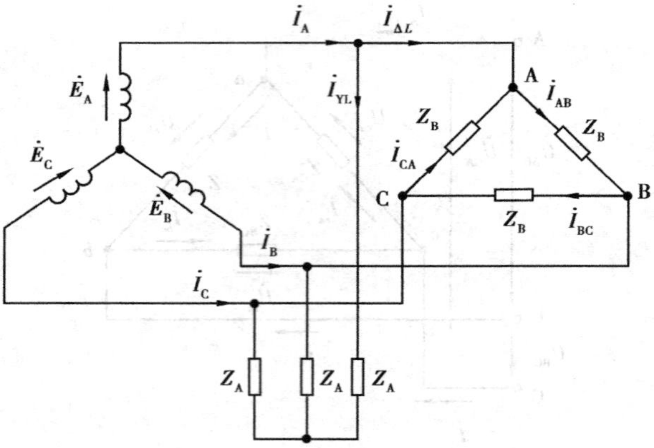

图 3.2.8 电路

则三角形线电流为：$\dot{I}_{\Delta L}=\sqrt{3}\dot{I}_{AB}\angle-30°=\sqrt{3}\times76\angle0°\text{A}\approx131.6\angle0°\text{A}$

根据相量形式的 KCL 定律，就可求得电路的线电流 $\dot{I}_A$ 为：

$$\dot{I}_A=\dot{I}_{YL}+\dot{I}_{\Delta L}=(22\angle-53.1°+131.6\angle0°)\text{A}\approx145.8\angle-7°\text{A}$$

3.2.3 三相功率

三相电路的总功率（有功功率）等于各相功率之和。无论负载是星形连接还是三角形连接，其总功率为：

$$P=P_A+P_B+P_C=U_AI_A\cos\varphi_A+U_BI_B\cos\varphi_B+U_CI_C\cos\varphi_C \tag{3.2.7}$$

式中 φ_A、φ_B、φ_C 分别是各相的相电压与相电流的相位差，或各相复阻抗的阻抗角。

当三相负载对称时，有：

星形接法：$I_L=I_P,U_L=\sqrt{3}U_P,P=3P_P=3U_PI_P\cos\varphi=\sqrt{3}U_LI_L\cos\varphi$

三角形接法：$I_L=\sqrt{3}I_P,U_L=U_P,P=3P_P=3U_PI_P\cos\varphi=\sqrt{3}U_LI_L\cos\varphi$

由此可见，无论负载是星形连接还是三角形连接，只要是对称三相负载，其三相电路总的有功功率均可用线电压、线电流表示出来，即

$$P=\sqrt{3}U_LI_L\cos\varphi \tag{3.2.8}$$

注意：式(3.2.8)中，φ 角仍是相电压与相电流的相位差角，也是每相负载的阻抗角和功率因数角，但不是线电压与线电流的相位差。

同理，三相电路的无功功率，也等于各相无功功率之和。

$$Q=Q_A+Q_B+Q_C=U_AI_A\sin\varphi_A+U_BI_B\sin\varphi_B+U_CI_C\sin\varphi_C \tag{3.2.9}$$

在对称负载电路中，三相无功功率为：

$$Q=\sqrt{3}U_LI_L\sin\varphi \tag{3.2.10}$$

三相视在功率则为：

$$S=\sqrt{P^2+Q^2}=\sqrt{3}U_LI_L \tag{3.2.11}$$

例 3.2.4 在图 3.2.9 所示电路中，对称感性负载连成三角形，已知电源电压 $U_L=220$ V，电流表读数为 17.32 A，三相功率 $P=4.5$ kW。试求：

(1)每相负载的电阻和感抗;

(2)当 AB 相断开时,各电流表的读数和总功率;

(3)当 A 线断开时,求各电流表的读数和总功率。

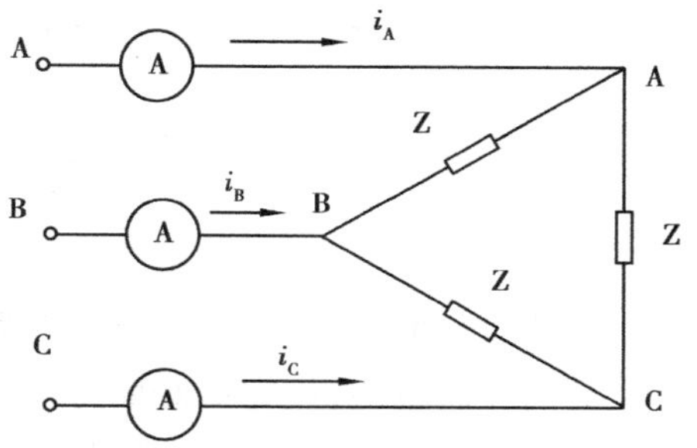

图 3.2.9　电路

解　(1)由题意,视在功率 $S=\sqrt{3}U_LI_L=6.6\ \text{kVA}$

$$P=S\cos\varphi,\varphi=\arccos\frac{P}{S}=47°$$

相电流:$I_P=\dfrac{I_L}{\sqrt{3}}=10\ \text{A}$

每相负载阻抗:$|Z|=\dfrac{U_P}{I_P}=22\ \Omega$

每相电阻和感抗:$R=|Z|\cos\varphi=15\ \Omega,X_L=|Z|\sin\varphi=16\ \Omega$

(2)当 AB 相断开时,不影响另两相负载工作,A、B 两线的安培计读数等于负载的相电流,C 线的安培计读数不变。即 $I_A=I_B=10\ \text{A},I_C=17.32\ \text{A}$

AC 和 BC 间负载功率不变,AB 间的负载功率为 0,则总功率为:$P'=\dfrac{2}{3}P=3\ \text{kW}$

(3)当 A 线断开时,A 线安培计读数为 0,即 $I_A=0\ \text{A}$。此时电路变成一单相电路。

总的复阻抗:$Z''=2Z//Z=\dfrac{2}{3}Z=\dfrac{2}{3}(15+\text{j}16)\Omega=(10+\text{j}10.67)\Omega=14.62\angle 46.86°\Omega$

B 线和 C 线上的安培计读数相等,其值为:$I_B=I_C=\dfrac{U_P}{|Z''|}=\dfrac{220}{14.62}\ \text{A}\approx 15\ \text{A}$

这种情况下的总功率为:$P=(220\times 15\times\cos 46.86°)\ \text{W}\approx 2\ 256.5\ \text{W}$

练习与思考

3.2.1　判断题

(1)同一台三相发电机的三相绕组,不论 Y 形还是 D 形连接,其线电压大小是相等的。　(　　)

(2)三相三线制中,只有当三相负载对称时,三个线电流之和才等于零。　(　　)

(3)三相四线制中,两中性点的电压为零,中线电流一定为零。　(　　)

(4)三相电路中,三相负载相电压的向量和为零,那么这三个正弦电压一定对称。　(　　)

(5)三相电路的线电压与线电流之比等于输电导线的阻抗。　(　　)

(6)负载不对称的三相电路中,负载端的相电压、线电压、相电流、线电流均不对称。　(　　)

(7)只有负载为 Y 形连接且负载对称的三相电路,负载的线电流才等于相电流。(　　)

(8)负载为 D 形连接的三相电路中,其线电流是相电流的$\sqrt{3}$倍。　(　　)

3.2.2　对称三相电流 i_A、i_B、i_C 瞬时值之间的关系为 $i_A+i_B+i_C=0$;i_1、i_2、i_3 为同一节点的三条支路电流,且参考方向均指向节点,根据基尔霍夫电流定律,有公式 $i_1+i_2+i_3=0$。两者公式形式相同,试指出它们本质上的区别。

3.2.3　三相四线制的电源系统中,中线有何作用?开关和熔断器能否接在中线上?

3.2.4　有 220 V/40 W 的白炽灯 60 盏,应如何接入到线电压为 380 V 的三相四线制电源上,并求负载在对称情况下的线电流。

*3.3 建筑供配电简介

随着时代的进步,电力系统与人类的关系越来越密切,人们的生产、生活都离不开电的应用。如何控制电能,使它更好地为人们服务,避免电能的损耗和浪费,从而满足人们对电的需求,控制电能的损耗,提高电能的应用效率。

由于电能在生产、输送和消费方面存在以下特点:

①电能不便于进行存储。因此,电能的生产、输送、分配、消费必须同时发生。电能不像储存水或者其他物体一样方便;

②电能从一种运行方式到另外一种运行方式的过渡过程非常短促,因此,需要采取一些措施提高电能运行的效率;

③电能与国民经济各部门的关系密切。目前,国民经济各部门都在广泛地使用电能,电能的中断或减少将影响国民经济各部门的正常运行。

因此,为了保证供电的质量和可靠性,需要完善电力系统结构,提高系统运行水平。

根据电能供配线路电压的高低,电力网分为特高压网(750 kV及以上)、超高压网(330 kV及以上)、高压网(35 kV及以上)、中压网(10 kV及以上)和低压网(10 kV以下)。目前,我国电力线路常用的电压等级有:500、330、220、110、35、10、6 kV 和 380、220 V 等。

根据供配电线路电压的作用,一般把电力网分为输电网和配电网。输电网将电能从发电厂输送到负荷中心所在的降压变电所,输电线路电压一般在 35 kV 以上。配电网将电能从负荷中心所在的变电所输送到各级电力用户,起分配电能的作用。高压配电线路电压一般为 3、6、10 kV;低压配电线路一般为 380 V 和 220 V。

3.3.1 供配电系统的电源连接

在电力供配电系统中,电气接线图是表示出电力系统各主要元件之间的电气联系。

(1)主接线方式

供配电系统的电源连接主要指供配电网络接线和变电所的主接线。常用的两种接线方式如下:

1)无备用式(又称开式):由一条电源线路向用户供电。分为单回路放射式、干线式、链式和树枝式,如图 3.3.1 所示。其特点是:接线简单,运行方便,但供电可靠性差。

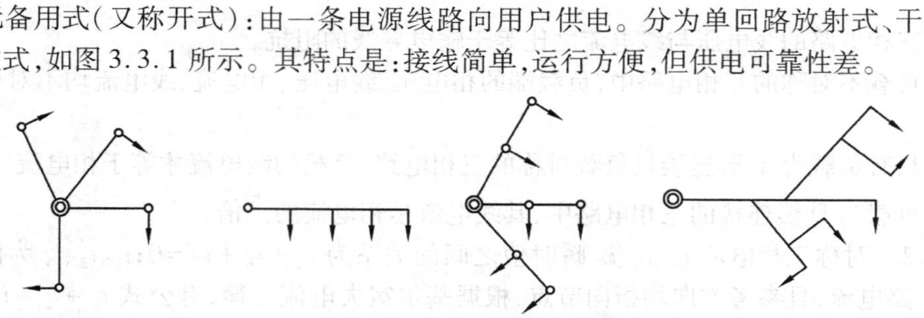

(a)放射式 **(b)干线式** **(c)链式** **(d)树枝式**

图 3.3.1 无备用接线形式

2)有备用式(也称闭式):由两条及两条以上电源线路向用户供电。分为双回路放射式、双回路干线式、环式、两端供电式和多端供电式,如图 3.3.2 所示。

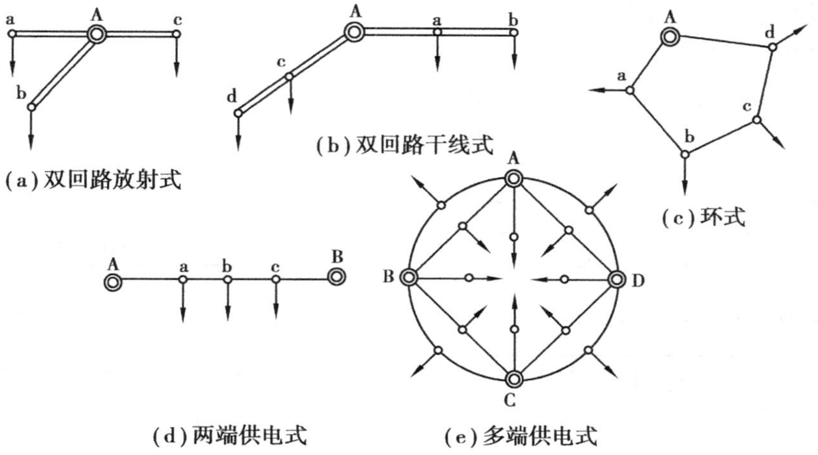

图 3.3.2　有备用接线形式

有备用式接线的特点:供电可靠性高,适用于重要负荷供电。

在中、低压配电网设计中,接线方式一般应符合一回线故障不会造成对用户停电的可靠性要求。因此,城市电力网一般采用有备用的接线方式,而且往往根据负荷的大小、分布以及对供电可靠性的不同要求,选取几种方式相结合的混合接线形式。

(2)低压配电网的接线方式

低压配电网是指电压等级 1 kV以下的自配电变压器低压侧或从直配发电机母线至各用户受电设备的电力网络。低压配电网的接线要综合考虑配电变压器的容量及供电范围和导线截面。低压配电网供电半径一般不超过 400 m。

接线形式有以下几种。

1)放射式

①低压架空配电网放射式

a. 一台配电变压器一组低压熔断器

所有的低压配电线路都由一组低压熔断器控制,如图 3.3.3 所示。优点是:接线简单,造价较低。缺点是:供电可靠性差,安全性差,灵敏度差。

主要用于负荷密度较小、供电范围也较小的地区,且配电变压器容量不超过 50 kVA 或 100 kVA。

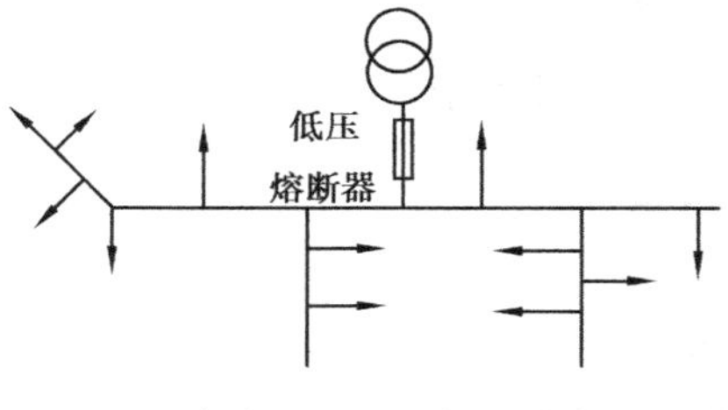

图 3.3.3　一台变压器一组低压熔断器放射式

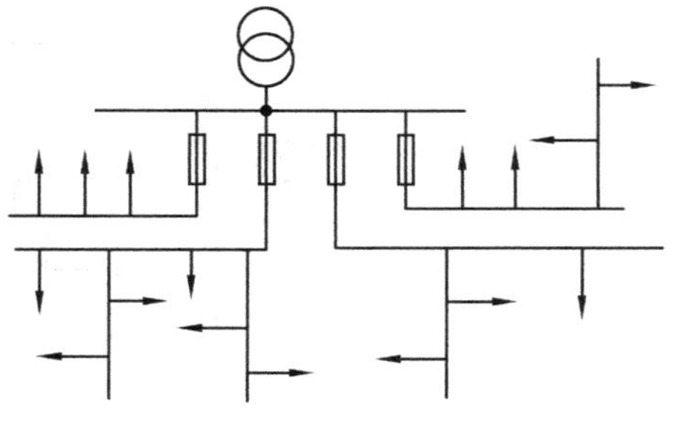

图 3.3.4　一台变压器多组低压熔断器放射式

b. 多组低压熔断器接线方式

一路低压配电线路采用一组低压熔断器，如图 3.3.4 所示。其特点是：停电面积小，可靠性高，熔断器的保护灵敏度高。

②电缆配电网放射式

有单回路放射式、双回路放射式(如图 3.3.5 所示)，带低压开闭所的放射式(如图 3.3.6 所示)。

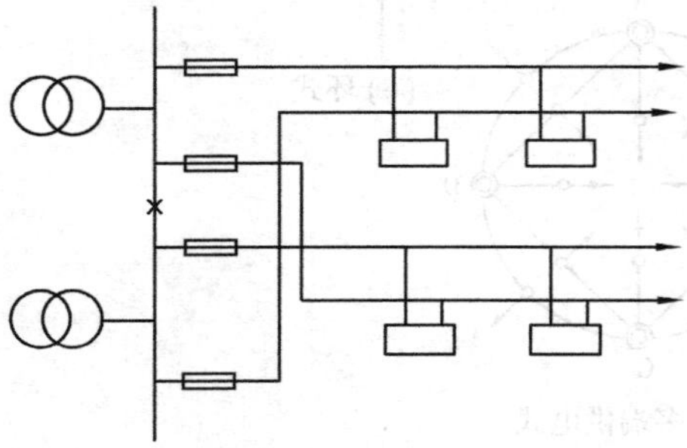

图 3.3.5　双回路放射式

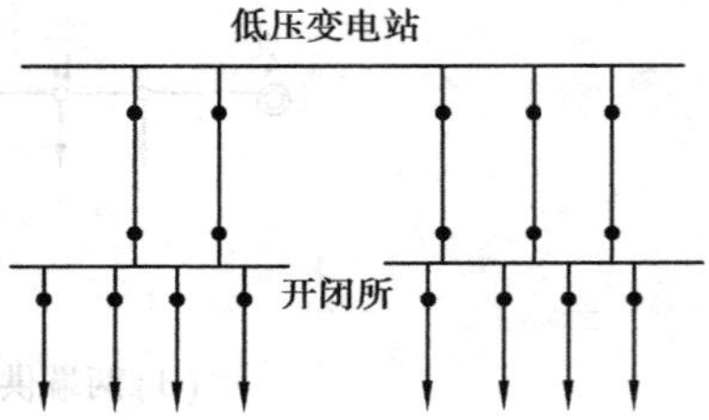

图 3.3.6　有低压开闭所的低压供电

2)普通环式

在同一个配电变压器或几台属于同一中压电源的配电变压器的供电范围内，不同线路的末端或中部连接起来构成环式网络，如图 3.3.7 所示。

为单母线分段时，两回线路最好分别来自不同的母线段，这样只有配电变压器全停时，才会影响用户用电。其特点：配电线路可分段检修，停电范围较小，一般用于住宅楼群区。

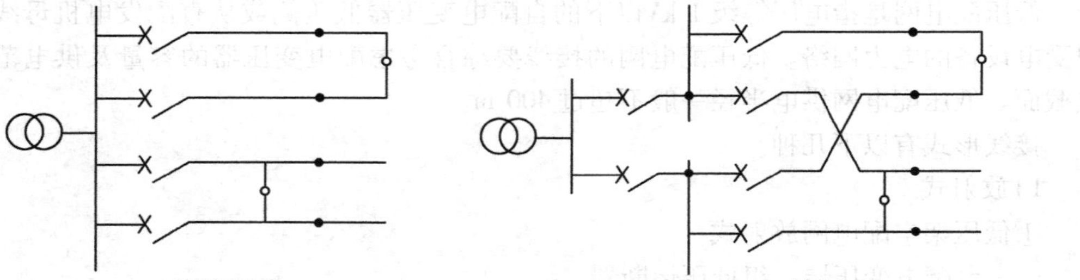

图 3.3.7　普通环式供电

3)拉手环式

两侧都有电源，如图 3.3.8 所示。供电可靠性较高，远远高于单电源的普通环式。

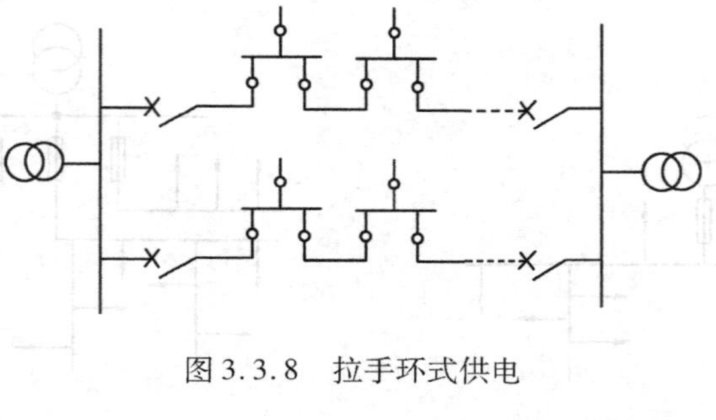

图 3.3.8　拉手环式供电

3.3.2 常用建筑供电形式

建筑工程供电使用的基本供电系统有三相三线制、三相四线制等。根据国际电工委员会(IEC)规定的各种保护方式、名词术语,低压配电系统按接地方式的不同分为三类,即 TT、TN 和 IT 三类系统,第一个字母(T 或 I)表示电源中性点的对地关系:T 表示接地,I 表示不接地或高阻抗接地。第二个字母(N 或 T)表示装置外露导电部分的对地关系:N 表示电气设备正常运行时不带电的金属外露部分与电力网的中性点直接连接,T 表示与大地直接连接。

(1)TT 方式供电系统

TT 方式是指将电气设备的金属外壳直接接地的保护系统,称为保护接地系统,简称 TT 系统。如图 3.3.9 所示,这种供电系统具有如下特点:

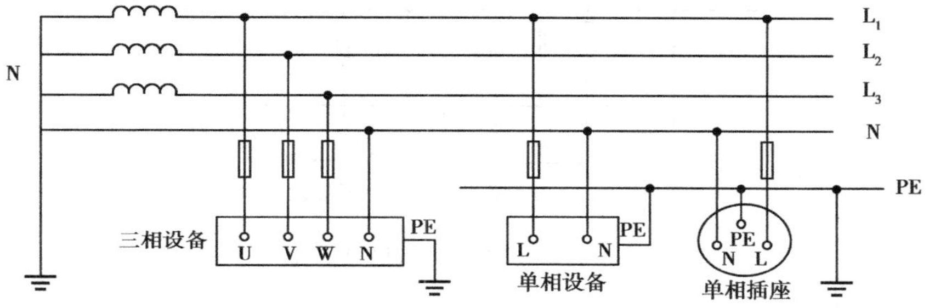

图 3.3.9 TT 方式供电系统

①当电气设备的金属外壳带电(相线碰壳或设备绝缘损坏而漏电)时,由于有接地保护,可以大大减少触电的危险性。但是,低压断路器(自动开关)不一定能跳闸,造成漏电设备的外壳对地电压高于安全电压,属于危险电压。

②当漏电电流比较小时,熔断器不一定能熔断,还需要漏电保护器作保护,因此,TT 系统难以推广。

③TT 系统接地装置耗用钢材多,而且难以回收、费工时、费料。

TT 方式适用于电器设备容量小而且很分散的场合。

(2)TN 方式供电系统

这种供电系统是将电气设备的金属外壳与工作零线相接的保护系统,称为接零保护系统,用 TN 表示。TN 系统的电源中性点直接接地,并引出有中性线(N 线)、保护线(PE 线)或保护中性线(PEN 线),属于三相四线制或五线制系统,具有以下特点:

①一旦设备出现外壳带电,接零保护系统能将漏电电流上升为短路电流,实际上就是单相对地短路故障,因此,熔断器的熔丝会立即熔断或低压断路器立即动作而跳闸,使故障设备断电。

②TN 系统节省材料、工时,在我国和其他许多国家广泛得到应用,相比 TT 系统来说优点较多。TN 方式供电系统中,根据其保护零线是否与工作零线分开,TN 系统又可分为 TN-C、TN-S、TN-C-S 系统。

a. TN-C 方式供电系统

将接零专用保护 PE 线和工作零线 N 线的功能综合起来,由一根保护中性线 PEN,承担保护和中性线两者的功能,如图 3.3.10 所示。TN-C 方式供电系统具有以下特点:

Ⅰ. 供配电系统的过流保护可兼作单相接地故障保护。

Ⅱ. 如果 PEN 线断线,短路保护装置不动作,使得接于 PEN 的设备外露可导电部分带电,造成人身触电危险。

Ⅲ. PEN 线可能有电流流过,设备外壳对地存在电位差,与不带电金属体碰撞时易产生火花,引发火灾。此外,会对连接在 PEN 线上的其他设备产生电磁干扰。

由于 TN-C 方式供电系统存在较大的安全隐患,目前在民用建筑中,已不允许采用这种供电方式。

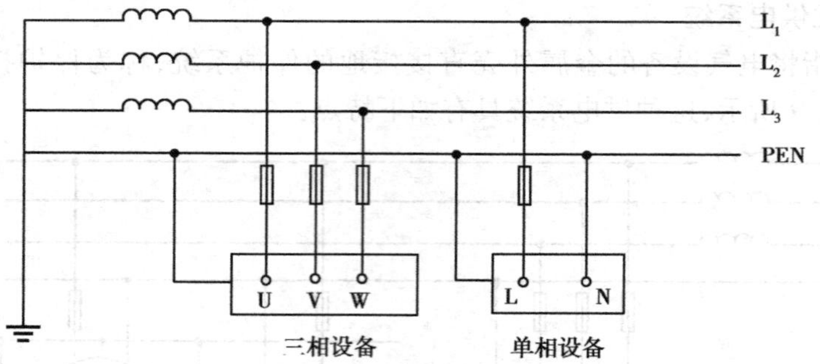

图 3.3.10　TN-C 方式供电系统

b. TN-S 方式供电系统

把工作零线 N 和专用保护线 PE 严格分开的供电系统,称作 TN-S 供电系统,如图3.3.11 所示。

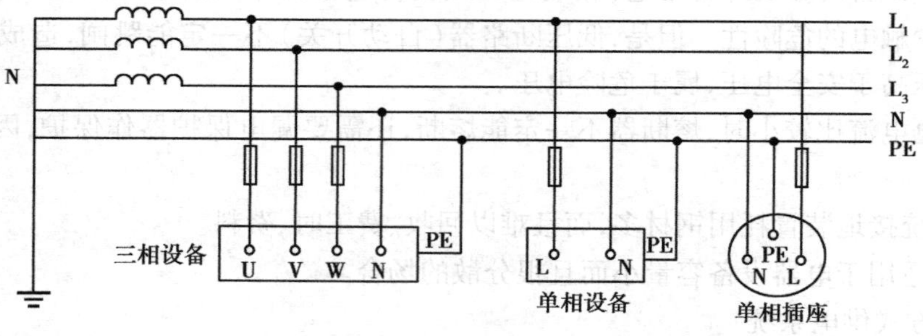

图 3.3.11　TN-S 方式供电系统

TN-S 供电系统是三相五线制,其主要特点如下:

Ⅰ. 系统正常运行时,专用保护线上没有电流,只是工作零线上有不平衡电流。PE 线对地没有电压,所以电气设备金属外壳接零保护是接在专用的保护线 PE 上,安全可靠。

Ⅱ. 工作零线只用作单相照明负载回路。

Ⅲ. 专用保护线 PE 不允许断线,也不允许接入漏电开关。

Ⅳ. 干线上使用漏电保护器,工作零线不得有重复接地,而 PE 线有重复接地,但是不经过漏电保护器,所以 TN-S 系统供电干线上也可以安装漏电保护器。

Ⅴ. PE 线与 N 线分开,与 TN-C 方式供电系统相比,投资较高。

由于 TN-S 方式供电系统安全、可靠性高,适用于工业与民用建筑等低压供电系统中,是我国目前建筑供电的主要方式。

c. TN-C-S 方式供电系统

从电源出来的一段采用 TN-C 系统,只起电能的传输作用,到用电负荷附近某一点处,将 PEN 线分开成单独的 N 线和 PE 线的供电系统称为 TN-C-S 方式供电系统,如图 3.3.12 所示。比如在建筑施工临时供电中,如果前部分是 TN-C 方式供电,而施工规范规定施工现场必须采用 TN-S 方式供电系统,则可以在系统后部分现场总配电箱分出 PE 线。

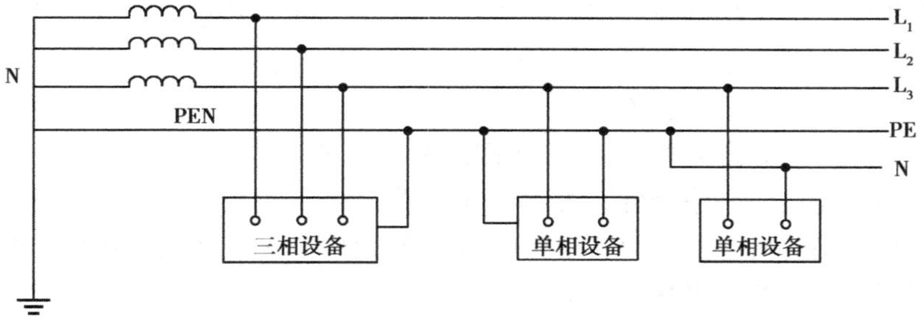

图 3.3.12　TN-C-S 方式供电系统

TN-C-S 系统具有如下特点:

①综合了 TN-C 与 TN-S 系统的特点。

②PE 与 N 线一旦分开,两者不能再相连。此系统比较灵活,对安全或抗电磁干扰要求高的设备或场合可以采用 TN-S 系统,而其他场合可以采用 TN-C 系统。

(3) IT 方式供电系统

首字母 I 表示电源侧没有工作接地,或经过高阻抗接地。第二个字母 T 表示负载侧电气设备进行接地保护。IT 系统的电源中性点不接地或经 1 kΩ 阻抗接地,通常不引出 N 线,属于三相三线制系统,如图 3.3.13 所示。IT 系统具有如下特点:

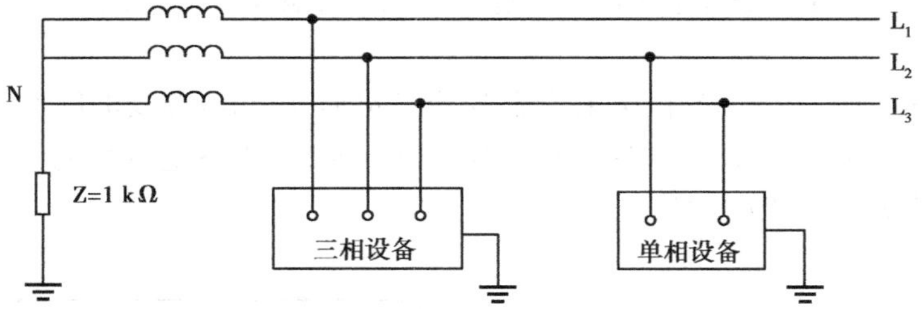

图 3.3.13　IT 方式供电系统

(1)没有 N 线,不适于接相电压的单相设备。

(2)设备外露可导电部分经各自的 PE 线直接接地,互相之间无电磁干扰。

(3)发生一相接地故障时三相用电设备仍能继续工作。

IT 系统在矿山、冶金等只有三相用电设备的行业中应用较多,在建筑供配电中应用极少。

练习与思考

3.3.1　判断题

(1)特高压网是指电压等级超过 220 kV及以上的电力网。　(　　)

(2)在城市电力系统低压配电网的设计中,电源连接一般采用有备用的接线方式。　(　　)

3.2.2 常用建筑供电系统有哪几种？试指出它们的区别以及应用场合。

本章小结

1. 本章首先介绍了三相电源的产生和连接。理解三相对称电动势、相电压、线电压等基本概念。掌握三相电源星形连接时，相电压、线电压相量图的绘制，以及相电压与线电压的大小相位关系。了解三相电源的三角形连接。

2. 理解对称三相负载的概念，理解三相四线制与三相三线制之间的区别，掌握三相负载星形连接和三角形连接的电路分析方法，学会相电压、线电压、相电流、线电流的计算。

3. 理解三相功率的概念。掌握三相有功功率 P、无功功率 Q 及视在功率 S 的计算。

4. 了解建筑供配电的常用基础知识。

习题 3

3.1 已知三相电源绕组 $e_A = 220\sqrt{2}\sin(\omega t + 30°)$ V，试求出另外两相绕组电动势表达式。

3.2 已知三相电源绕组是星形连接，电动势是对称的，相电压为 220 V，如果 A 相绕组首末端接反了，试求各个线电压的有效值。

3.3 三相四线制电路中，电源线电压为 380 V，三相负载星形连接，$Z_A = 10\ \Omega$，$Z_B = \mathrm{j}10\ \Omega$，$Z_C = -\mathrm{j}10\ \Omega$。试求：(1) 画出电路图；(2) 求四线中流过的电流大小；(3) 画出电压电流相量图。

3.4 在题 3.4 图所示电路中，对称负载连成三角形，已知电源线电压 $U_L = 220$ V，正常工作时各电流表读数均为 38 A。试求：(1) 当 B 线断开时，图中各电流表的读数；(2) 当 AC 相负载断开时，图中各电流表的读数。

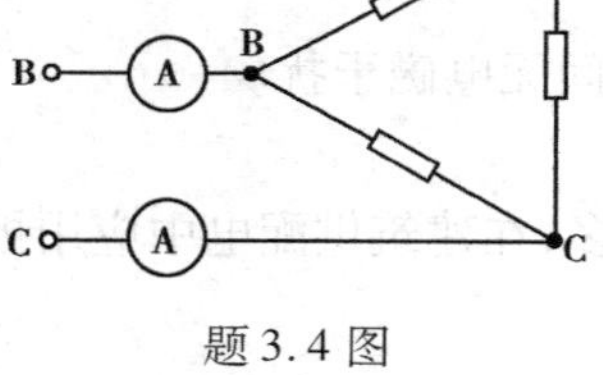

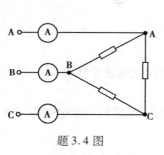

题 3.4 图

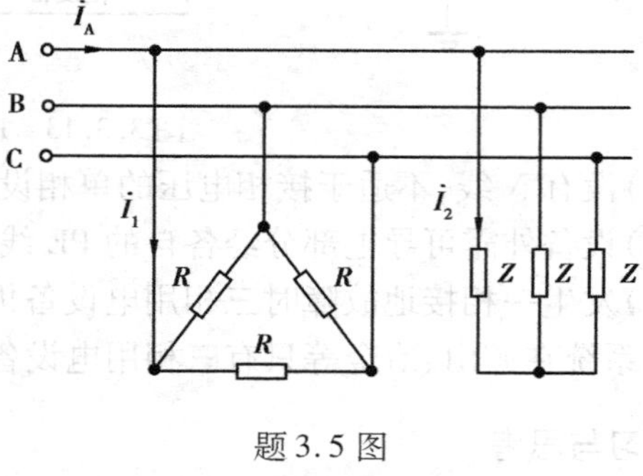

题 3.5 图

3.5 有一台三相对称电阻加热炉，$R = 10\ \Omega$，三角形连接；另有一台三相交流电动机，$Z = 10\angle 53.1°\ \Omega$，功率因数为 0.6，星形连接。它们接到同一个三相电源上，已知三相电源的线电压为 380 V，如题 3.5 图所示。试求电路的线电流 $\dot{I}_A$ 和三相负载总的有功功率。

3.6 已知三相异步电动机每相绕组的额定电压为 220 V，每相阻抗 $Z = (6 + \mathrm{j}8)\ \Omega$，电源线电压为 380 V。(1)电动机定子绕组应如何连接？试计算电源输入电机的平均功率；(2)如电源线电压为 220 V,电机定子绕组应如何连接？试计算此时电源输入电机的平均功率。

3.7　一对称星形连接三相电源的相电压有效值为 220 V,试计算其线电压有效值。如果将此电源作用于三角形连接的对称三相负载,且每相负载为：$Z=10+\mathrm{j}10\ \Omega$,计算线电流的有效值、功率因数和总功率 P。

第 4 章
变压器

本章以交流铁芯线圈电路中的电磁关系以及有关物理量的分析计算为基础,推导电压平衡方程式,介绍变压器的基本结构和工作原理,着重以单相变压器为分析对象,推导变压器的三个重要变换关系式,即电压变换、电流变换和阻抗变换。分析讨论变压器绕组的极性及其连接。最后,介绍几种特殊的变压器。

4.1 交流铁芯线圈电路分析

由于交流铁芯线圈是变压器和其他电磁式元器件的基础,所以首先介绍交流铁芯线圈。铁芯线圈分直流铁芯线圈和交流铁芯线圈两种。直流铁芯线圈通直流来励磁,交流铁芯线圈通交流来励磁。对于直流铁芯线圈,由于励磁电流是直流,产生的磁通是恒定的,在线圈和铁芯中不会感应出电动势来。在一定电源电压 U 作用下,线圈中的电流 I 只和线圈本身的电阻 R 有关,功率损耗的大小由 I^2R 决定。而交流铁芯线圈在电磁关系、电压电流关系及功率等方面都与直流铁芯线圈有所不同,下面将对交流铁芯线圈电路进行分析。

4.1.1 电磁关系

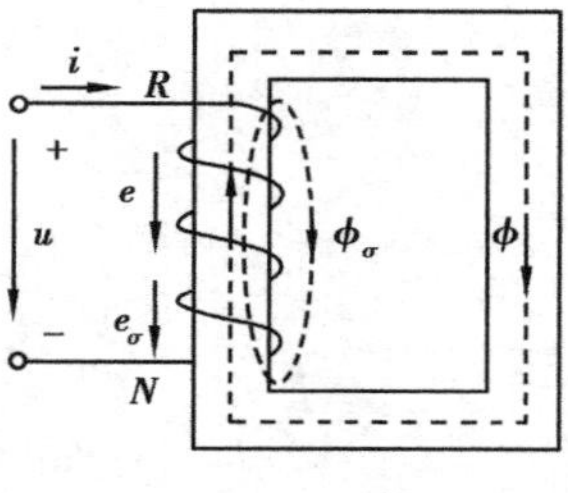

图 4.1.1 交流铁芯线圈电路

在图 4.1.1 所示铁芯线圈电路中,加正弦交流电压 u,在线圈中产生交变电流 i,电流为非正弦量,但可用等效正弦量表示。在交变电流 i 作用下产生主磁通 ϕ(穿过铁芯形成闭合路径)和漏磁通 ϕ_σ(经线圈周围的空气隙形成闭合路径),其正方向由右螺旋定则确定。交变的主磁通、漏磁通在线圈中都要产生感应电动势,感应电动势的大小由法拉第电磁感应定律确定。其电磁关系可表示如下:

$$u \rightarrow i(Ni) \rightarrow \phi \rightarrow e = -N\frac{d\phi}{dt}$$
$$\quad \llcorner\!\rightarrow \phi_\sigma \rightarrow e_\sigma = -N\frac{d\phi_\sigma}{dt} = -L_\sigma\frac{di}{dt}$$

其中 e 为主磁感应电动势,e_σ 为漏磁感应电动势。在分析电磁关系时应注意:铁芯线圈的漏磁（经过非铁磁物质）电感是一常数，它可表示为 $L_\sigma = \frac{N\phi_\sigma}{i}$ = 常数，即励磁电流 i 与 ϕ_σ 之间可以认为近似成线性关系。而铁芯线圈的主磁电感 L 不是常数。因此，铁芯线圈是一非线性电感元件。

4.1.2　电压平衡关系式

据基尔霍夫电压定律，对线圈回路列出电压方程式如下：

$$u = iR - e - e_\sigma \tag{4.1.1}$$

因漏磁电势 e_σ 和线圈电阻压降 Ri 都很小，若忽略不计，则有：

$$u \approx -e \Rightarrow \dot{U} \approx -\dot{E}$$

设铁芯中主磁通为：$\phi = \phi_m \sin(\omega t)$，则

$$u \approx -e = -\left(-N\frac{d\phi}{dt}\right) = -(-N\phi_m\omega\cos\omega t)$$

$$= -2\pi fN\phi_m \sin(\omega t - 90°) = -E_m \sin(\omega t - 90°)$$

其中：

$$E_m = 2\pi fN\phi_m \Rightarrow E = \frac{E_m}{\sqrt{2}} = 4.44fN\phi_m$$

所以有：

$$U \approx E = 4.44fN\phi_m \tag{4.1.2}$$

在学习过程中，要掌握和熟记(4.1.2)式，并能分析各物理量之间的变化关系。

4.1.3　电路的功率

在交流铁芯线圈电路中，除了铜损（线圈电阻产生的能量损耗，$P_{Cu} = I^2R$）外，还有铁损 P_{Fe}（引起铁芯发热），铁损包括磁滞损耗 P_h 和涡流损耗 P_e 两部分，均消耗在铁芯中，即 $P_{Fe} = P_h + P_e$。因此，交流铁芯线圈电路总功率：$P = P_{Cu} + P_{Fe}$。

功率因数：$\cos\varphi = \frac{P}{UI} < 1$，呈感性。

实验证明，磁滞损耗能量与磁滞回线所包围的面积成正比。因此，为了减小磁滞损耗应选用磁滞回线狭小的的磁芯材料制成铁芯。涡流损耗是交变的磁通在垂直于磁通方向的铁芯平面内产生了感应电流而造成的。为了减小涡流损耗，可采用电阻率高、彼此绝缘的薄硅钢片顺着磁场方向叠成，使涡流在较小的截面内流通。铜损可通过短路实验测得，铁损可通过空载实验测得。

练习与思考

4.1.1　将直流 220 V 的继电器接在同样 220 V 的交流电源上使用，电流将如何变化？

4.1.2　对交流铁芯线圈，当外加额定电压 U_N 一定时，若 f 减小，ϕ_m 如何变化？若线圈匝数减小，ϕ_m 又如何变化？

4.1.3　交流铁芯线圈消耗的功率为(　　)。

(a)铁损　　(b)铜损　　(c)铁损和铜损

4.2 变压器

4.2.1 变压器的基本结构与工作原理

(1)基本结构

变压器是供用电系统中一种重要的电气设备,它是根据“动电生磁”和“磁动生电”的电磁感应原理制成的,其主要功能是将一种等级的交流电压与电流变换成同频率的另一种等级的电压与电流。各种变压器尽管用途不同,但基本结构相同,其主要部件都是铁芯和绕组。

铁芯:其主要作用是构成磁路。为了减少铁损,变压器铁芯常用0.35~0.5 mm厚的相互绝缘的硅钢片交错叠装而成。

绕组:即线圈。小容量变压器的绕组多用高强度漆包线绕制,大容量变压器的绕组可用绝缘铜线或铝线绕制。图4.2.1和图4.2.2是单相变压器和三相变压器的外形图。

图4.2.1 单相变压器

图4.2.2 三相变压器

按变压器铁芯和绕组结构形式的不同,分为芯式和壳式。芯式的结构特点是线圈包围铁芯,不需要专门的变压器外壳,常用于大容量的电力变压器中;壳式结构的特点是铁芯包围线圈,常用于小容量的特殊变压器中。变压器的结构及图形符号如图4.2.3所示。

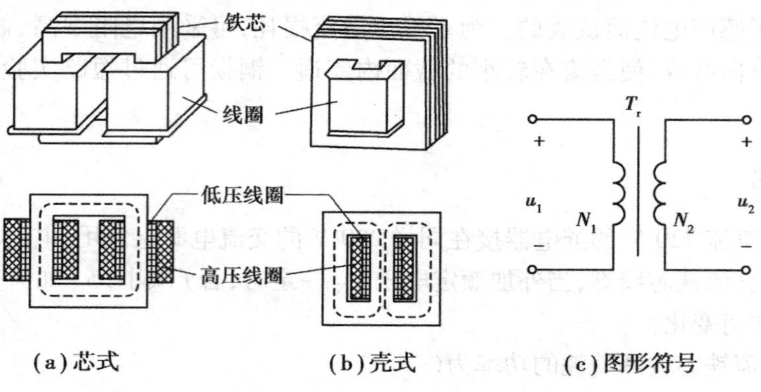

(a)芯式　(b)壳式　(c)图形符号

图4.2.3 变压器的结构及符号

(2)工作原理

图4.2.4是变压器的工作原理图。与电源相联的绕组称为原绕组(或称初级绕组、一次绕组),与负载Z相联的绕组称为副绕组(或称次级绕组、二次绕组)。原、副绕组的匝数分别为N_1和N_2。

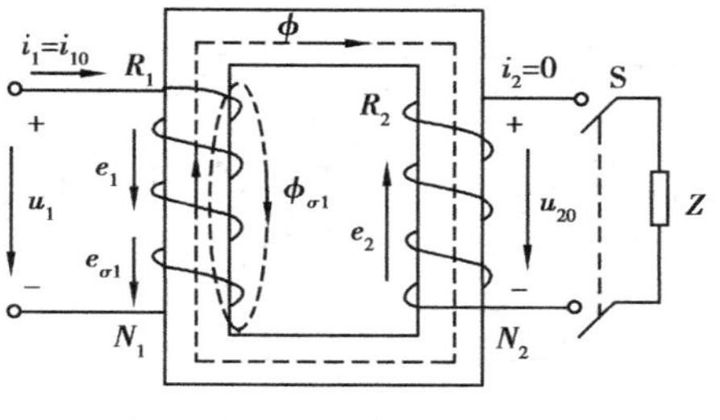

图4.2.4　变压器空载原理图

空载运行:在图4.2.4所示电路中,开关S断开时的工作状态,称为变压器的空载运行。当原绕组加正弦交流电压时,只有原边有电流$i_{10}(i_1=i_{10})$,此电流称为空载电流(或称励磁电流,其值很小,是原绕组额定电流的百分之几,就可使铁芯中的磁通达到磁饱和)。空载电流通过原绕组时,在铁芯内部形成交变的主磁通Φ,它穿越了原、副绕组,因此,在原、副绕组中均要产生主磁感应电势,分别用e_1和e_2表示。同时,原边电流还要产生少量的漏磁通Φ_σ,它绕原边附近的空气隙形成闭合路径,所以原绕组中还要感应漏磁电势$e_{\sigma 1}$,但与主磁电势相比,漏磁电势很小,常可忽略不计。

设主磁通按正弦规律变化,即$\phi=\phi_{\rm m}\sin\omega t$

据电磁感应定律得

$$\left.\begin{aligned} e_1 &= -N_1\frac{\mathrm{d}\phi}{\mathrm{d}t} = -N_1\omega\phi_{\rm m}\cos\omega t = E_{1\rm m}\sin(\omega t-90°) \\ e_2 &= -N_2\frac{\mathrm{d}\phi}{\mathrm{d}t} = -N_2\omega\phi_{\rm m}\cos\omega t = E_{2\rm m}\sin(\omega t-90°) \end{aligned}\right\} \tag{4.2.1}$$

$$\left.\begin{aligned} E_{1\rm m} &= N_1\omega\phi_{\rm m} = 2\pi fN_1\phi_{\rm m} \Rightarrow E_1 = \frac{E_{1\rm m}}{\sqrt{2}} = 4.44fN_1\phi_{\rm m} \\ E_{2\rm m} &= N_2\omega\phi_{\rm m} = 2\pi fN_2\phi_{\rm m} \Rightarrow E_2 = \frac{E_{2\rm m}}{\sqrt{2}} = 4.44fN_2\phi_{\rm m} \end{aligned}\right\} \tag{4.2.2}$$

1)电压变换

据基尔霍夫电压定律,对原、副绕组列出电压方程式如下:

$$\left.\begin{aligned} u_1 &= i_1R_1 - e_{\sigma 1} - e_1 \Rightarrow u_1 \approx -e_1 \Rightarrow \dot{U}_1 \approx -\dot{E}_1 \Rightarrow U_1 \approx E_1 \\ u_{20} &= e_2 \Rightarrow \dot{U}_{20} = \dot{E}_2 \Rightarrow U_{20} = E_2 \end{aligned}\right\} \tag{4.2.3}$$

上式中,U_{20}为副边空载时的开路端电压。

由式(4.2.2)和式(4.2.3)可得

$$\frac{U_1}{U_{20}} \approx \frac{E_1}{E_2} = \frac{N_1}{N_2} = K \tag{4.2.4}$$

式中K是变压器原、副绕组的匝数比,简称变比。

在变压器空载运行时,因副边开路,$i_2=0$,所以无电流变换和阻抗变换关系。

在图4.2.4所示电路中,若将开关S闭合,则为变压器负载运行。由于变压器副边接有负载,感应电势e_2将在副边绕组回路中产生电流i_2,电流i_2也要产生主磁通和漏磁通,如图4.2.5所示,此时铁芯回路中的主磁通ϕ是i_1、i_2共同产生的合成磁通。

变压器负载运行时,分别对原、副绕组列出电压平衡方程式,在忽略了漏磁电势和绕组压降的情况下,仍有如下电压变换关系式(推导过程略)。

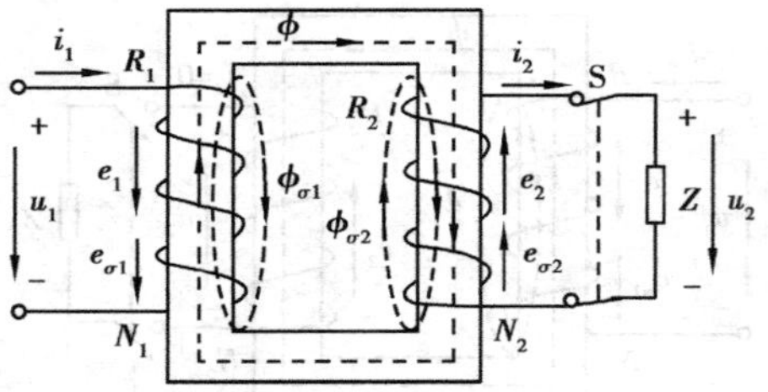

图 4.2.5 变压器负载原理图

$$\frac{U_1}{U_2} \approx \frac{E_1}{E_2} = \frac{N_1}{N_2} = K \tag{4.2.5}$$

由式(4.2.5)可知，当原边电压（电源电压）U_1一定时，只要改变匝数比 K，就可以得到不同的副边输出电压 U_2。

2）电流变换

变压器负载运行时，铁芯内的主磁通是磁动势 $\dot{I}_1N_1$ 和 $\dot{I}_2N_2$ 共同作用形成的。由于负载和空载时，外加一次电压 U_1 不变，据式(4.1.2)可知，铁芯中的主磁通最大值 ϕ_m 不变，因此，有如下磁势平衡方程式：

$$\dot{I}_1N_1 + \dot{I}_2N_2 = \dot{I}_{10}N_1 \tag{4.2.6}$$

由于空载电流（也称励磁电流）较小，与负载时的电流相比，可忽略不计。因此，有：

$$\dot{I}_1N_1 + \dot{I}_2N_2 \approx 0 \Rightarrow \frac{\dot{I}_1}{\dot{I}_2} \approx -\frac{N_2}{N_1} = -\frac{1}{K}$$

写成有效值表达式：

$$\frac{I_1}{I_2} = \frac{N_2}{N_1} = \frac{1}{K} \tag{4.2.7}$$

上式表明，变压器原、副边的电流与它们的匝数成反比，它们的比值为常数。因此，变压器不但有电压变换的功能，而且还有电流变换的作用。

3）阻抗变换

变压器除了能变换电压和电流外，还能起到变换负载阻抗的作用，以实现阻抗匹配，此功能在电子线路中应用广泛。

在图4.2.6(a)中，是将复阻抗为 Z 的负载接到变压器的副边，则

$$|Z| = \frac{U_2}{I_2} \tag{4.2.8}$$

对原边所接电源而言，变压器可用等效阻抗 Z' 替代（图4.2.6(b)所示）。所谓等效，是指原边输入电路的电压、电流和功率不变。Z' 与 Z 的模值关系推导如下：

$$\frac{U_1}{I_1} = \frac{KU_2}{\frac{1}{K}I_2} = K^2\frac{U_2}{I_2} = K^2|Z|$$

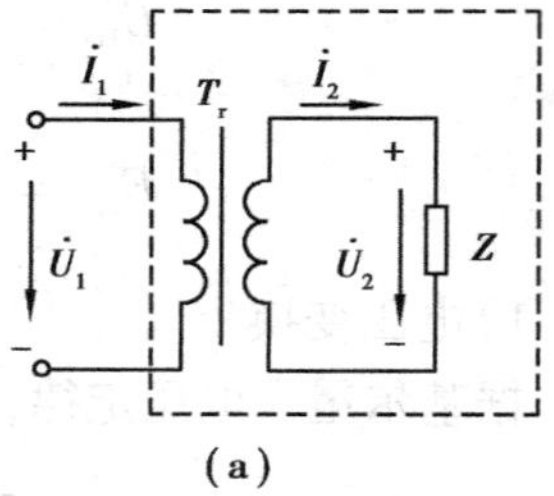

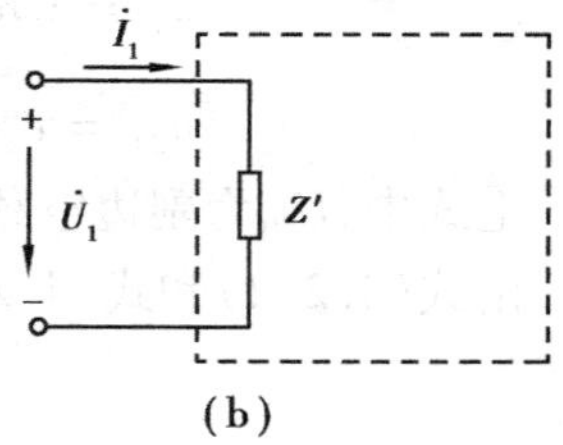

图 4.2.6 负载阻抗的等效变换

由图 4.2.6(b) 可知$\frac{U_1}{I_1} = |Z'|$，可以得

$$|Z'| = K^2|Z| \tag{4.2.9}$$

变比 K 不同，负载阻抗模$|Z|$折算到原边的等效阻抗模$|Z'|$也不同。因此，可以采用不同的变比，把负载阻抗模变换为所需要的、比较合适的数值，这种做法称为阻抗匹配。

例 4.2.1 某单相变压器 $N_1 = 1\ 000$ 匝，$U_1 = 220$ V，$U_2 = 55$ V，$I_2 = 8$ A。设负载为纯电阻，并忽略变压器的漏磁、铜损和铁损。试求原绕组电流 I_1、副绕组匝数 N_2。

解　变压器的变比：　$K = \frac{U_1}{U_2} = \frac{220}{55} = 4$

则原绕组电流：　$I_1 = \frac{I_2}{K} = \frac{8}{4}\ \mathrm{A} = 2\ \mathrm{A}$

副绕组匝数：　$N_2 = \frac{N_1}{K} = \frac{1\,000}{4}$ 匝 $= 250$ 匝

例 4.2.2　设有一纯电阻负载，其阻值为 10 Ω。(1)若直接接在内阻 R_S 为 250 Ω，电动势 E_S 为 10 V 的交流信号源上，求信号源输出的功率；(2)若在信号源与负载之间通过变比为 5 的变压器连接，求信号源输出的功率。

解　(1)若负载直接接到信号源上，如图 4.2.7(a)所示，信号源输出的功率为：

$$P = I^2R = \left(\frac{E_S}{R_S + R}\right)^2 R$$

$$= \left(\frac{10}{250 + 10}\right)^2 10\ \mathrm{W} \approx 0.015\ \mathrm{W}$$

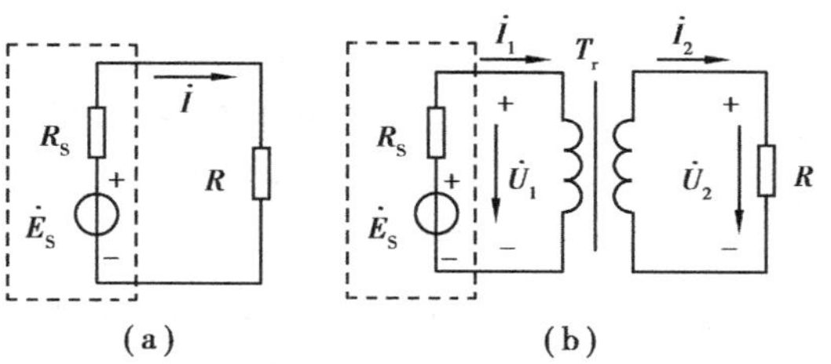

图 4.2.7

(2)若将负载通过变比为 5 的变压器接在信号源上，如图 4.2.7(b)所示，信号源输出的功率为：

$$P = I_1^2R' = I_1^2K^2R = \left(\frac{E_S}{R_S + K^2R}\right)^2 K^2R = \left[\left(\frac{10}{250 + 5^2 \times 10}\right)^2 \times 5^2 \times 10\right]\mathrm{W} = 0.1\ \mathrm{W}$$

或　$P = I_2^2R = (I_1K)^2R = I_1^2K^2R = \left[\left(\frac{10}{250 + 5^2 \times 10}\right)^2 \times 5^2 \times 10\right]\mathrm{W} = 0.1\ \mathrm{W}$

可见，经变压器阻抗变换后，信号源输出的功率变大(即负载吸收的功率增大)。

4.2.2　变压器额定值的意义与外特性

为了保证变压器安全正常工作，延长使用寿命，制造厂将规定的使用数据标注在变压器的铭牌上。因此，额定值又称为铭牌数据。

(1)**额定电压** U_{1N}、U_{2N}

额定电压是根据变压器的绝缘强度和容许温升而规定的电压值。U_{1N}表示原边应加的电源励磁电压；U_{2N}表示原边加额定电压时，副边所对应的空载(开路)电压，即 $U_{2N} = U_{20}$。在三相变压器中，额定电压均指线电压。

(2)**额定电流** I_{1N}、I_{2N}

变压器的额定电流 I_{1N}、I_{2N}是指在规定工作方式运行情况下，原、副边允许通过的最大电流，是根据绝缘材料的允许温升规定的电流值。在三相变压器中，额定电流均指线电流。

(3)额定容量 S_N

变压器的额定容量规定为副边额定电压与额定电流的乘积,单位:VA 或 kVA。

单相变压器的额定容量: $S_N = U_{2N} I_{2N} \approx U_{1N} I_{1N}$

三相变压器的额定容量: $S_N = \sqrt{3} U_{2N} I_{2N} \approx \sqrt{3} U_{1N} I_{1N}$

(4)额定频率 f_N

变压器的工作频率。我国标准的工业用电频率为 50 Hz。

(5)额定效率 η_N

变压器在电磁能量转换过程中,将产生铜损和铁损,使输出功率小于输入功率。额定效率是指变压器在额定工作状态下运行时,变压器的输出功率与输入功率之比。变压器工作时,效率的一般表达式为:

$$\eta = \frac{P_2}{P_1} = \frac{P_2}{P_2 + P_F + P_{Cu}} \tag{4.2.10}$$

式中,P_2 为变压器的输出功率,P_1 为输入功率,P_F 铁损,P_{Cu} 铜损。

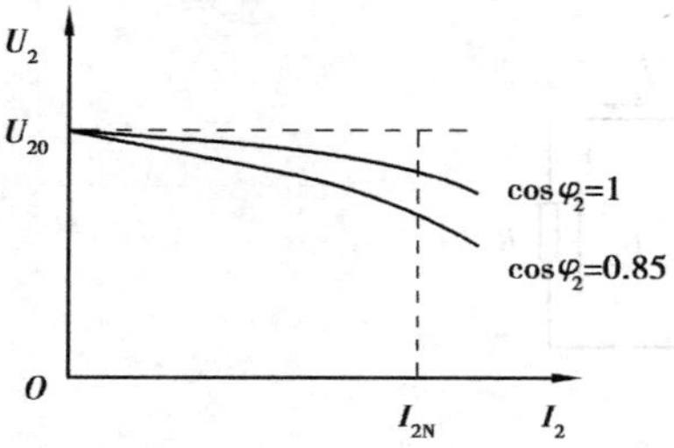

图 4.2.8 变压器的外特性曲线

在原边所加电源电压 U_1 不变的情况下,变压器副边电压 U_2 与副边电流 I_2 的关系称为变压器的外特性。当电源电压 U_1 和负载功率因数 $\cos\varphi_2$ 为常数时,U_2 和 I_2 的变化关系可用外特性曲线 $U_2 = f(I_2)$ 来表示,如图 4.2.8 所示。对电阻性和电感性负载而言,电压 U_2 随电流 I_2 的增加而下降。

从空载到额定负载,副边电压的变化程度可用电压变化率来表示,即

$$\Delta U = \frac{U_{20} - U_2}{U_{20}} \times 100\% \tag{4.2.11}$$

在变压器中,由于电阻和漏磁感抗均很小,电压变化率不大。在电力变压器中,电压变化率约为 5%。

4.2.3 变压器绕组的极性与连接

电力变压器往往具有多个绕组。如图 4.2.9 所示的变压器,有两个原绕组和两个副绕组,使用时可根据需要进行串联和并联。然而在串联、并联时,必须注意绕组的同极性端(同名端)。

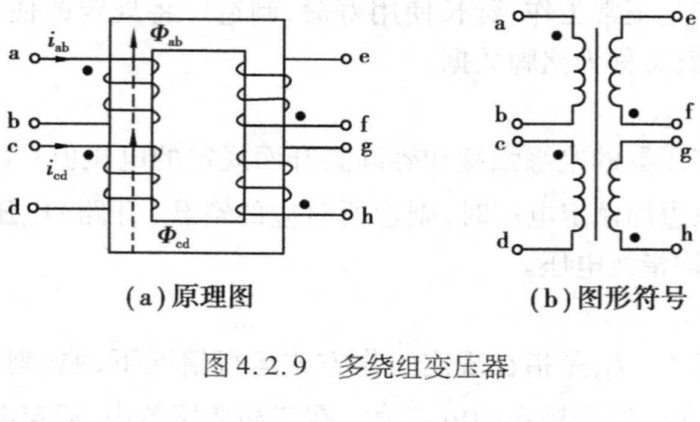

(a)原理图 (b)图形符号

图 4.2.9 多绕组变压器

(1)同名端

在图 4.2.9 所示的多绕组变压器中,当铁芯中有交变的主磁通 ϕ 存在时,它穿越了所有的绕组,在每一个绕组中都要产生感应电动势。把每一绕组中产生的感应电势极性相同的端点称为同名端(同极性端)。同名端有一个非常重要的特点:从所有的同名端通入电流时,在同一铁芯中产生的磁通是相互增强的,如图 4.2.9(a)所示。a 端和 c 端是相应两绕组的同名端,而 a 端和 d 端则为异名端。显然,f 端与 h 端也是同名端。在实验中,可用直流法或交流法来测定同名端。

同名端的测定:在图 4.2.10(a)中,开关闭合瞬间,若直流毫安表的指针正偏,1 和 3 是同名端;若反偏,则 1 和 4 是同名端。在图 4.2.10(b)中,将两个感应线圈串联(图中将 2、4 端连接),在 1、2 绕组两端加一交流电压,用交流电压表分别测得 1-2、3-4、1-3 两端点电压,当 $U_{13}=U_{12}-U_{34}$(或 $U_{13}=U_{34}-U_{12}$)时,1 和 3 是同极性端;若 $U_{13}=U_{12}+U_{34}$,则 1 和 4 是同极性端。

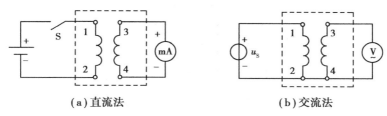

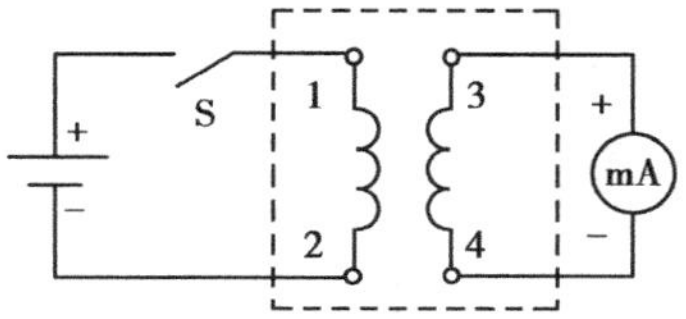

(a)直流法　　(b)交流法

图 4.2.10　同名端的测定

同名端常用小圆点●或星花*标注,如图 4.2.9 所示。理解了变压器绕组同名端的概念后,便不难进行绕组的串联和并联。

(2)绕组的串联与并联

两互感线圈绕组是串联还是并联,视具体情况和需要而定。总的原则是:额定电流相同的绕组可串联使用,额定电压相同的绕组可并联使用。

在图 4.2.11 中,若两原绕组 ab 和 cd 的额定电流相同,额定电压都是 110 V,而电源电压为 220 V,这时可将 b、c 端(异名端)连接,a、d 端接电源,如图 4.2.11(a)所示。如果按图 4.2.11(b)的方式连接,则任何瞬间两个绕组中产生的磁通都是相互抵消的。由于没有磁通,原绕组中的反电势(感应电动势)不存在,其结果是空载电流很大,变压器将被烧毁。在图 4.2.11(a)中,两副绕组是串联起来使用的,异名端 f、g 相联,则 e、h 端电压 $U_{eh}=U_2+U_3$;若将 f、h 相连,则 e、g 端电压 $U_{eg}=U_2-U_3$。

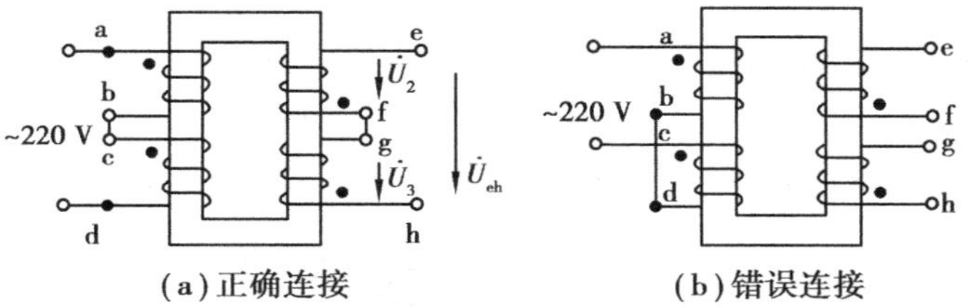

(a)正确连接　　(b)错误连接

图 4.2.11　绕组串联

若电源电压是 110 V,则两原绕组可并联使用,其联接方式如图 4.2.12 所示,即原绕组的两个同名端相连。此时输入总电流为每个绕组电流的两倍。设两个副绕组的电压都是 U_2,则它们即可串联又可并联使用。图 4.2.13 中,是两副绕组并联的情况(同名端连在一起),此时输出电压 $U_{eh}=U_2$,但输出电流为每个绕组电流的两倍。

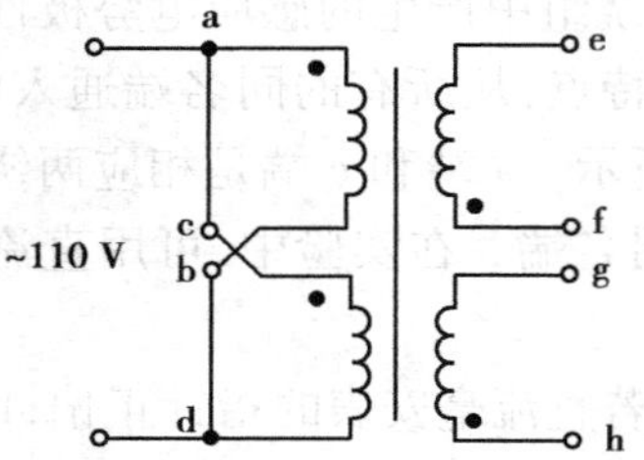

图 4.2.12　原绕组的并联

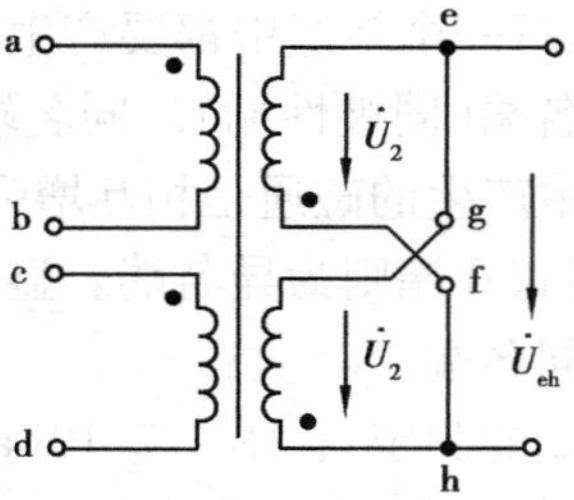

图 4.2.13　副绕组的并联

例 4.2.3　图 4.2.14 所示为一理想变压器,各绕组额定电压分别为 $U_1=110$ V,$U_2=110$ V,$N_1=N_2$,$U_3=20$ V。

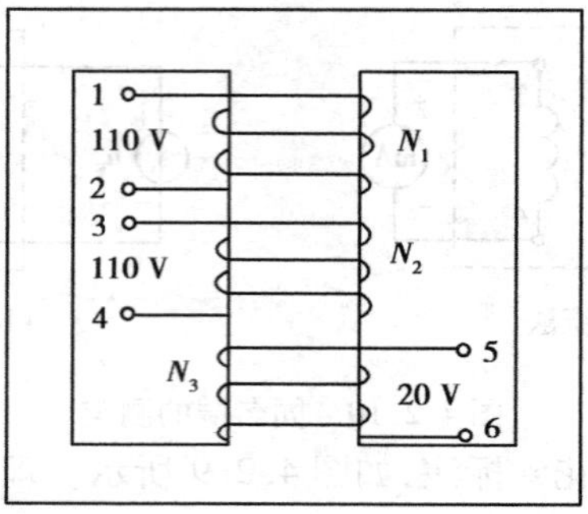

图 4.2.14

(1)判别各绕组同名端;

(2)在 N_1 上加 110 V 额定电压,问 N_2、N_3 空载时对应的 U_2、U_3 各为多少?

(3)若电源电压为 220 V,应如何输入该变压器(即 N_1、N_2 该怎样连接)? 此时 N_3 电压为多少? 若 N_3 输出电流为 1 A,则 N_1 和 N_2 中电流为多少?

(4)若将 N_1 和 N_2 并联接入 110 V 电源,应如何连接? 此时 N_3 电压为多少? 若 N_3 输出电流仍为 1 A,则 N_1 和 N_2 中的电流各为多少? 输入总电流为多少?

解　(1)根据右螺旋定则和同名端的特点可知,图 4.2.14 中 1,3,6 为同名端。

(2)当 N_1 接 $U_1=110$ V 额定电压时,N_2、N_3 两副绕组也工作在额定状态,即

$$U_2 = 110\ \text{V},U_3 = 20\ \text{V}$$

(3)1、2 和 3、4 两绕组应串联。即将 2、3 端相连接,1、4 端接电源,则有:

$$220 = 4.44f(N_1+N_2)\phi_m \quad 而\ N_1 = N_2$$

则穿过铁芯中的主磁通 ϕ_m 不变,变压器工作状态不变,所以 $U_3=20$ V

$$I_1 = I_2 = \frac{I_{3N}U_{3N}}{U_{1N}+U_{2N}} = \frac{1\times 20}{220}\text{A} \approx 0.091\ \text{A}$$

(4)应将 1、3 相连接,2、4 相连接,然后接入 110 V 电源,此时 $U_3=20$ V。

$$I = I_1 + I_2 = \frac{U_{3N}I_{3N}}{U_{1N}} = \frac{20\times 1}{110}\text{A} = 0.182\ \text{A}$$

又因为 $N_1 = N_2$,则有:

$$I_1 = I_2 = \frac{1}{2}I = 0.091\ \text{A}$$

由本例可见,N_1 和 N_2 不论串联或并联,都保持了额定电压和绕组通过的电流不变。串联总电压比并联大一倍,而并联总电流比串联大一倍,总容量相同。

练习与思考

4.2.1　变压器的铁芯为什么要用硅钢片叠装?

4.2.2　变压器能否用于变换直流电压?为什么?如果把一台 220/36 V 的变压器接至 220 V 的直流电源,会产生什么后果?

4.2.3　变压器在额定视在功率 S_N 下使用?其输出有功功率大小取决于(　　)。

(a)负载阻抗大小　　(b)负载功率因数 $\cos\varphi$ 大小

(c)负载连接方式(串联或并联)

4.2.4　什么是变压器的效率?理想变压器的条件有哪些?

4.3　三相变压器

4.3.1　三相变压器的连接方式与变比

电力系统与民用供配电一般都采用三相制,三相交流电源由三相交流发电机产生,经三相变压器变压后供给负载。三相变压器的工作原理与单相变压器的工作原理基本相同。图 4.3.1 是三相变压器的结构示意图。三相变压器的原、副绕组都有三相绕组,可以分别接成星形(Y 接)或三角形(D 接),构成 Y/y_0、D/D、Y/D、D/y_0 等连接方式。图 4.3.2(a)是 Y/y_0 连接方式,(b)是 Y/D 连接方式。注意:在三相变压器中,每相原、副绕组的相电压之比等于匝数比即变比。在利用额定电压求三相变压器的变比时,应首先根据原、副绕组的连接方式将额定电压换算成相电压后再求变比。例如,当三相变压器原、副边额定电压为 $U_{1N}/U_{2N} = 10\ \text{kV}/0.4\ \text{kV}$时:

对于 Y/y 接法:$k = \dfrac{U_{1P}}{U_{2P}} = \dfrac{10/\sqrt{3}}{0.4/\sqrt{3}} = 25$　　对于 D/y 接法:$k = \dfrac{U_{1P}}{U_{2P}} = \dfrac{10}{0.4/\sqrt{3}} = 25\sqrt{3}$

而 Y/D 接法:$k = \dfrac{U_{1P}}{U_{2P}} = \dfrac{10/\sqrt{3}}{0.4} = 25/\sqrt{3}$

可见,由于原、副绕组连接方式不同,其变比是不相同的。

4.3.2　三相变压器的连接组别

图 4.3.3 连接组别判定方法:

①将 A(a)相 $\dot{U}_A$ 及 $\dot{U}_a$ 的 A 端与 a 端重合;

②作 $\dot{U}_A$,$\dot{U}_B$,$\dot{U}_C$,$\dot{U}_{AB}$及 $\dot{U}_a$,$\dot{U}_b$,$\dot{U}_c$,$\dot{U}_{ab}$的相量图;

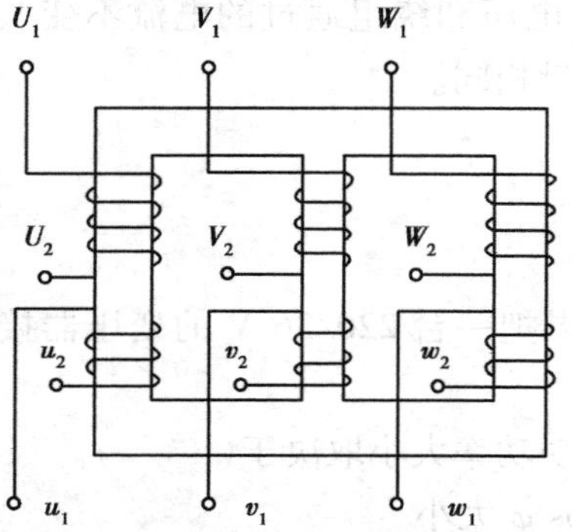

图 4.3.1　三相变压器结构示意图

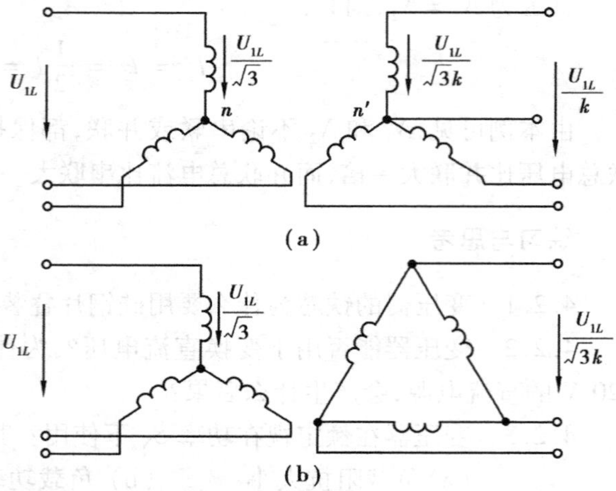

图 4.3.2　三相变压器绕组连接方式举例

③将 $\dot{U}_{AB}$指向 12 点，看 $\dot{U}_{AB}$与 $\dot{U}_{ab}$的相对位置；

④图中 $\dot{U}_{AB}$与 $\dot{U}_{ab}$同相，当 $\dot{U}_{AB}$指向 12 点时，则 $\dot{U}_{ab}$也指向 12 点，所以变压器为 Y，yn0 连接组别。

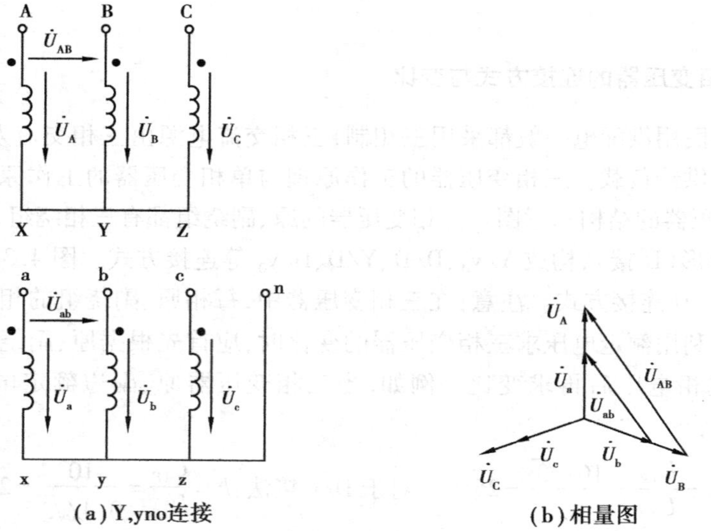

图 4.3.3　Y，yn0 连接及相量图

变压器的连接组别表示变压器原、副绕组按一定接线方式连接时，一次线电压和二次线电压之间的相位关系。连接组的组号可以根据高、低绕组的同名端和绕组的连接方法来确定。

我国采用时钟表示法来表示不同的连接组别，即把高压侧和低压侧的线电压相量作为时钟的长、短针，当长针固定指向 12 点时，短针所指的钟点就是连接组号。将时钟等分 12 格，每格为 30°，从长短针相距的格数可得出初、次级绕组的相位关系。

三相变压器的原、副绕组分别由三个单相绕组组成，这三相绕组即可接成星形（Y）也可接成三角形(D)。为了确定原、副绕组相电压的相位关系,其相电压的正方向统一规定为从绕组首端指向末端,若原、副绕组的首端同为同名端,则相电压$\dot{U}_A$与$\dot{U}_a$同相。下面以 Y,yn0(图 4.3.3)和 D,yn11(图 4.3.4)接线为例,来说明变压器连接组别的判定。

图 4.3.4 连接组别判定方法:

①作原、副边相电压,线电压相量图;

②图中当$\dot{U}_{AB}$指向 12 点时,则$\dot{U}_{ab}$指向 11 点,所以变压器为 D,yn11 连接组别。

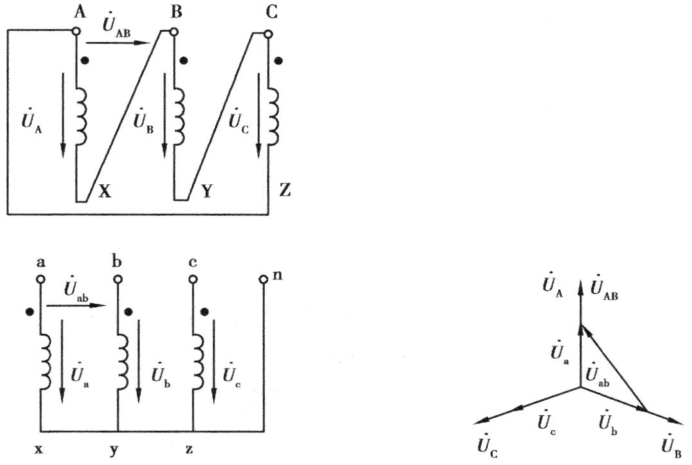

(a)D, yn11连接　　(b)相量图

图 4.3.4　D,yn11 连接及相量图

4.3.3　电力变压器并联运行特点及条件

变压器并联运行:将两台或两台以上变压器的原、副绕组相同标号的出线端分别并联到原边和副边的公共母线上,共同向负载供电的方式,称为变压器的并联运行,如图 4.3.5 所示,这种方式可提高供电的可靠性,但并联变压器的台数不宜过多,2 ~3 台即可。

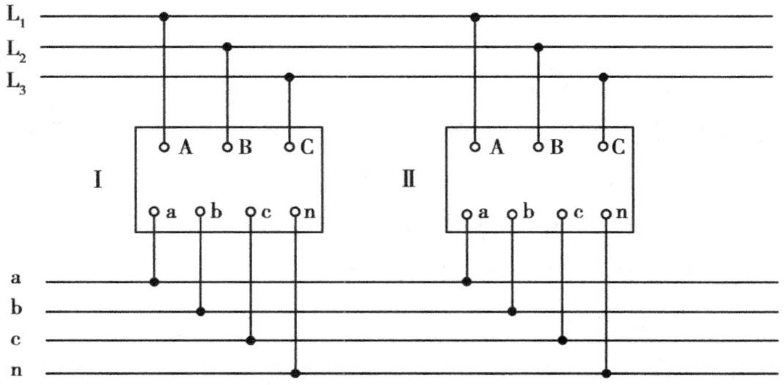

图 4.3.5　变压器并联运行接线图

正常并联运行的变压器在空载时,并联回路中应没有环流;带负荷时,每台变压器绕组的负荷电流应按容量成比例分配,使每台变压器的容量都能得到充分利用。为此,并联运行的变压器应满足下列条件:

①各台变压器的连接组别必须相同，否则在并列变压器二次线圈中，将会出现相当大的电压差，当变压器二次侧空载时，电路中也会出现很大的环流。

②各台变压器的变比应基本相同，最大误差不超过0.5%。

③负荷电压值相差不得超过±10%。

④两台变压器的容量比不宜超过3∶1。

练习与思考

4.3.1　三相变压器的变比是如何定义的？

4.3.2　归纳总结三相变压器连接组别的判定方法。

4.3.3　变压器并联运行有什么要求？

4.4　特殊变压器

特殊用途的变压器很多，下面着重介绍3种，即自耦变压器、电压互感器和电流互感器。

(1)自耦变压器

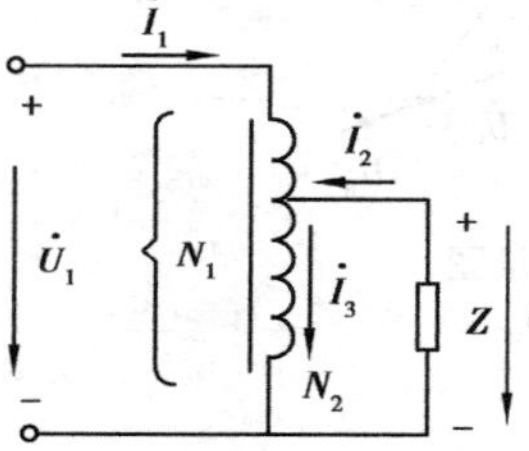

图4.4.1　自耦变压器原理结构图

图4.4.1是自耦变压器的原理结构图，其特点是：副绕组是原绕组的一部分。因此，在原、副绕组之间不仅有磁的耦合，还有电的联系。

原、副绕组电压和电流之比与普通变压器相同，即

$$\frac{U_1}{U_2} = \frac{N_1}{N_2} = K$$

因为$\dot{I}_1(N_1 - N_2) + (\dot{I}_1 + \dot{I}_2)N_2 = \dot{I}_{10}N_1 \approx 0$

则有：
$$\frac{\dot{I}_1}{\dot{I}_2} = -\frac{N_2}{N_1} = -\frac{1}{K} \Rightarrow \frac{I_1}{I_2} = \frac{1}{K}$$

仍有阻抗变换关系，即从原边端口看进去的等效阻抗：

$$|Z'| = K^2 |Z|$$

实验室中常用的调压器如图4.4.2所示，就是一种可改变副绕组匝数的自耦变压器。旋转手柄，可改变副绕组的匝数，从而达到调节副边输出电压的目的。调压器使用完毕后应将手柄旋到零位。自耦变压器的优点是材料省、体积小、成本低。由于原、副绕组之间有电的联系，使用时要注意安全，且原、副绕组不能接反，若将副绕组接至电源，将有可能发生电源短路的事故。

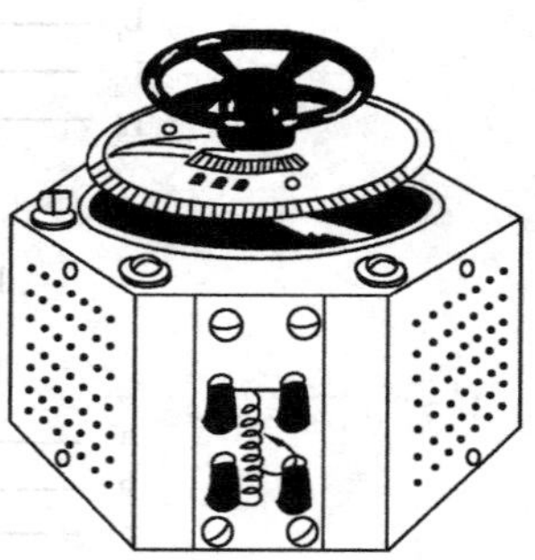

图4.4.2　调压器外形图

(2)电压互感器

电压互感器是用来将高电压变换为低电压的降压变压器。其原边绕组匝数多，并联在被测高压电路上；副边绕组匝数少，与电压表、电压继电器或其他仪表的电压线圈相联接。其接线如图4.4.3所示，根据变压器的电压变换关系式有：

$$\frac{U_1}{U_2}=\frac{N_1}{N_2}=K>1\Rightarrow U_1=KU_2 \tag{4.4.1}$$

即副边电压表读数 U_2 乘以电压互感器的变比 K,就得到被测高电压的值 U_1。通常电压互感器副边额定电压设计为 100 V。

使用电压互感器时,副边相当于开路(电压表内阻很大)。因此,副边不允许短路,否则将会产生很大的短路电流,而烧坏绕组。为了确保人身安全,互感器的铁芯和副绕组的一端都应妥善接地。

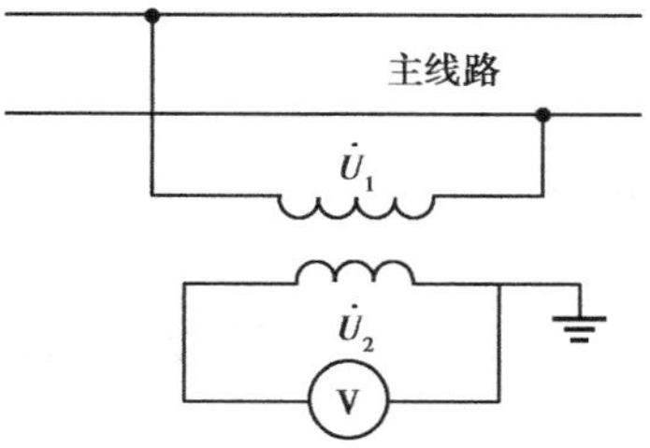

图 4.4.3　电压互感器接线

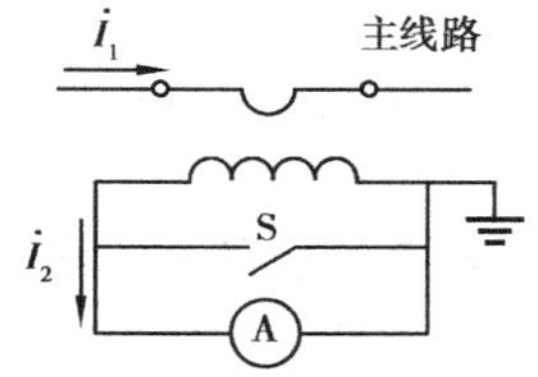

图 4.4.4　电流互感器接线

(3)电流互感器

电流互感器是用来测量大电流的特殊变压器。在电力系统中有时要测量几百安甚至几千安培的大电流,用通常的安培计来测量,其量程是远远不够的,这时就要用电流互感器。电流互感器的特点是:原边绕组匝数很少(只有一匝或几匝),它串联在被测电路中。副绕组的匝数较多,它与安培计或其他仪表及继电器的电流线圈相连接。其接线如图 4.4.4 所示,根据变压器变换电流的原理有:

$$\frac{I_1}{I_2}=\frac{N_2}{N_1}=K_i\Rightarrow I_1=K_iI_2 \tag{4.4.2}$$

式中 K_i 称为电流互感器的电流变换系数。

测量时,将副边电流表的读数 I_2 乘以电流变换系数 K_i,就得到被测电流 I_1。通常电流互感器副边的额定电流设计为 5 A 或 1 A。

由于电流表的内阻很小,电流互感器在使用时副边相当于短接。因此,在使用时副绕组电路是不允许开路的。这是由于原绕组电流 I_1 是由负载决定的,不随副边电流 I_2 的变化而变化(这点与普通变压器不同)。正常工作时,副绕组磁动势 I_2N_2 抵消了原绕组磁动势 I_1N_1 一部分,故铁芯中的磁通不大。而一旦副边开路(拆下仪表时,未将副绕组短接),副绕组磁动势 I_2N_2 消失,原边电流 I_1 未变。这时,铁芯内磁通猛增,铁芯发热有可能烧坏绝缘,同时副边感应出高电压,危及人生安全。所以在使用电流互感器时,副边不允许开路。为了使用安全,电流互感器的铁芯和副绕组一端也应妥善接地。

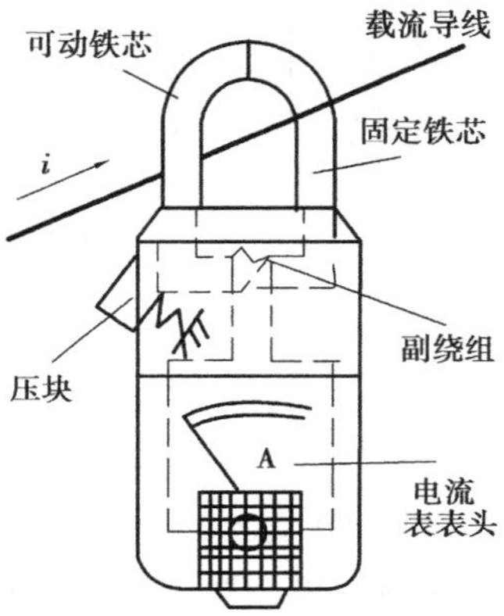

图 4.4.5　测流钳结构示意图

钳形电流表:钳形电流表是一种在不断开被测电路的情况下,可随时测量电路中电流的便携式电工仪表。它实质上就是一个电流互感器。被测导线相当于电流互感器的原绕组,绕在钳形表铁芯上的线圈相当于电流互感器的副绕组。被测载流导线卡入钳口时,副绕组上便有感应电流,使电流表的指针偏转，指示出被测电流值，如图4.4.5所示。

练习与思考

4.4.1 自耦变压器有什么特点？在使用调压器时应注意什么？

4.4.2 电压互感器和电流互感器原、副绕组匝数各有什么特点，使用时要注意什么？

本章小结

1. 理解交流铁芯线圈电路中的电磁关系，掌握电压平衡方程式。

$$U \approx E = 4.44fN\phi_m$$

2. 了解变压器的基本结构，理解其工作原理，掌握电压、电流和阻抗变换关系式；理解同名端及其互感线圈绕组的连接，了解变压器的铭牌数据即额定值的含义。

$$\frac{U_1}{U_2} \approx \frac{E_1}{E_2} = \frac{N_1}{N_2} = K \qquad \frac{I_1}{I_2} = \frac{N_2}{N_1} = \frac{1}{K} \qquad |Z'| = K^2 |Z|$$

3. 了解三相变压器的工作原理及参数，掌握变压器联接组别的判定方法；理解自耦变压器、电压互感器和电流互感器的工作原理，熟悉它们各自的特点。

习题4

4.1 单相照明变压器的容量为10 kVA，电压为3 300/220 V。如果要求在额定状态下运行，试问变压器的副边能接多少个60 W，220 V的白炽灯？原、副边的额定电流是多少？

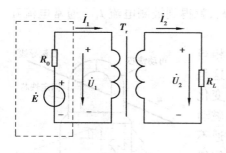

4.2 在题4.2图所示电路中，已知信号源的电动势 $e = 20\sqrt{2}\sin \omega t$ V，内阻 $R_0 = 200\ \Omega$，负载电阻 $R_L = 8\ \Omega$。试计算：

(1)当负载 R_L 直接与信号源联接时，信号源输出功率 P 为多少？

(2)若将负载 R_L 接到匹配变压器的二次测，并使 $R'_L = R_0$ 时，信号源输出最大功率 P_{max}。试计算此变压器的变比 K 为多少？信号源最大输出功率是多少？

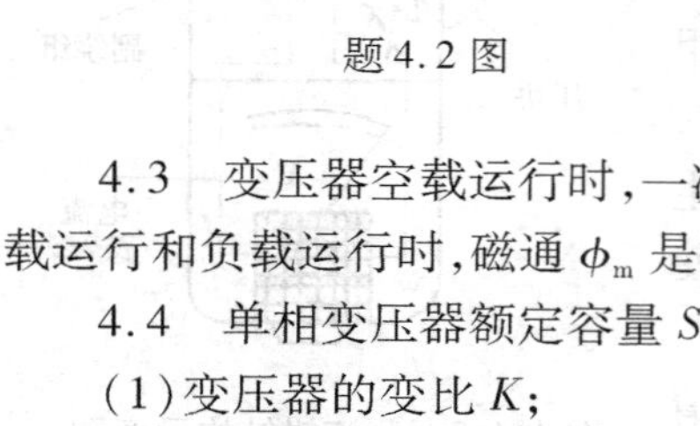

题4.2图

4.3 变压器空载运行时，一次电流为什么很小？负载运行时，一次电流为什么变大？空载运行和负载运行时，磁通 ϕ_m 是否基本相同？为什么？

4.4 单相变压器额定容量 $S_N = 40$ kVA，额定电压4 600/230 V，试计算：

(1)变压器的变比 K；

(2)原、副边绕组的额定电流 I_{1N} 和 I_{2N}。

4.5　如题4.5图所示的变压器，变比 $K=10$，负载电阻 $R_L=10\ \Omega$，试计算：

(1)从 a、b 端看进去的等效电阻 R_i；

(2)原边电流 I_1。

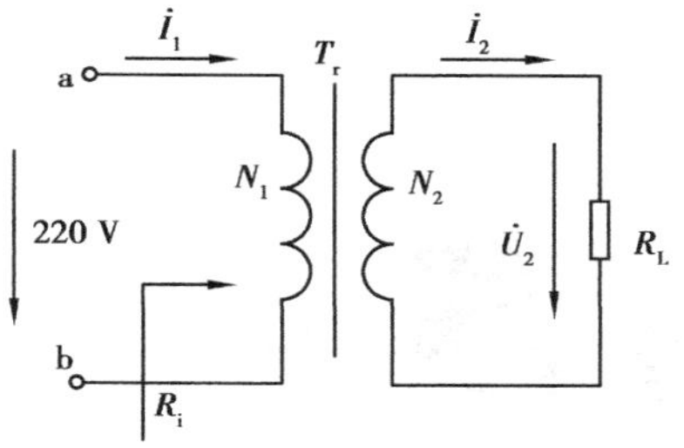

题4.5图

4.6　变压器原绕组匝数为 N_1，副绕组匝数分别为 N_2、N_3，当负载 $R_L=9\ \Omega$ 时，接于 N_2 两端；当负载 $R_L=25\ \Omega$ 时，接在整个副绕组两端。如题4.6图所示，这时均可实现阻抗匹配，试计算 N_2、N_3 之间的关系。

4.7　三相变压器的额定容量为5 000 kVA，额定电压为35 kV/10.5 kV，当变压器采用Y/D连接时，试求原、副绕组的相电压、相电流和线电流的额定值。

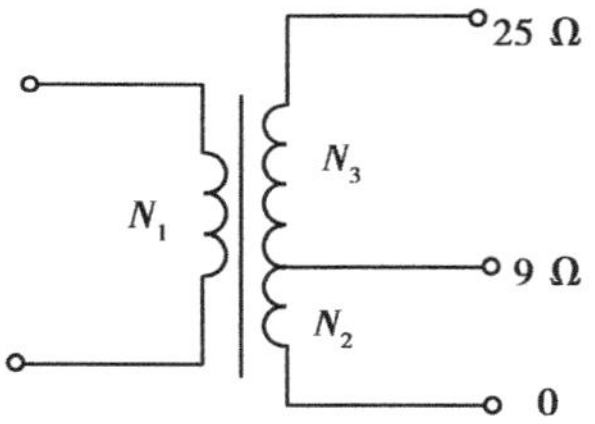

题4.6图

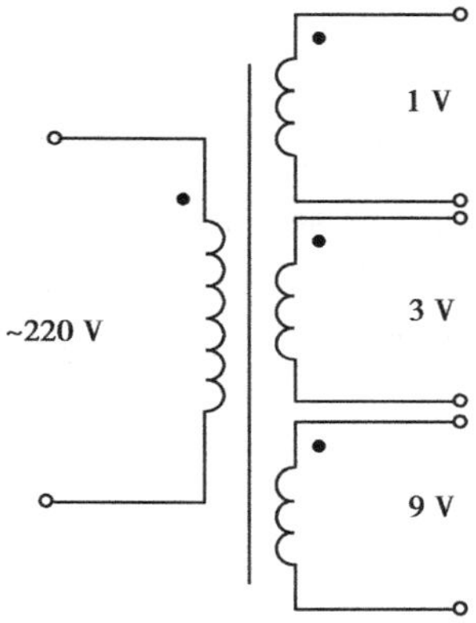

题4.8图

4.8　题4.8图所示的变压器，试问能提供多少种输出电压？

4.9　一台100 A/5 A的电流互感器，副边绕组(二次侧)接5 A的电流表。若电流表的读数为3.5 A，问被测电流是多少？

第5章

电动机

电机不仅是工业、农业和交通运输业的重要设备，在国防、文教、医疗以及日常生活中电机的应用也越来越广泛。如今，电机已逐渐进入人类社会生活的各个方面，迅速改变着人类的社会面貌，并深深地影响着人们的生活方式。

电机按其工作原理可分为：

- 电机
  - 变压器
  - 旋转电机
    - 直流电机
    - 交流电机
      - 异步电机
      - 同步电机

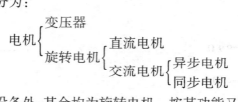

除变压器是静止电气设备外，其余均为旋转电机。按其功能又可分为：

①变压器　主要改变电压和电流大小；

②发电机　把机械能转换成电能；

③电动机　把电能转换成机械能；

④控制电机　作为控制系统中的执行元件。

本章将着重介绍直流电动机和交流异步电动机的基本结构和工作特性。

*5.1　直流电动机

直流电动机是指通以直流电流而转动的电动机。由于直流电动机具有良好的启动性能、能在较宽的范围内平滑调速并且易于控制，所以直流电动机不仅被广泛地应用于轧钢机、电力机车、无轨电车、机床等大型设备中，而且还用于电动自行车、电动缝纫机和电动玩具中。目前配备了晶闸管整流器的直流电动机可以直接在交流电网上运行。

5.1.1　直流电动机的工作原理与基本结构

(1)直流电机的工作原理

如图5.1.1所示，在两个固定的永久磁铁南极(S)和北极(N)之间有一个线圈，称为电枢绕组，电枢绕组的两端分别与两个半圆弧形换向片相连，换向片之间相互绝缘。外接直流电

源 E 通过固定不动的电刷 A、B 向电枢引入直流电流，电流从电刷 A 流入，由电刷 B 流出。根据左手定则，靠近 N 极的导体会受到一个向左的电磁力 f 作用，而靠近 S 极的导体在磁场中将受到一个向右的电磁力 f 作用，这对电磁力产生一个逆时针转动的力矩（称为电磁转矩）带动线圈和换向片一起转动。又由于电刷在空间固定不动，因此电刷 A 只与转动到上边的换向片接触；电刷 B 又只与转动到下边的换向片接触，所以上、下两边导体所受的电磁力的方向始终不变，电磁力产生的电磁转矩方向永远是逆时针，电枢绕组就在电磁转矩的带动下逆时针旋转。

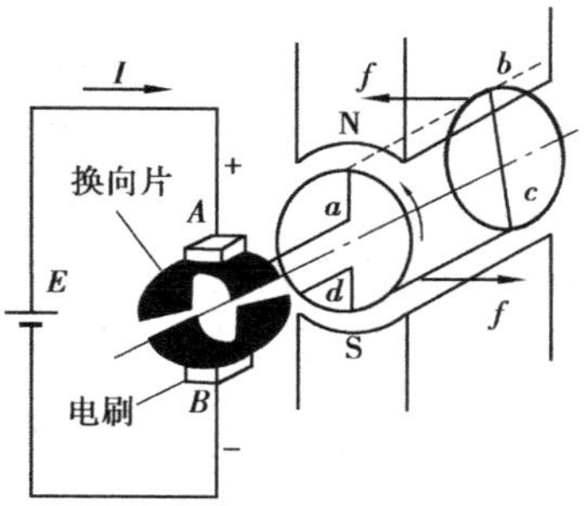

图 5.1.1　直流电动机模型

从上述分析可知，要改变直流电动机的转动方向，实际上就是改变电磁转矩的方向。由左手定则可知：如果磁场方向不变，则只要改变电枢电流的方向（即改变外接直流电源 E 的极性）就可使直流电动机反转；如果不改变电枢电流的方向，只要改变磁场的方向（即互换永久磁铁的 S 极和 N 极的空间位置）也可使直流电动机反转。

（2）直流电动机的结构

直流电机的结构型式是多种多样的，图 5.1.2（a）所示为 Z2 系列直流电机的外形图，（b）图为直流电动机的图形和文字符号。

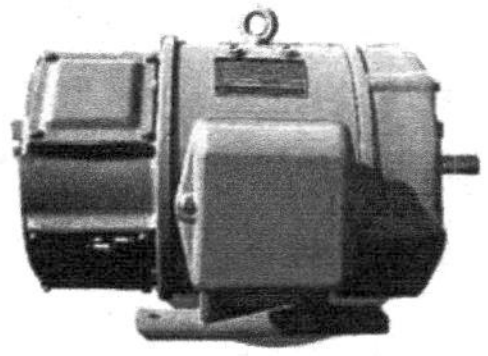
（a）Z2系列直流电动机

（b）直流电动机的符号

图 5.1.2　直流电动机的外形图和符号

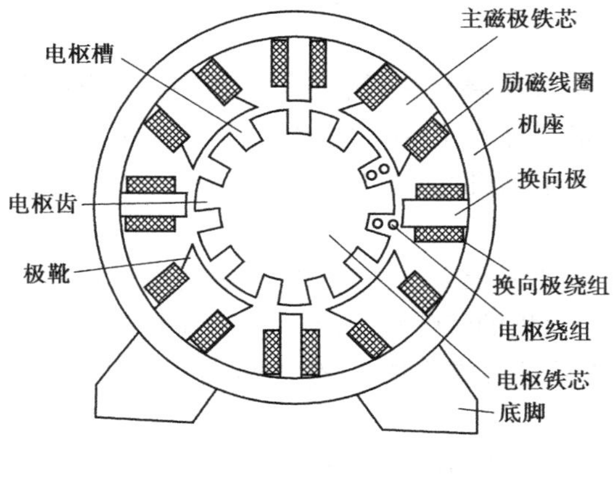

图 5.1.3　直流电机剖面图

直流电机主要由定子（固定部分）和转子（转动部分）两大部分组成。定子的作用是用来产生磁场和作电机本身的机械支撑，它包括主磁极、换向极和机座。主磁极（简称主极）用来产生气隙磁场。由于永久磁铁所建立的磁场比电流励磁所建立的磁场弱，所以绝大部分直流电机的主极不用永久磁铁，而是用励磁绕组通以直流电流来建立磁场。主极包括主极铁芯和套在铁芯上的励磁绕组两部分组成，如图 5.1.3 所示。机座用来固定主磁极、换向极和端盖，并借底脚把电机固定在安装电机的基础上。机座一般用铸钢铸成或用厚钢板焊接而成，以保证良好的导磁性能和机械性能。换向极的构造与主磁极相似，它的作用是为了运行时在换向器上不产生火花。换向极位于两相邻的主磁极间，换向极的数目与主极的极数相等，图 5.1.3 中画出的主极数和换向极数均为 4。在功率很小的直流电机中,换向极的数目为主极数的一半或不装换向极。

转子包括电枢铁芯和电枢绕组。电枢铁芯固定在转轴上,转轴两端分别装有换向器和风扇等。由于习惯,人们将直流电机实现能量转换的转子称为电枢。电枢铁芯作为磁的通路和嵌放电枢绕组之用。电枢绕组是电机中产生感应电动势和电磁转矩。换向器是将电源输入的直流电流转换成电枢绕组内的交流电流,并保证每个磁极下的电枢导体内电流的方向不变,以产生方向不变的电磁转矩。

5.1.2 直流电动机的机械特性

直流电机的电源大多采用晶闸管整流器供电,由于他励直流电机的励磁电流不受电枢电压的影响,具有较大的灵活性,所以现在的直流电机大多采用他励方式。下面将以他励电动机为例来说明直流电动机的机械特性和运行性能。

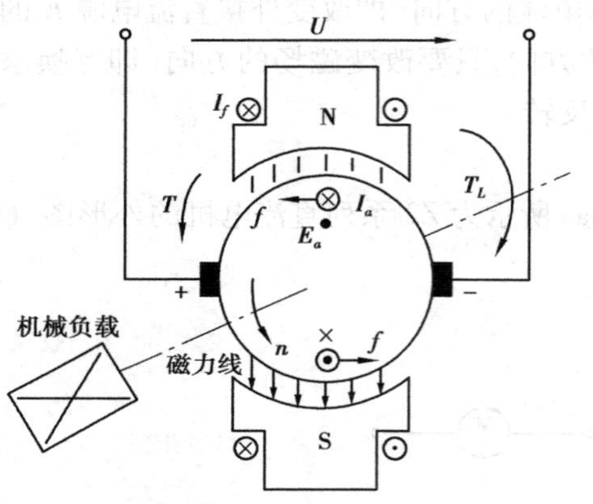

图 5.1.4 他励电动机的运行原理图

(1)直流电动机的基本方程

如图 5.1.4 所示,将直流电动机的励磁绕组通入直流电流 I_f,建立起主极磁场 N、S。这时通过电刷将电枢绕组接至直流电源,电枢绕组将有电流 I_a 流过,其方向如图中"⊙"和"⊗"所示,因此,电枢绕组上将受到电磁力 f 的作用,其方向由左手定则确定。因而产生电磁转矩 T 作用在电机的转轴上,电磁转矩克服负载转矩 T_L 作功,驱动机械负载以一定的转速 n 朝电磁转矩的方向旋转,电动机从轴上输出机械能。

当电动机的电枢以一定的转速 n 旋转时,电枢导体也在磁场中转动切割磁力线,因而将在其中产生感应电动势 E_a,方向由右手定则确定,如图中的"·"和"×"所示。该电动势的方向与外加电压的方向相反(也和电流 I_a 的方向相反),称为反电动势。此时电动机从电源吸收电能,由转轴输出机械能。

当电枢绕组中有电流 I_a 流过时,载流导体在磁场中将会受到电磁力的作用。由电磁力定律计算出每个导体所受的电磁力,然后乘以力臂得到每个导体产生的电磁转矩。电动机的电磁转矩 T 为全部导体所产生的转矩之和,所以直流电动机的电磁转矩:

$$T = C_T \Phi I_a \qquad (5.1.1)$$

其中,C_T 称为转矩常数,对已制成的电动机来说 C_T 为一常数。式(5.1.1)表明电动机的电磁转矩和电枢绕组中流过的电流成正比。式中 Φ 为每极的气隙磁通量,它是由主极磁动势和电枢磁动势共同产生的。如果每极磁通量 Φ 的单位用韦[伯],电磁转矩 T 的单位为牛[顿]·米。

在电动机的励磁绕组中通以直流励磁电流后,电动机中建立了磁场。当电枢绕组通过电刷接到直流电源上,就有电流流过电枢绕组使其受到电磁力的作用而产生电磁转矩,电动机的电枢就在该电磁转矩的驱使下开始转动起来。一旦电枢转动,磁场中旋转的电枢绕组就会感应出电动势 E_a。

根据电磁感应定律,可得电动机电枢绕组的感应电动势:

$$E_a = C_e \Phi n \tag{5.1.2}$$

其中，C_e 为电动势常数，对已制成的电动机来说 C_e 为一常数。式(5.1.2)中 Φ 为每极的气隙磁通量。每极磁通量 Φ 的单位用韦[伯]，感应电动势 E_a 的单位为伏[特]。

根据右手定则，可从图 5.1.4 中看出，直流电动机运行时，感应电动势的方向与电枢电流的方向相反，它的作用是要抵制电流的流入，因此，称为"反电动势"。电源要向电枢绕组输入电流就必须克服反电动势的作用，要求 $U > E_a$。由于有了反电动势，电枢就从电源吸收一部分电功率，犹如力学里有了反抗力，外力才能工作一样。因此，直流电动机电枢绕组吸收的电功率称为电磁功率 P_T。

$$P_T = E_a I_a \tag{5.1.3}$$

将式(5.1.2)代入上式可得：

$$P_T = E_a I_a = \frac{pN}{60a}\Phi n I_a = \frac{pN}{2\pi a}\Phi I_a \frac{2\pi n}{60} = T\Omega$$

即得：

$$P_T = E_a I_a = T\Omega \tag{5.1.4}$$

其中，Ω 为电动机电枢的机械角速度，单位 rad/s。

式(5.1.4)说明：电磁功率是在电磁转矩 T 作用下，电枢所发出的全部机械功率 $T\Omega$。即电动机为了产生机械功率 $T\Omega$，就必须从电源吸取相同数量的电功率 $E_a I_a$，电动机的反电动势 E_a 是电动机之所以能吸收电功率并实现能量转换的一个必要因素。电磁功率 P_T 在电动机中是能量转换的关键。

(2)直流电动机的功率、转矩和电动势平衡方程式

1)功率平衡方程

直流电动机从电源吸取电功率，除变换成机械功率的电磁功率外，还有各种损耗，所有的损耗均取自电源，由电源以电功率的形式供给，最后又以发热的形式散发到电机周围的空间。

如图 5.1.5 所示为他励电动机的功率流程图。

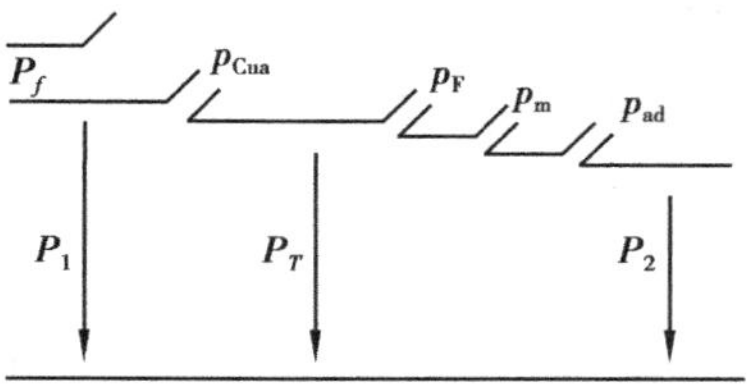

图 5.1.5　他励电动机功率流程图

由电源输入电动机的电功率有励磁功率 P_f 和输入电枢绕组的电功率 P_1 分别为：

$$P_f = U_f I_f \tag{5.1.5}$$

$$P_1 = U I_a \tag{5.1.6}$$

输入电枢回路的功率 P_1 除去电枢的铜耗和电刷的接触损耗(共计为 p_{Cua})就是被电枢绕组吸收的电功率 P_T。电磁功率变为机械功率之后，并不是全部都作为机械功率输出，其中有一小部分作为铁耗 p_F、机械摩擦损耗 p_m 以及附加损耗 p_{ad} 损失掉，剩下的才是电动机轴上输出的(有效的)机械功率：

$$P_2 = T_2 \Omega \tag{5.1.7}$$

其中，T_2 为电动机轴上的输出转矩。

他励直流电动机的功率平衡式为：

$$P_1 = P_2 + \sum p \tag{5.1.8}$$

总损耗：

$$\sum p = p_{Cua} + p_F + p_m + p_{ad}$$

电动机的效率：

$$\eta = \frac{P_2}{P_1} \tag{5.1.9}$$

由 $$P_T = p_{\mathrm{Fea}} + p_{\mathrm{m}} + p_{\mathrm{ad}} + P_2$$

可得： $$T\Omega = (p_{\mathrm{Fea}} + p_{\mathrm{m}} + p_{\mathrm{ad}}) + T_2\Omega = T_0\Omega + T_2\Omega \tag{5.1.10}$$

p_{Fea}、p_{m} 以及 p_{ad} 对电枢起制动作用，当电动机未带机械负载时（$T_2\Omega = 0$），要使其转动起来，必须向电动机输入一空载功率 $p_0 = T_0\Omega$ 用以克服上述三个损耗产生的空载制动转矩 T_0。

将式(5.1.10)两端同除以电枢的机械角速度 Ω，可得电动机的转矩平衡方程式 $T = T_0 + T_2$。当电动机轴上输出的转矩 T_2 与所带的生产机械转矩 T_L 平衡时，电动机以恒定的转速旋转，处于稳态运行状态中。即

$$T_2 = T - T_0 = T_L \tag{5.1.11}$$

电动机运行时，电枢电动势 E_a 的方向与电源输入的电流 I_a 的方向相反，是一个“反电动势”，所以，电动机稳态运行时的电压平衡方程式为：

$$U = E_a + I_aR_a \tag{5.1.12}$$

式(5.1.12)表明，加在电动机上的电压是用来克服反电动势 E_a 和电枢回路的总电阻上的电压降 I_aR_a。

(3)直流电动机的机械特性

直流电动机的机械特性就是电动机产生的电磁转矩与转速之间的关系，它是描述电动机运行性能的主要工具。下面以他励电动机为例讨论直流电动机的机械特性、调速方法和电力拖动系统的稳定运行条件。

直流电动机的机械特性是指外加电压 U、磁通 Φ 和电枢回路的电阻 R_a 不变时，电动机转速和电磁转矩之间的关系曲线 $n = f(T)$。把电枢回路未接外加电阻，电压和磁通为额定值 U_{N}、Φ_{N} 时的机械特性称为自然机械特性，把改变电枢电阻、电枢电压和磁通时的特性称为人工机械特性。

他励直流电动机的机械特性方程可由式(5.1.1)、式(5.1.2)和式(5.1.12)可得：

$$n = \frac{U - I_aR_a}{C_e\Phi} = \frac{U}{C_e\Phi} - \frac{R_a}{C_eC_T\Phi^2}T \tag{5.1.13}$$

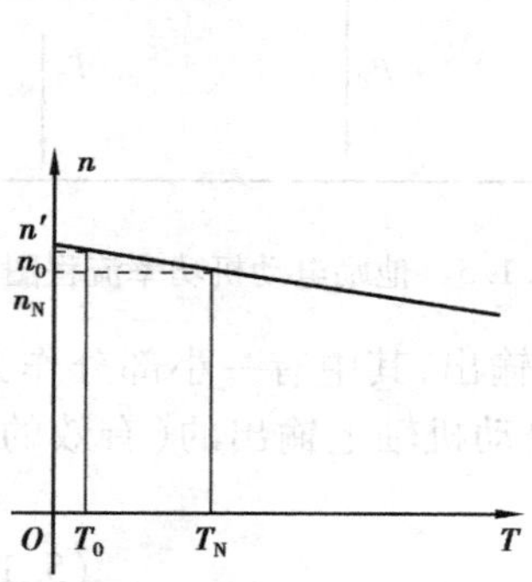

图 5.1.6　他励电动机的机械特性

由式(5.1.13)可看出，当外加电压 U、磁通 Φ 和电枢回路的电阻 R_a 不变时，T 与 n 为直线关系，如图 5.1.6 所示。因而可将式(5.1.13)表示为：

$$n = n_0' - kT \tag{5.1.14}$$

其中 $n_0' = \frac{U}{C_e\Phi}$，称为理想空载转速。从式(5.1.14)中可看出，只有在 $T = 0$ 时，电动机的转速才等于理想空载转速 n_0'，此时电动机不输出转矩，但仍然以 n_0' 的转速旋转。也就是说转轴上不仅没有负载，而且连空载制动转矩也不存在，这只能是一种理想情况。电动机实际运行时总有空载制动转矩 T_0，只要电机转动起来，电磁转矩不可能等于零，最小也得等于 T_0。实际的空载转速 n_0 要比理想空载转速 n_0' 小些，如图 5.1.6 中机械特性与 T_0 线的交点。

当电机有输出转矩 T 时将引起速度的下降，且输出的转矩越大，速度下降得越多。说明

直流电动机带上机械负载后，转速会下降。

在生产实践中，往往要求电动机的转速能在一定范围内调节，这就是工程上所讲的调速问题。直流电动机具有极其可贵的调速性能，可在较宽范围内平滑而经济地调速，因此应用广泛，在要求调速性能高的电力拖动系统中，多选用直流电动机作为拖动系统的原动机。

由式(5.1.13)他励直流电动机的机械特性方程式 $n=\dfrac{U-I_aR_a}{C_e\Phi}$ 可知，为了达到调速的目的，可采用以下 3 种方法：

1)改变电机的气隙磁通 Φ

电动机通常都在额定状态下运行，而在额定状态时，电机的磁路系统已接近饱和。如果再增大气隙磁通 Φ 就比较困难，一般都是减小磁通。这种调速方式通常称为弱磁调速。由式(5.1.13)可知，当电动机端电压 U 一定时，减小磁通转速即相应升高，如图 5.1.8(a)所示。弱磁调速是在电动机额定转速以上进行调节。在进行弱磁调速时，电动机的机械特性硬度变差。

为了减弱磁通 Φ，只需增大励磁调节电阻 R_f' 的值，如图 5.1.7(a)所示。当增大时，电动机的励磁电流 I_f 减小，主极磁通将小于额定状态时的磁通。

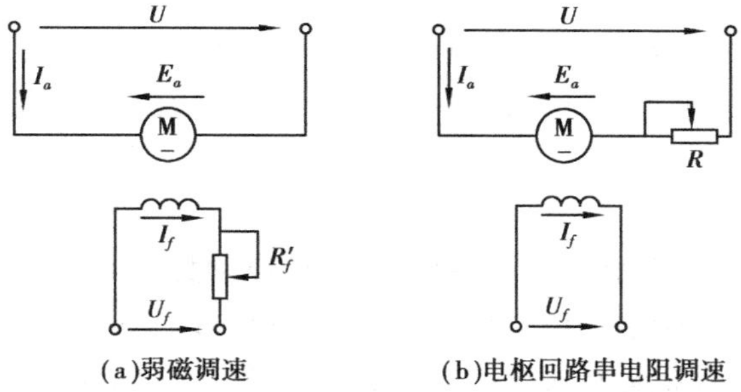

图 5.1.7　弱磁调速和电枢回路串电阻调速

弱磁调速是在功率较小的励磁回路中进行调节，所以控制比较方便、控制设备简易、能量损耗较小，调速时电动机的效率基本不变并且其调速平滑性较高。但受电机电枢机械强度和换向等因素的限制，调速范围仍不够大。这种调速方法常和额定转速以下的降压调速配合使用以扩大调速范围。

如果电动机的机械负载转矩不变，则在调速前后电动机都应产生与负载转矩相等的电磁转矩，即 $T=C_T\Phi I_a=T_L$。因此，在弱磁调速时，稳定运行时的电枢电流必然增大。这一现象是弱磁调速区别于其他几种调速方法的重要特征。

2)改变电枢回路的端电压 U_a

对于他励直流电动机来说，当励磁电流不变时，只改变电枢电压，即可改变电动机的转速。由式(5.1.13)可知，当改变电枢电压时，机械特性的理想空载转速也要发生变化，但直线的斜率不变。如图 5.1.8(b)所示，如果为恒转矩负载，当改变电机的端电压时负载特性与机械特性的交点分别为 N、1、2，因此，电动机可以在不同的转速下稳定运行。

改变端电压调速的优点是：调速时由于电动机的机械特性只是平行地上下移动。因此，调速时电动机的机械特性硬度不变，调速范围相对大些。由于端电压可以连续平滑地调节，所以可以在较大范围内连续平滑地改变转速。应该指出的是，电枢端的最高电压不能超过电

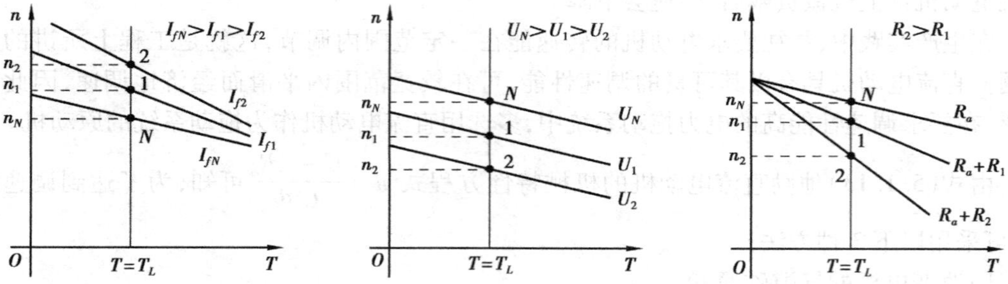

(a)弱磁调速　　(b)改变电枢端电压调速　　(c)电枢回路串电阻调速

图 5.1.8　直流电动机调速时的机械特性

机的额定电压。因此,改变电枢端电压调速的方法只能在额定转速以下进行调节。

3)在电枢回路中串入电阻 R

在外加电压 U 和磁通 Φ 不变的条件下,在电枢回路中串接电阻 R,如图 5.1.7(b)所示,则电枢回路的电阻将从 R_a 增大到 R_a+R。由式(5.1.13)可知,此时电动机的转速将降低,如图 5.1.8(c)所示。

这种调速方法只能在额定转速以下进行调节。因为在不串电阻 R 时转速最高为额定转速,而串入的电阻越大,转速就越低,机械特性曲线的硬度也随之变软。

练习与思考

5.1.1　直流电动机是如何通过电枢绕组的感应电动势和电磁转矩实现能量转换的?

5.1.2　由直流电动机牵引的电力机车,为什么在爬坡时其速度会下降?

5.1.3　他励直流电动机运行过程中,如果励磁电路突然断线,电动机分别在重载和轻载情况下会引起什么后果?

5.2　三相异步电动机

虽然直流电动机具有优良的调速性能,但由于直流电机的机械式换向器不但结构复杂,制造费时,价格昂贵,而且在运行中容易产生火花,此外还存在换向器机械强度不高,电刷容易磨损等问题。因此,在运行中需要经常性的维护检修,并且对环境的要求也比较高,不能适用于化工、矿山等周围环境中有灰尘、腐蚀性气体和易燃、易爆气体的场所。特别是换向问题的存在,使直流电动机无法做成高速大容量的机组。因而不能适应现代生产向高速大容量化发展的要求。

三相异步电机是交流电机的一种,也称感应电机,主要作电动机使用。异步电动机(特别是鼠笼异步电动机)由于它结构简单,制造方便,价格低廉,运行可靠,效率高,坚固耐用,很少维护,可用于恶劣环境等优点,在实际生产生活中得到广泛的应用。

异步电动机按相数可分为:三相异步电动机和单相异步电动机。下面将分两节对它们分别进行介绍,本节将重点介绍三相异步电动机的基本结构、工作原理和机械特性。

5.2.1　三相异步电动机的基本结构和工作原理

三相异步电动机有两种基本类型。一种是鼠笼式异步电动机；另一种是绕线式异步电动机（图 5.2.1 所示为鼠笼式异步电动机和三相绕线转子异步电动机的图形和文字符号）。但它们的工作原理和机械特性是相同的。

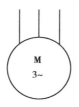

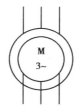

(a)三相鼠笼式异步电动机　(b)三相绕线转子异步电动机

图 5.2.1　三相异步电动机的符号

(1)三相异步电动机的基本结构

异步电机主要由两部分组成。固定部分称为定子，旋转部分称为转子。如图 5.2.2(b) 所示。在定子和转子之间有一很小的间隙，称为气隙。气隙的大小对异步电机的性能有很大的影响。气隙用于储存磁场能，并使转子可以自由旋转。

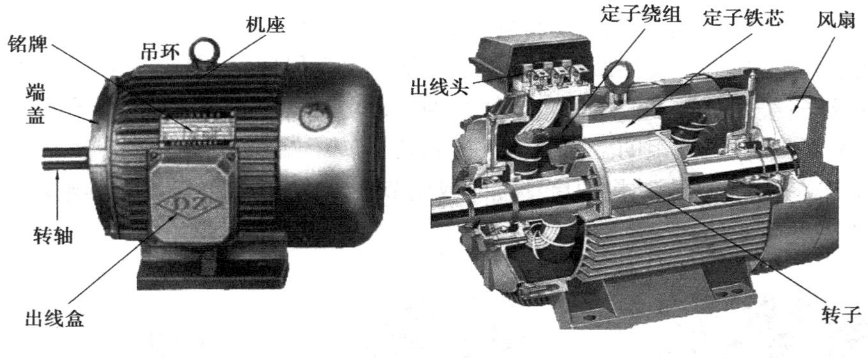

(a)三相异步电动机　(b)剖面图

图 5.2.2　三相异步电动机的外形和结构图

1)定子

异步电机的定子是异步电动机固定不动的部分，由定子铁芯、定子绕组和机座组成。

定子铁芯：装在机座内，为一个内壁开槽的中空圆柱体，槽内嵌放定子绕组。定子铁芯是电动机磁路的一部分。为减少铁芯中的损耗，定子铁芯用 0.5 mm 厚的硅钢片叠压而成，片间有绝缘，如图 5.2.3(a) 所示。

定子绕组：用绝缘的铜线绕成，嵌放在定子铁芯槽内，绕组与槽壁用绝缘材料隔开。定子绕组是电动机的电路部分，其主要作用是通过电流产生旋转磁场。三相定子绕组的六个引出线头（即三相绕组的始端和末端分别用 U_1、V_1、W_1 和 U_2、V_2、W_2 表示）都引到了接线盒的接线板上，可根据需要联成星形或三角形接法，如图 5.2.3(b)、(c) 所示。

机座：就是电动机的外壳，起支撑的作用，因此，要求有足够的机械强度和刚度，能承受运

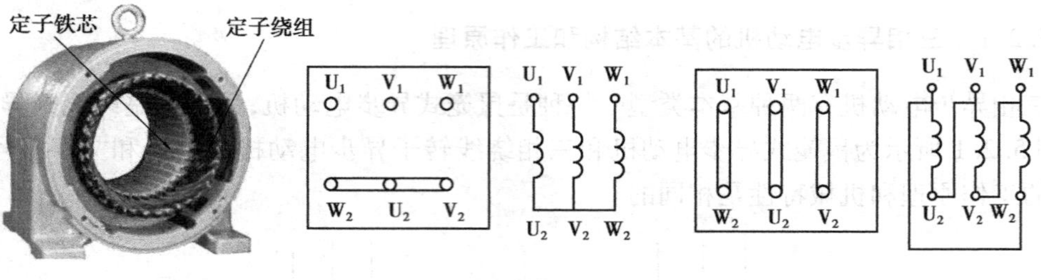

(a)定子　(b)星形接法　(c)三角形接法

图 5.2.3　异步电动机定子和定子绕组的连接

输和运行过程中的各种作用力，通常用铸铁铸成，较大容量的异步电机，一般采用钢板焊接机座。

2)转子

异步电机的转子由转子铁芯、转子绕组和转轴组成。

转子铁芯:为电动机磁路的一部分，一般也由 0.5 mm 厚的硅钢片叠成。

转子绕组:其作用是感应电动势，流过电流和产生电磁转矩。由于异步电动机的转子绕组不必由外界电源供电，因此，可以自行闭合构成短路绕组。根据转子结构形式的不同，异步电动机分为鼠笼式异步电动机和绕线式异步电动机。

鼠笼式转子:顾名思义，转子绕组的外形就像一个“鼠笼”，如图 5.2.4(b)所示。转子绕组就是在转子铁芯的每个槽中插入一根导条，在铁芯两端槽口外用两个端环分别把所有导条的两端连接起来，形成一个短接回路。为了散热端环上有风扇，如图 5.2.4(a)所示。

绕线式转子:绕线式转子绕组与定子绕组相似，也是用绝缘导线嵌于转子铁芯槽内，联接成星形的三相对称绕组，绕组的三根引出线接到装在转子端轴上的三个集电环(滑环)上，用一套电刷引出。为了改善电动机的启动性能或调节电动机的转速，可通过集电环和电刷装置外接电阻，如图 5.2.5 所示。

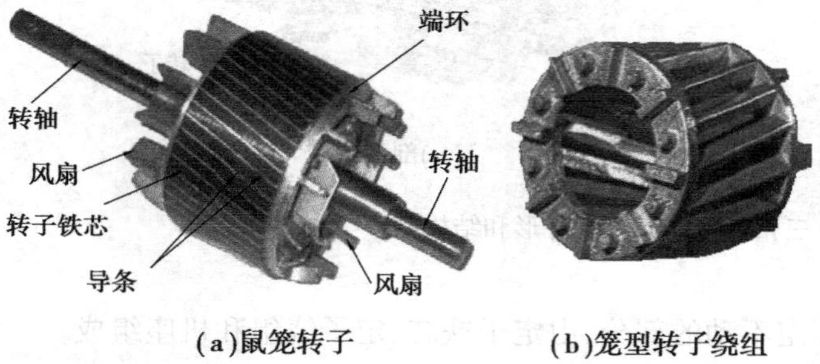

(a)鼠笼转子　(b)笼型转子绕组

图 5.2.4　鼠笼转子

图 5.2.5　绕线式转子绕组

(2)异步电机的基本工作原理

1)工作原理

当异步电动机的三相对称定子绕组接到三相对称电源时，三相定子绕组中便有三相对称电流流过，它们将在电机的气隙中共同形成一个旋转磁场。在图 5.2.6 中用 N、S 表示北、南磁极，并设旋转磁场以转速 n_0(称为同步转速)朝顺时针方向旋转。这时旋转磁场的磁力线将切割转子导体而感应电动势，由右手定则可知，感应电动势的方向如图 5.2.6 中的⊙和⊗所示。因为转子绕组是短路的，所以在感应电动势的作用下转子导体内便有电流流过。载流导体在磁场中要受到电磁力的作用，电磁力 f 的方向由左手定则确定如图5.2.6所示，由电磁力产生的电磁转矩作用在电动机的转子上，将使转子顺着旋转磁场旋转的方向转动起来。如果电动机的转轴上带有机械负载，电动机便拖动机械负载运转，输出机械功率。

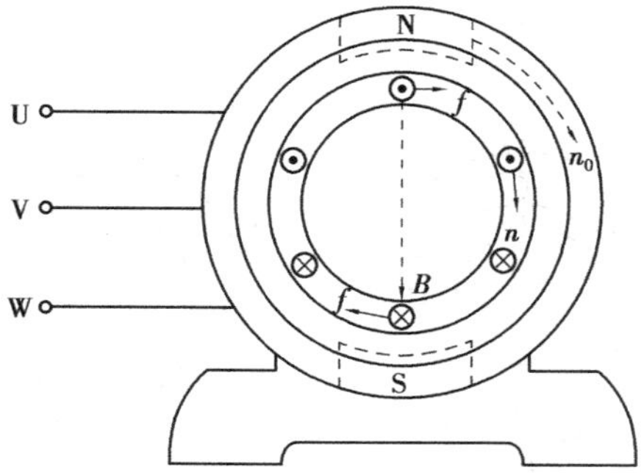

图5.2.6　三相异步电动机的工作原理

假设转子的转速 n 等于旋转磁场的转速 n_0，这时转子导体与旋转磁场之间没有相对运动，当然转子导体不能感应出电动势，也就不能产生推动转子转动的电磁力。因此，异步电动机正常运行时的转速总是低于同步转速，即两种转速之间总是存在差异。异步电动机的名称也由此而来。通常把同步转速 n_0 与转子转速 n 之差与同步转速 n_0 的比值称为转差率（也称滑差），用 s 表示：

$$s = \frac{n_0 - n}{n_0} \times 100\% \qquad (5.2.1)$$

电动机运行在额定状态时，s 为1.5%～6%。

通过对异步电动机的工作原理分析，明白异步电动机能够旋转，实现机电能量转换的前提是定子三相绕组通入三相对称的交变电流在气隙中产生旋转磁场。下面简要说明旋转磁场的产生。

①旋转磁场的产生

如果把三相对称绕组接至三相对称交流电源上，其中流过三相对称交流电流，设各相交流电流的瞬时表达式为：

$$\begin{aligned} i_{1U} &= \sqrt{2}I_1 \sin \omega t \\ i_{1V} &= \sqrt{2}I_1 \sin(\omega t - 120°) \\ i_{1W} &= \sqrt{2}I_1 \sin(\omega t + 120°) \end{aligned} \qquad (5.2.2)$$

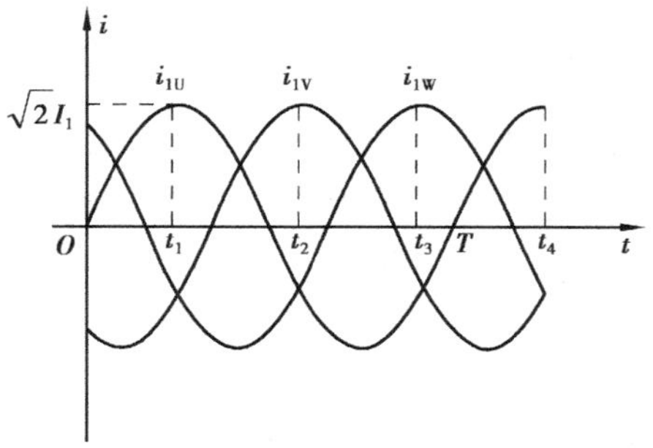

图5.2.7　三相对称电流波形图

各相电流随时间变化的波形如图5.2.7所示。

为了考察三相对称交流电流产生的合成磁场，选定几个特定的时刻进行讨论。例如，图5.2.7中的 $t=t_1$、$t=t_2$、$t=t_3$、$t=t_4$ 4个时刻。并且规定：电流为正值时，从线圈的首端（U_1、V_1、W_1）流入（图5.2.8中以⊗表示），末端（U_2、V_2、W_2）流出（图5.2.8中以⊙表示）；电流为负值时，从线圈的末端流入，首端流出。在 $t=t_1$ 时刻，U相电流为正且为最大、V相和W相电流为负，根据右手定则，三相电流产生的合成磁场的方向如图5.2.8(a)所示，对定子铁芯内表面而言，图中右边相当于N极，左边相当于S极，即为一对磁极；在 $t=t_2$ 时刻，V相电流为正且为最大、U相和W相电流为负，根据右手定则，三相电流产生的合成磁场的方向如图 5.2.8(b)所示;同样,可以画出在 $t=t_3$、$t=t_4$ 时刻合成磁场的方向如图 5.2.8(c)、图 5.2.8(d)所示。

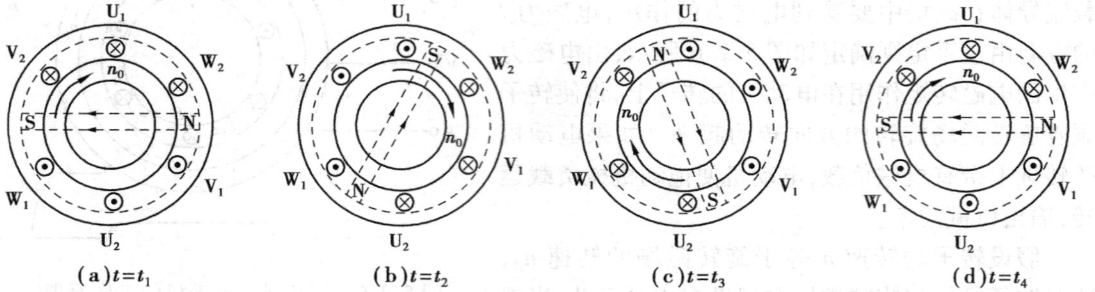

图 5.2.8　两极旋转磁场示意图

从图 5.2.8 可以看出,三相对称交流电流流过三相对称绕组所建立的合成磁场不是静止的,而是旋转的,所以称为旋转磁场。

②磁场的旋转方向

由图 5.2.8 还可以看出,当三相电流按相序 U→V→W 依次通入三相定子绕组时,合成磁场的旋转方向是顺时针方向。若改变电源相序,按 U—W—V 依次通入三相绕组,旋转磁场的方向将反向。所以要改变异步电动机的转动方向只需改变异步电动机三相电源的相序。

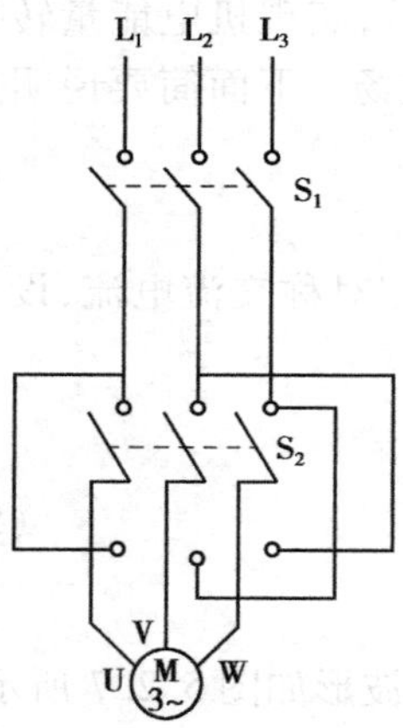

图 5.2.9　异步电动机反转控制原理

图 5.2.9 是电动机正、反转控制原理图。当控制开关 S_2 向上接通时,通入电动机定子绕组的三相电源相序是 U—V—W,则电动机正向(顺时针)转动;当控制开关 S_2 向下接通时,通入电动机定子绕组的三相电源相序是 U—W—V,则电动机反方向(逆时针)转动。

③旋转磁场的磁极对数 p

三相异步电动机的极数就是旋转磁场的极数。当三相异步电动机的每相定子绕组只有一个线圈时,所产生的合成磁场的极数为 2(一个 N 极、一个 S 极),即磁极对数 $p=1$,如图5.2.8所示。如果每相定子绕组由两个线圈串联组成,而且每个线圈的跨距为$\frac{1}{4}$圆周,或者每相绕组的始端在空间彼此相隔 60°。用上述同样的方法,可以决定三相电流所建立的合成磁场仍为一个旋转磁场,但合成旋转磁场由二个 N 磁极和二个 S 磁极组成,极数变为 4,即磁极对数 $p=2$。如图 5.2.10 所示。所以说,改变三相定子绕组的连接方式就可以改变三相异步电动机的极数。

④旋转磁场的转速——同步转速 n_0

由图 5.2.8 可看出,对于两极电机即旋转磁场的磁极对数 $p=1$,当电流变化一周(电角度 360°)时,旋转磁场在空间正好转动一圈(空间角度为 360°)。如果电流每秒变化 f_1 周,则旋转磁场就转动 f_1 圈。我国国家标准规定工业交流电的频率为 50 Hz(即每秒 50 周),则两极电机旋转磁场的转速(同步转速)$n_0=f_1=50$(转/秒)或 $n_0=50\times60=3\ 000$ 转/分。对于四极电机即磁极对数 $p=2$,当电流变化一周(电角度为 360°)时,旋转磁场在空间仅转动半圈(空

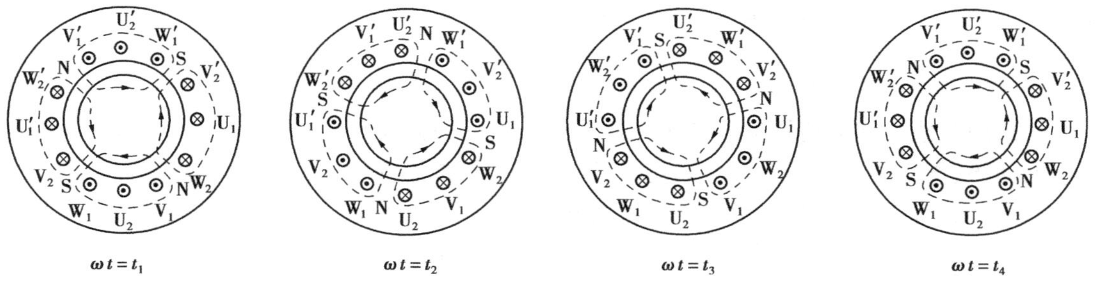

图5.2.10　四极旋转磁场示意图

间角度为180°)，如图5.2.10所示。可以证明，旋转磁场的磁极对数 p 与旋转磁场的转速即同步转速有如下关系：

$$n_0 = \frac{60f_1}{p} \tag{5.2.3}$$

所以，同步转速不仅与电流频率有关还与旋转磁场的磁极对数有关，而磁极对数 p 又与三相定子绕组的安排有关。如果电机的极对数和电源频率不变，则同步转速 n_0 为一个常数。由式(5.2.3)可得，接在工频电源上不同极数的异步电动机的同步转速 n_0，见表5.2.1。

表5.2.1

p	1	2	3	4	5	6
$n_0/(\mathrm{r \cdot min^{-1}})$	3 000	1 500	1 000	750	600	500

例5.2.1　三相异步电动机的磁极对数 $p=2$，转差率 $s=5\%$，电源频率 $f_1=50$ Hz。试求电动机的转速是多少？

解　由同步转速与磁极对数、频率的关系式(5.2.3)可得：

$$n_0 = \frac{60f_1}{p} = \frac{60\times 50}{2}\ \mathrm{r/min} = 1\ 500\ \mathrm{r/min}$$

由转差率公式(5.2.1)，可得：

$$n = (1-s)n_0 = (1-5\%)\times 1\ 500 = 1\ 425\ \mathrm{r/min}$$

2)三相异步电动机的三种运行状态

转差率 s 是异步电动机运行时的一个重要物理量。根据 s 的正负和大小可以判断异步电动机工作在电动状态、发电机状态还是电磁制动状态。

①电动运行状态

当异步电机转子的转向与旋转磁场的转向相同而且转速 n 小于同步转速 n_0 时，则 $0<s<1$。异步电动机工作在电动运行状态。此时定子从电网吸收电功率，转子从轴上输出机械功率，如图5.2.6所示。

②发电机运行状态

如果用另外一台原动机拖动异步电机，使其转速 n 高于同步转速 n_0 运行，即 $n>n_0$ 或 $s<0$。这时由于旋转磁场切割转子导体的方向相反，因此，转子导体中感应的电动势和电流以及产生作用在转子上的电磁转矩的方向也将反向。在这种情况下电磁转矩对原动机来说为制动转矩。原动机要保持转子继续转动，必须输入机械功率。于是异步电机的定子将由原来从

电网吸收电功率改为向电网输出电功率，此时异步电机运行在发电机状态，如图 5. 2. 11(a)所示。

③电磁制动运行状态

如果用其他机械拖动异步电机朝着旋转磁场相反的方向转动，即 $n<0$ 或 $s>1$。这时转子中电动势、电流的方向仍然与电动运行状态时一样，作用在转子上的电磁转矩的方向也与电动运行状态时一致，但与转子实际转动的方向相反。可见此时电机产生的电磁转矩与拖动机械加在电机转子上的转矩方向相反，因此，电磁转矩对拖动机械来说是制动转矩，异步电机这时处于电磁制动状态。在这种运行状态下，电机一方面吸收拖动机械的机械功率，另一方面又从电网吸收电功率，这两部分功率在电机内都以损耗的方式最终转化为热能消耗掉，如图 5. 2. 11(b)所示。

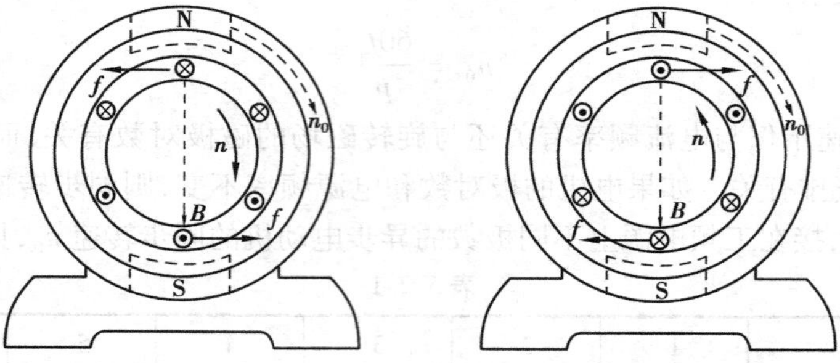

图 5. 2. 11　三相异步电动机的发电和电磁制动工作状态

3)功率平衡

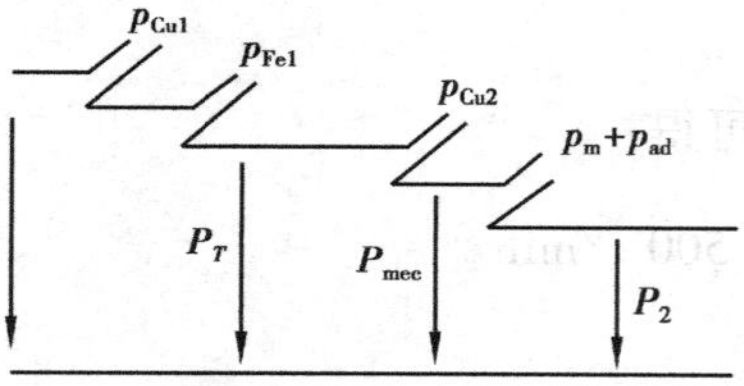

图 5. 2. 12　三相异步电动机的功率流图

图 5. 2. 12 所示为三相异步电动机的功率流图。P_1 为输入到异步电动机的电功率，其中一小部分作为定子绕组的铜损耗 p_{Cu1} 和电机的铁损耗 p_{Fe1}（主要是定子铁损耗，由于电机正常运行时，转子频率很低，转子铁损耗很小，可略去）消耗掉；其余大部分则通过气隙磁场，利用电磁感应作用传输到转子上，这部分功率称为电磁功率 P_T。

电磁功率除去转子绕组的铜损耗 p_{Cu2} 便是电动机产生的机械功率 P_{mec}，当电动机转动时还有机械损耗 p_m 和各种附加损耗 p_{ad}，从机械功率中减去机械损耗 p_m 和附加损耗 p_{ad} 才是电动机转轴上输出的机械功率 P_2。

可见，在异步电动机运行时，存在下列功率平衡：

$$\begin{cases} P_T = P_1 - p_{Cu1} - p_{Fe1} \\ P_{mec} = P_T - p_{Cu2} \\ P_2 = P_{mec} - (p_m + p_{ad}) \end{cases} \tag{5.2.4}$$

所以，电动机的效率为：

$$\eta = \frac{P_2}{P_1} \times 100\% \tag{5.2.5}$$

5.2.2　三相异步电动机的功率、转矩和机械特性

异步电动机的作用是把电能转换成机械能，在生产机械上反映出的物理量主要是转矩和转速。在选用电动机时，人们总是要求电动机的转矩和转速（称为机械特性）符合生产负载的需要，因此，电动机输出的转矩的大小受哪些因素的影响？如何计算电动机的转矩？转矩和转速的关系怎样？

(1)三相异步电动机的转矩平衡

当异步电动机带动负载运转时，其转子上作用着3个转矩：

电磁转矩 T：由转子电流和主磁通相互作用产生的电磁力所引起；

空载制动转矩 T_0：由电动机的机械损耗 p_m 和附加损耗 p_{ad} 引起；

负载制动转矩 T_2：是转子拖动的机械负载反作用在转子上的力矩。

异步电动机的转子在电磁转矩作用下以角速度 Ω 旋转，因此，转子获得的机械功率为：

$$P_{mec} = T\Omega \tag{5.2.6}$$

电磁转矩对电动机来说为驱动转矩，该转矩是在克服了空载制动转矩 T_0 和负载制动转矩 T_2 后驱动转子旋转的，所以在电动机稳定运行时，必有转矩平衡方程式：

$$T = T_2 + T_0 \tag{5.2.7}$$

将上式带入式(5.2.6)得：

$$P_{mec} = T\Omega = T_2\Omega + T_0\Omega \tag{5.2.8}$$

(2)三相异步电动机的电磁转矩

电动机所获得的总机械功率全部用于克服制动转矩消耗掉。其中克服空载制动转矩 T_0 所消耗的功率就是电动机消耗的机械损耗 p_m 和附加损耗 p_{ad}，克服负载制动转矩 T_2 所消耗的功率就是电动机转轴上输出的机械功率，则可表示为：

$$P_2 = T_2\Omega \tag{5.2.9}$$

由式(5.2.8)可得，异步电动机的电磁转矩为：$T = \dfrac{P_{mec}}{\Omega} = \dfrac{P_2 + p_m + p_{ad}}{\Omega}$

由于电动机的机械损耗 p_m 和附加损耗 p_{ad} 很小，可忽略 $p_m + p_{ad}$，所以可得：

$$T \approx \frac{P_2}{\frac{2\pi n}{60}} = 9\,550\frac{P_2}{n} \tag{5.2.10}$$

异步电动机的电磁转矩可由上式求得。式中，P_2 为异步电动机输出的机械功率，单位为千瓦(kW)；n 为电动机的转速，单位为转/分(r/min)。

异步电动机上总的电磁转矩为：

$$T = C_T\Phi_m I_2\cos\varphi_2 \tag{5.2.11}$$

式中，C_T 是与电动机的结构有关的常数称为电动机转矩常数，包含了电磁力定律中的 l 和力矩公式中的力臂。式(5.2.11)表明：三相异步电动机的电磁转矩是由气隙中的旋转磁场 Φ_m 与转子电流的有功分量 $I_2\cos\varphi_2$ 相互作用产生的，式中三项 T、Φ_m 和 $I_2\cos\varphi_2$ 符合左手定则。

如图5.2.13所示为三相异步电动机的电路示意图，图中定子的参数用下标“1”表示，转子的参数用下标“2”表示。N_1、N_2 分别为每相定、转子绕组的匝数；k_1、k_2 分别为定子、转子绕组的绕组系数，其值小于1，与每相绕组的实际分布情况和连接方式有关；f_1、f_2 分别为定子、

转子绕组中感应电动势和电流的频率，f_1 等于异步电动机电源的频率；$x_{1\sigma}=2\pi f_1 L_{1\sigma}$、$x_{2\sigma}=2\pi f_2 L_{2\sigma}$ 分别表示定子、转子绕组的漏电抗，$L_{1\sigma}$、$L_{2\sigma}$ 分别表示定、转子绕组的漏电感；r_1、r_2 分别为定子、转子绕组的电阻。

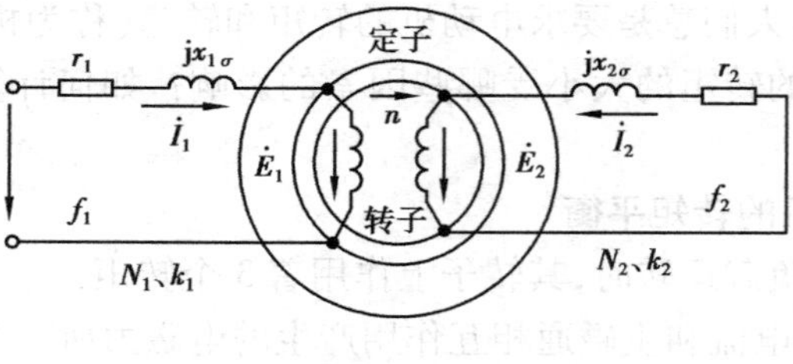

图 5.2.13　三相异步电动机电路示意图

每相定子电路的电动势平衡方程式：$\dot{U}_1=-\dot{E}_1+\dot{I}_1 Z_1=-\dot{E}_1+\dot{I}_1(r_1+jx_{1\sigma})$　(5.2.12)

每相转子电路的电动势平衡方程式：$\dot{E}_2=\dot{I}_2 Z_2=\dot{I}_2(r_2+jx_{2\sigma})$　(5.2.13)

当旋转磁场在电机的气隙中以同步转速 n_0 旋转时，它将切割定子、转子绕组，并在定子、转子绕组中感应电动势。电动机的定子、转子绕组类似于变压器的原、副边绕组，则每相绕组感应的电动势有效值分别为：

每相定子绕组感应电动势的有效值：　$E_1=4.44 f_1 N_1 k_1 \Phi_m$　(5.2.14)

每相转子绕组感应电动势的有效值：　$E_2=4.44 f_2 N_2 k_2 \Phi_m$　(5.2.15)

由于定子绕组的电阻和漏电抗很小，所以电动机的电源电压的大小可以近似为感应电动势的有效值。

$$U_1\approx E_1=4.44 f_1 N_1 k_1 \Phi_m \quad (5.2.16)$$

当转子以转速 n 转动时，旋转磁场与转子的相对速度 $n_2=n_0-n$，与定子的情况相同，转子绕组中感应电动势和电流的频率为：

$$f_2=\frac{n_2 p}{60}=\frac{n_0-n}{n_0}\cdot\frac{n_0 p}{60}=sf_1 \quad (5.2.17)$$

由式(5.2.17)知，当转子静止时即 $s=1$，旋转磁场与转子的相对速度就是同步转速，则 $f_2=f_1$；而电动机额定运行时由于 s 很小，所以转子的频率较低，约几赫[兹]。

式(5.2.15)可表示为：　$E_2=4.44 f_2 N_2 k_2 \Phi_m=4.44 sf_1 N_2 k_2 \Phi_m=sE_{20}$　(5.2.18)

而转子绕组的漏电抗也可表示为：　$x_{2\sigma}=2\pi f_2 L_{2\sigma}=2\pi sf_1 L_{2\sigma}=sx_{20}$　(5.2.19)

其中，E_{20} 和 x_{20} 分别为电动机静止不动时一相转子绕组中感应的电动势和漏电抗。所以转子的感应电动势和漏电抗的大小与转差率 s 成正比，电动机的转差越大，转子绕组感应的电动势和漏电抗也越大。

由式(5.2.13)可得出：转子每相电流的有效值：

$$I_2=\frac{E_2}{\sqrt{r_2^2+x_{2\sigma}^2}}=\frac{sE_{20}}{\sqrt{r_2^2+(sx_{20})^2}}=\frac{E_{20}}{\sqrt{\left(\frac{r_2}{s}\right)^2+x_{20}^2}} \quad (5.2.20)$$

由于转子电路呈感性，所以转子电流 $\dot{I}_2$ 滞后 $\dot{E}_2$，其电路的功率因数为：

$$\cos\varphi_2=\frac{r_2}{\sqrt{r_2^2+x_{2\sigma}^2}}=\frac{r_2}{\sqrt{r_2^2+(sx_{20})^2}} \quad (5.2.21)$$

由式(5.2.20)和式(5.2.21)可知,异步电动机转子的电流及功率因数都与转差率 s 有关,它们随转差率变化的关系曲线如图5.2.14所示。

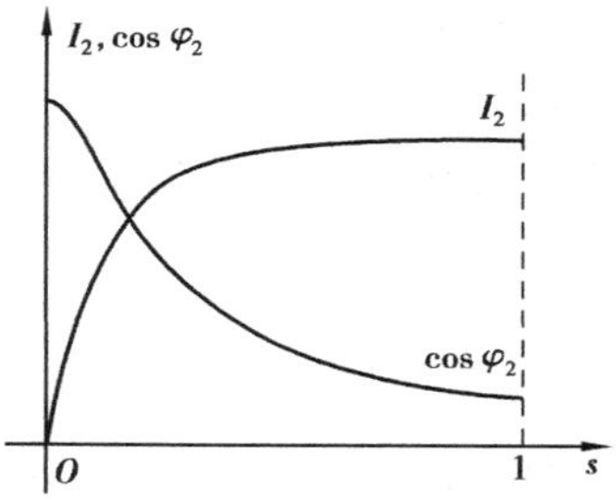

图5.2.14 转子电流及功率因数与转差率的关系曲线

当转差 $s=0$ 时,转子与旋转磁场没有相对运动,转子不会感应电动势,所以转子电流为0;随着转差 s 的增加,转子与旋转磁场相对运动增大,转子感应的电动势和转子电流也随之增加;在转子刚启动或转子被堵住不动时,由于转子的转速 $n=0$、$s=1$,转子与旋转磁场相对运动最大,转子感应的电动势和转子电流也最大。因此,在电机启动时,要采取限流措施,更要避免在电机运行时发生堵转现象,否则会由于电流过大,使电机温升增加,损坏电机绝缘,使电机烧坏。

转差较小时,转子频率 f_2 较低,则转子电路的漏抗 $x_{2\sigma}=sx_{20}$ 较小,所以转子电路的功率因数较大;随着转差的增加,转子频率 f_2 升高,则转子漏抗也增加,转子电路的功率因数将降低。在电动机刚启动时转差 $s=1$ 最大,功率因数也最小。这就是为什么在电动机启动时,虽然转子电流较大,但启动时转矩并不大的原因。

如将式(5.2.20)、式(5.2.21)和式(5.2.16)带入电磁转矩式(5.2.11),可得电磁转矩的另一个表达式:

$$T = K\frac{sr_2E_1^2}{r_2^2+(x_{2\sigma})^2} \approx K\frac{sr_2U_1^2}{r_2^2+(sx_{20})^2} \tag{5.2.22}$$

其中,K 为一常数。由式(5.2.22)可得出一个重要的结论:当电源频率和电动机参数不变时,三相异步电动机的电磁转矩不仅与电动机的转差率 s 有关,还与每相定子电压 U_1 的平方成正比。

(3)三相异步电动机的机械特性

异步电动机的机械特性是描述电力拖动系统(由异步电动机和生产机械所组成)的各种运行状态的有效工具。和直流电动机一样,异步电动机的机械特性也是指当电动机的电源电压和频率不变时,电动机转速 n 与电磁转矩 T 之间的关系,即 $n=f(T)$ 或 $s=f(T)$。

由式(5.2.22)可得异步电动机的机械特性曲线,如图5.2.15所示,其中 DC 段称为机械特性的线性段。为了了解异步电动机的运行性能,下面将着重研究机械特性曲线上反映电动机工作特性的几个特殊点,如图5.2.16所示。

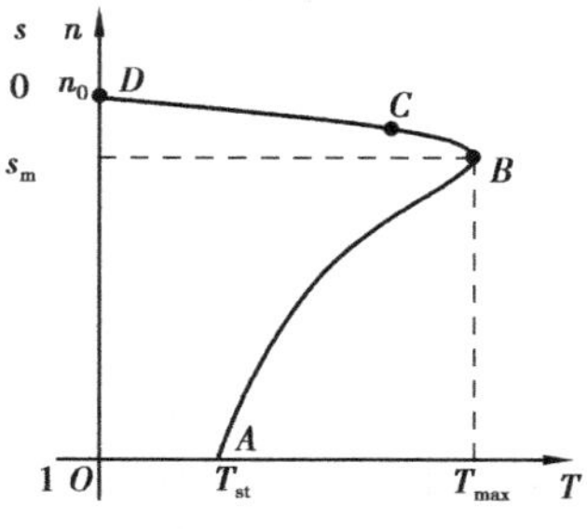

图5.2.15 异步电动机的机械特性曲线

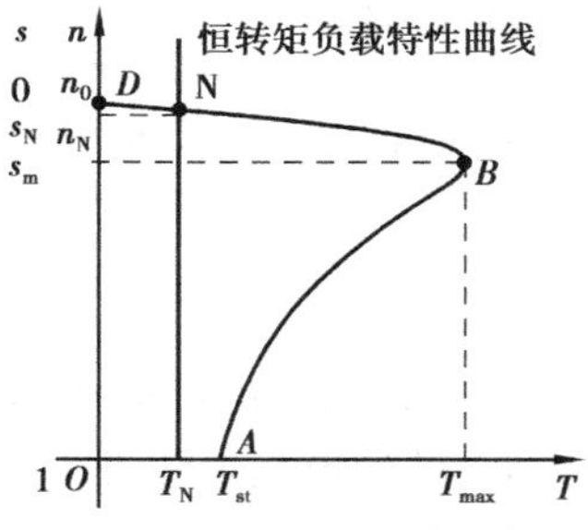

图5.2.16 异步电动机的机械特性曲线

1）额定工作点 N 和额定转矩 T_N、额定转速 n_N

额定工作点是异步电动机制造厂家所规定的额定情况运行下，转轴输出额定功率时的转矩 T_N 和转速 n_N。额定转矩可由式（5.2.10）根据电动机输出的额定功率和额定转矩应用公式计算得出：

$$T_N = 9\ 550\frac{P_N}{n_N} \tag{5.2.23}$$

例 5.2.2 有两台功率都为 $P_N = 7.5$ kW 的三相异步电动机，一台 $U_N = 380$ V、$n_N = 962$ r/min，另一台 $U_N = 380$ V、$n_N = 1\ 450$ r/min，求两台电动机的额定转矩。

解 第一台：$T_N = 9\ 550\frac{P_N}{n_N} = 9\ 550 \times \frac{7.5}{962}\text{N}\cdot\text{m} = 74.45\ \text{N}\cdot\text{m}$

第二台：$T_N = 9\ 550\frac{P_N}{n_N} = 9\ 550 \times \frac{7.5}{1\ 450}\text{N}\cdot\text{m} = 49.4\ \text{N}\cdot\text{m}$

2）启动点 A 和最初启动转矩 T_{st}

启动点 A 是指电动机已投入电网，但尚未开始转动（$n = 0$ 或 $s = 1$）时的工作状态。此时电动机产生的电磁转矩称为最初启动转矩 T_{st}（又习惯称为启动转矩），它是表征电动机运行性能的重要指标之一。如果 T_{st} 太小，在一定负载下电动机可能不能启动起来，因而不能满足生产机械的要求。

将 $n = 0$ 或 $s = 1$ 带入式（5.2.22）中，即可求得最初启动转矩：

$$T_{st} = K\frac{r_2 U_1^2}{r_2^2 + (x_{20})^2} \tag{5.2.24}$$

可见，当电源频率和电动机参数不变时，最初启动转矩 T_{st} 与电源电压 U_1 的平方成正比，因此，电网电压的下降，将对异步电动机拖动装置的启动性能产生严重影响。

通常用额定转矩 T_N 的倍数来表示最初启动转矩。比值$\frac{T_{st}}{T_N}$称为启动转矩倍数。一般鼠笼异步电动机的启动转矩倍数为 1.0～2.0。

3）临界点 B 和最大转矩 T_{max}

电动机运行在临界点 B 时，所产生的电磁转矩为最大转矩 T_{max}，这是电动机所能提供的极限转矩。T_{max} 越大，电动机短时过载能力越强，所以最大转矩 T_{max} 也是表征电动机运行性能的重要指标之一。

在机械特性曲线上，最大转矩 T_{max} 对应的转差率为 s_m 称为临界转差率，可由式（5.2.22）求$\frac{\mathrm{d}T}{\mathrm{d}s} = 0$，得 $s_m = \frac{r_2}{x_{20}}$再代入式（5.2.22）可得最大转矩为：

$$T_{max} = K\frac{U_1^2}{2x_{20}^2} \tag{5.2.25}$$

式（5.2.25）表明，当电源频率和电动机参数为常数时，最大转矩 T_{max} 与电源电压 U_1 的平方成正比，因此，即使电网电压发生较小的变化，也会使异步电动机所产生的最大电磁转矩发生较大的变化。如果电源电压下降过多，以致最大转矩小于负载转矩，则电力拖动系统将发生停车事故，也称为堵转。

最大转矩对电动机来说具有重大意义。当电动机运行时，若负载短时突然增大，随后又恢复正常负载,在这期间只要总的制动转矩(负载转矩与空载制动转矩的总和)不超过最大转矩,电动机仍能稳定运行。但若总的制动转矩大于最大转矩,则电力拖动系统将停车。因此,把最大转矩与额定转矩的比值称为电动机的过载能力,用 $\lambda = \frac{T_{\max}}{T_N}$ 表示。一般异步电动机的过载能力 $\lambda = 1.8 \sim 2.5$。

(4)异步电动机的稳定运行

当电动机的转轴直接拖动生产机械工作时,生产机械就成为电动机的负载,这时电动机与被拖动的生产机械就组成了电力拖动系统,而且电动机的转速也就是生产机械的转速。所谓稳定运行的概念:就是如果电力拖动系统原来处于一种平衡运转状态,由于受到外界扰动离开原来的平衡状态,仍能在新的条件下达到新的平衡状态;或者在扰动消失后,能够恢复到原来的平衡状态。

如图5.2.17所示,如果电动机的最初启动转矩 T_{st} 大于负载转矩 T_L,则电动机将拖动负载开始转动,并加速运行到 A 点,此时电动机产生的电磁转矩 $T_A = T_L$,电动机在 A 点稳定运行。如负载或转速出现波动,设负载增加到 T_C,此时电磁转矩小于负载转矩,电动机将减速,而在机械特性的线性段随着转速的降低电动机产生的电磁转矩将增大,直至 C 点与负载转矩再一次达到平衡,电动机又将在新的速度下稳定运行;如果在负载不变的情况下,由于外界扰动使电动机转速短暂降低,则在机械特性的线性段随着转速的降低电动机产生的电磁转矩将增加,因此,电动机产生的电磁转矩将会大于负载转矩,电动机的速度又将上升,直至电动机产生的电磁转矩减小到等于负载转矩,电动机又重新稳定在原来的工作点上运行。所以工程上又称机械特性的线性段为稳定运行区。

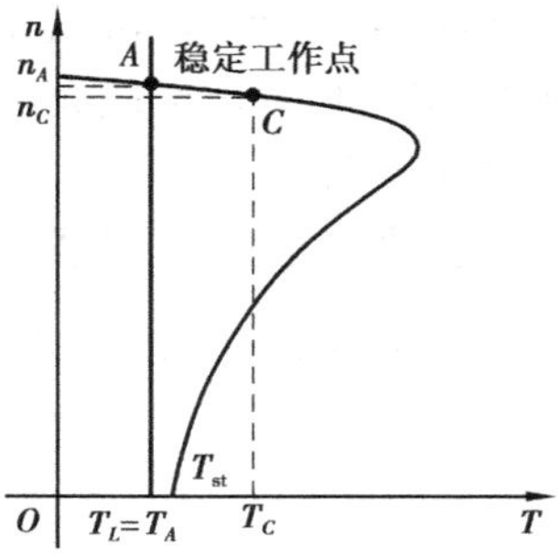

图5.2.17　三相异步电动机稳定工作点

5.2.3　三相异步电动机的启动与制动方法

(1)三相异步电动机的启动

当异步电动机接在三相对称电源上,如果最初启动转矩大于负载转矩时,电动机就从静止状态过渡到稳定运行状态。这个过程叫做异步电动机的启动。

刚启动时,由于电动机转速 $n=0$,旋转磁场是以较高的转速切割转子导体,在短路的转子绕组中将感应很大的电动势和转子电流,同时也将引起与之平衡的定子电流跟着急剧增加。异步电动机刚启动($n=0, s=1$)时,三相异步电动机定子线电流称为异步电动机的最初启动电流 I_{st}(又习惯称为启动电流)。

若异步电动机在额定电压下启动,则最初启动电流约为额定电流的 4 ~ 7 倍。最初启动电流大,一方面会在线路上产生较大的线路压降,使得电源电压在启动电机时下降。尤其是当电源容量较小时启动电机,会使电压降得更多。这就有可能影响同一电源上其他用电设备的正常运行。另一方面,较大的最初启动电流在线路和电机中产生的损耗大,引起发热。特别是机组转动惯量 J 较大时,启动较慢,启动过程产生的损耗增大,使电机过热,温度上升,严重时可能烧坏电机。所以对异步电动机启动性能的要求主要是:

①有足够大的最初启动转矩；

②尽可能小的最初启动电流；

③启动过程中的功率损耗应尽可能减少；

④启动的操作方便，启动设备要简单、经济。

(2)三相异步电动机的启动方法

1)直接启动

直接启动是利用电器设备将电动机直接接到额定电压上的启动方式，又称全压启动。由于最初启动电流比额定电流大4~7倍。这样大的电流会使供电线路上产生过大的压降，不仅可能使电动机本身启动时转矩减小，还会影响接在同一电网上其他负载的正常工作。

在一般情况下，当电机容量小于10 kW或其容量不超过电源变压器容量的15%~20%时，最初启动电流不会影响同一供电线路上的其他用电设备的正常工作，可允许直接启动。

优点：简单、方便、经济、启动过程快，是一种适用于小容量电机的常用方法。

缺点：最初启动电流较大，使线路电压下降，影响邻近负载正常工作。

2)降压启动

降压启动的方法是通过降低电动机定子电压 U_1 来限制最初启动电流 I_{st}。但由于电动机的最初启动转矩 $T_{st} \propto U_1^2$，所以当电动机定子电压 U_1 降低为 $\frac{1}{k}$ 倍，最初启动转矩就会降低为 $\frac{1}{k^2}$ 倍。

①Y-D换接降压启动

如图5.2.18所示为异步电动机Y-D换接降压启动的接线图，首先合上开关QS接通电源，启动时先接通开关电器 KM_1 将定子绕组连接成星形，通电后电动机启动运转，当转速升高到接近额定转速时断开 KM_1，然后接通开关电器 KM_2 将三相定子绕组换接成三角形。

启动时由于定子绕组接成Y，因此，定子电压仅为相电压。设定子接成Y降压启动时的最初启动电流为 I_Y，由于Y连接时线电流等于相电流，所以 $I_Y = \frac{\frac{U_1}{\sqrt{3}}}{|Z_1|} = \frac{1}{\sqrt{3}} \frac{U_1}{|Z_1|}$，其中 U_1 为三相电源的线电压，Z_1 为每相定子绕组的阻抗。

如果电动机采用直接启动，即启动时定子绕组接成D，则定子电压为线电压。设定子接成D直接启动时的最初启动电流为 I_D，又由于D连接时线电流等于 $\sqrt{3}$ 倍的相电流，所以 $I_D = \sqrt{3}\frac{U_1}{|Z_1|}$，则

$$\frac{I_Y}{I_D} = \frac{1}{3} \tag{5.2.26}$$

即表明：Y-D换接降压启动时，最初启动电流仅为直接启动时的 $\frac{1}{3}$。

适用范围：正常运行时定子绕组是三角形(D)连接电动机。

优点：启动电流为全压启动时的 $\frac{1}{3}$，启动设备比较简单、成本低、运行比较可靠和维修方便。

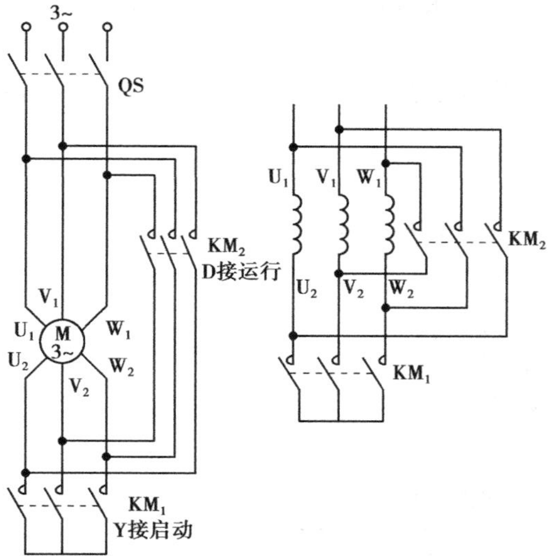

图 5. 2. 18　异步电动机降压启动 Y-D 换接启动

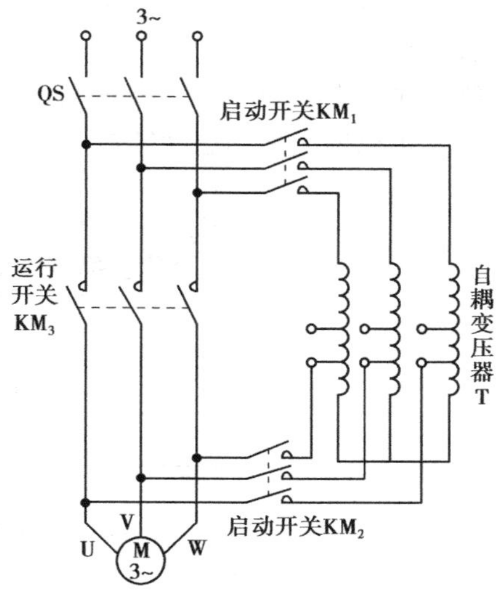

图 5. 2. 19　自耦降压启动

缺点:启动转矩为全压启动时的$\frac{1}{3}$。只适用于轻载或空载启动。

②自耦降压启动

接线图如图 5. 2. 19 所示。首先合上开关 QS 接通电源,启动时接通开关电器 KM_1 和 KM_2,利用三相自耦变压器降低电动机启动时的端电压,以达到减小最初启动电流的目的。待转速接近稳定值时,断开 KM_1 和 KM_2 再接通开关电器 KM_3,电动机直接接在电网上全压运行。

设自耦变压器的变比为 k,则经过自耦变压器降压后加在电动机定子绕组上的电压为 $\frac{U_N}{k}$。于是,流入电动机的最初启动电流为:$I_{st2}=\frac{\frac{U_N}{k}}{|Z_1|}=\frac{1}{k}\frac{U_N}{|Z_1|}$,其中$\frac{U_N}{|Z_1|}=I_{st}$为直接启动时的最初启动电流,也是电网供给电动机的电流。而自耦降压启动时,电网供给电动机的电流应是变压器原边电流 I_{st1}。

$$I_{st1}=\frac{I_{st2}}{k}=\frac{1}{k^2}\frac{U_N}{|Z_1|}=\frac{1}{k^2}I_{st} \qquad (5.2.27)$$

即自耦降压启动时的最初启动电流仅为直接启动时的$\frac{1}{k^2}$。

优点:使用时可根据允许的最初启动电流和负载所需要的最初启动转矩选配自耦变压器的变比 k。

缺点:同样要降低最初启动转矩,仍是直接启动转矩的$\frac{1}{k^2}$,且线路比较复杂,使用的大型电器开关较多,而且自耦变压器的体积大、价格高、维修麻烦,不允许频繁启动。

3)绕线式异步电动机

对鼠笼式异步电动机,无论采用哪一种降压启动方法来减小最初启动电流,电动机的最初启动转矩也都会随之减小。而有些生产机械(如起重机、皮带运输机等)总是在重载下启动的，它们不仅要求限制最初启动电流的大小，而且也要求有足够大的最初启动转矩带动较重的负载启动。

绕线式异步电动机采用转子绕组串入附加电阻的方法来启动电机，既可以降低最初启动电流 I_{st} 又可以增大最初启动转矩 T_{st}。

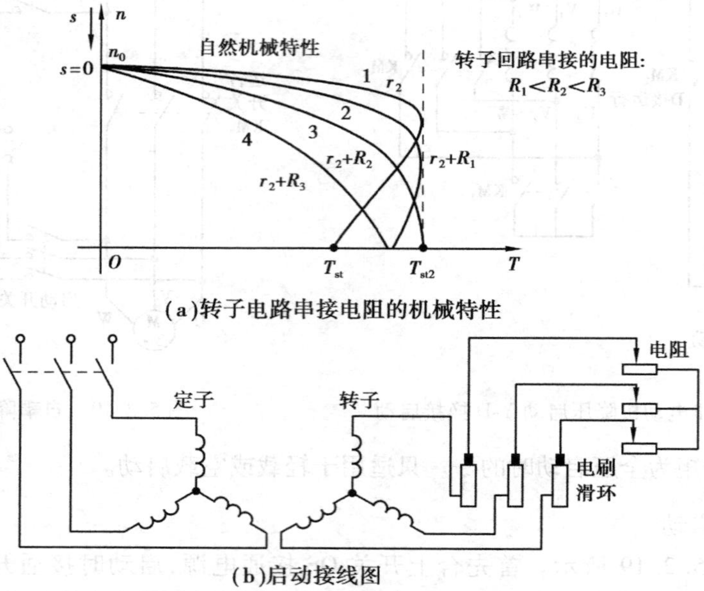

图 5.2.20 绕线式异步电动机的启动

由转子电流公式(5.2.20)可知，只要增加转子电阻，就可以减小转子电流，因此，只要在转子回路中串接电阻，就可以限制电动机启动时转子电流从而也可以限制最初启动电流。根据式(5.2.3)、式(5.2.25)可知，同步转速 n_0 和最大转矩 T_{max} 不随转子电阻的改变而变化，但临界转差率 $s_m=\dfrac{r_2}{x_{20}}$ 随着转子电阻的增加而增大。因此，在绕线式异步电动机转子回路中串入不同的电阻，可以得到不同的机械特性曲线，如图 5.2.20(a)所示。随着转子回路所串接的电阻值的增加，最初启动转矩也在增大，当所串接电阻增大到 R_2 时，即让 $s_m=1$，此时最初启动转矩即为最大转矩(如图 5.2.20(a)中的第 3 条机械特性曲线 $T_{st2}=T_{max}$)。但如果再增加转子电阻又会使最初启动转矩减小，如图 5.2.20(a)中的 $T_{st3}<T_{max}$。所以电动机启动时，只要在转子回路中串接一个合适的电阻就可以使电动机获得最大的最初启动转矩。但由于转子回路串接电阻后会使机械特性变软，所以在电动机启动时转子串入启动电阻，使 $s_m=1$，电动机获得最大的最初启动转矩；当电机转动起来后，为了加快启动过程缩短启动时间，要将串入的电阻切除，接线图如图 5.2.20(b)所示。

例 5.2.3 一台鼠笼式异步电动机，额定电压 $U_N=380V$，额定电流 $I_N=20.1\ A$，额定转矩 $T_N=65.5\ N\cdot m$ 启动转矩倍数为 $\dfrac{T_{st}}{T_N}=2.05$。试问：为使最初启动转矩不小于额定转矩的 0.8 倍，若用自耦变压器降压启动，设自耦变压器配有 73%、64%、55% 三挡抽头，应选哪一挡？

解 为使最初启动转矩不小于额定转矩的 0.8 倍，即 $\dfrac{T'_{st}}{T_N}\geqslant 0.8$。

因为 $\dfrac{T_{st}}{T_N}=2.05$，　则有：$\dfrac{T'_{st}}{T_{st}}\geqslant\dfrac{0.8}{2.05}$

由于电动机的最初启动转矩 $T_{st}\propto U_1^2$，所以，启动时应使电压降低到 $U_2\geqslant\sqrt{\dfrac{0.8}{2.05}}U_1$

则有：　$\dfrac{U_2}{U_1}\geqslant\sqrt{\dfrac{0.8}{2.05}}=0.625$　（注意：为变压器变比的倒数）

因此，为使最初启动转矩不小于额定转矩的 0.8 倍，且兼顾尽量减小最初启动电流，应选自耦变压器 64% 一挡。

(3)三相异步电动机的制动

三相异步电动机从切断电源到安全停止旋转，由于惯性总要经过一段时间，这样就使得非生产时间拖长，影响了劳动生产率，不能适应某些生产机械的工艺要求。如万能铣床、卧式镗床、组合机床等，都要求能准确定位和迅速停车。对电动机采取措施强迫其迅速停车就叫“制动”。在电力拖动中也经常需要电动机处于制动运行状态，如为了运行的安全要求电力机车在下坡时和起重机下放重物减速运行。因此，在实际生产中，为了保证工作设备的可靠性和人身安全，为了实现快速、准确停车，缩短辅助时间，提高生产机械效率，要求对电动机实现制动控制。

制动实际上就是要求电动机产生的电磁转矩和转子的旋转方向相反。下面介绍异步电动机的 3 种制动方法。

1)反接制动

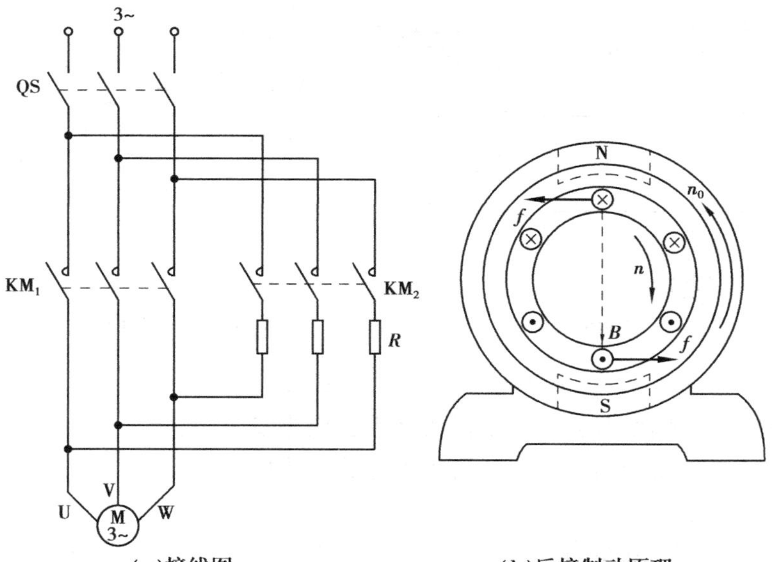

图 5.2.21　三相异步电动机的反接制动

如图 5.2.21(a)所示，接通开关 QS 和开关电器 KM_1 时电动机正转运行，如果要对电动机进行制动，就先断开开关电器 KM_1 再接通 KM_2，将三相电源中的任意两相对调，由于改变了异步电动机定子绕组上三相电源的相序，使定子绕组产生反向旋转的磁场，此时在惯性的作用下电动机仍然按原来的转向转动，如图 5.2.21(b)所示，电动机产生的电磁转矩方向与电机转动的方向相反,成为制动转矩。电动机开始减速。当转子转速接近于零时,迅速断开开关电器 KM_2 切除电源,电机停转。显然,反接制动时,转子与旋转磁场的相对转速很大,因此,制动电流大,为减小制动电流,通常要求在电动机定子电路中串接一定的电阻(称为反接制动电阻)。由于反接制动对设备冲击也大,通常仅用于 10 kW 以下的小容量电动机。

注意:当电动机转速接近零时,要及时断开电源以防止电动机反转。

2)能耗制动

如图 5. 2. 22(a)所示,接通开关 QS 和开关电器 KM_1 时电动机正转运行。如果要对电动机进行制动,就断开开关电器 KM_1,即切断电动机定子绕组的三相交流电源,再迅速接通开关电器 KM_2,接通直流电源(直流电源是通过变压器 T 和整流器 VC 整流后得到的)。电动机转子由于惯性作用继续旋转,与直流电产生的恒定磁场相互作用,所产生的电磁转矩方向与电动机转子转动方向相反,如图 5. 2. 22(b)所示,起到制动作用。这时电动机进入制动运行状态,转速迅速下降。当转速降低到零时,断开开关电器 KM_2 切除直流电源,电力拖动系统将停止不动,能耗制动常用于需要准确停车的场合。

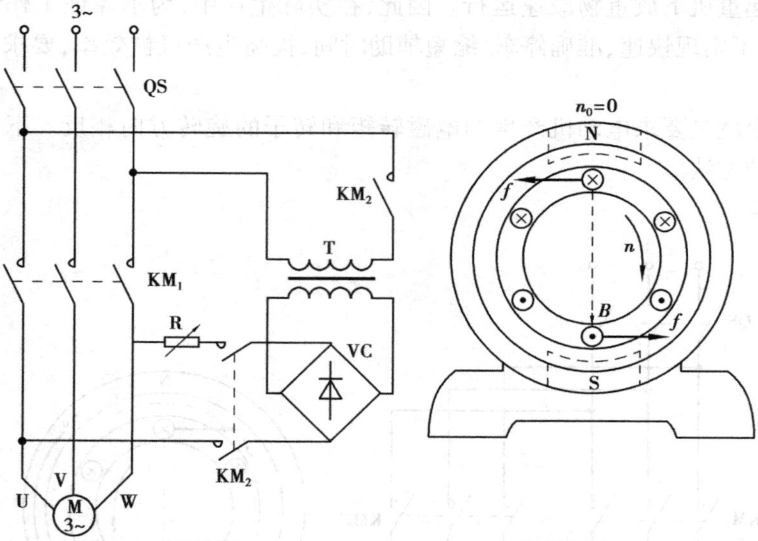

(a)接线图　　(b)能耗制动原理

图 5. 2. 22　异步电动机的能耗制动

异步电动机进入能耗制动后,电动机实际上已成为发电机,转子电路中的电阻就是它的负载,它将转轴上的机械能转换成电能消耗在转子电阻上。

3)发电回馈制动

如吊车下放重物时,在重力作用下使拖动系统加速,当电动机的转速超过旋转磁场的转速时,这时由于旋转磁场切割转子导体的方向相反,电动机转子感应电动势和电流的方向也将反向,电机产生的电磁转矩也随之反向。由于电动机在重物的拖动下仍然按原来的方向转动,所以电磁转矩的方向与转子的运动方向相反,起到制动作用成为制动转矩,从而限制了转子的转速。在这种情况下,重物将储存的位能释放出来,由电机转换成电能回馈给电网,实际上这时电动机已经转入发电机运行,所以这种制动称为发电回馈制动,也就是图 5. 2. 11(a)所示的三相异步电动机的发电机运行状态。

5.2.4　三相异步电动机的调速

由式(5.2.1)、式(5.2.3)可得出异步电动机的转速公式：

$$n = \frac{60f_1}{p}(1 - s) = n_0(1 - s) \tag{5.2.28}$$

可见，异步电动机的转速与电动机的极对数 p、电源频率 f_1 及电动机的转差率 s 有关，只要改变这些参数就可以改变电动机的转速。所以异步电动机的调速方法有 3 种：改变转差率 s 调速的方法，改变磁极对数 p 的变极调速和改变供电电源频率 f_1 的变频调速。

下面简要介绍异步电动机的几种调速方法：

(1)改变转差率 s

改变转差率 s 调速的方法包括：改变定子电压调速、转子串电阻调速（适用于绕线式电机）、串级调速（适用于绕线式电机）、电磁离合器调速。

其中，串极调速是在转子回路中采用转子整流器，将转差功率回馈到电网中，由于能量得到回收，所以这种调速方法属于高效率调速。

(2)变极调速

变极调速就是通过改变电动机的定子绕组的连接方式以改变电动机的磁极对数 p 来调速。属于高效调速方法，它所需设备简单，价格低廉，工作也比较可靠，但磁极对数只能是按 1、2、3、…、16 的规律变化，采用这种方法调速，电动机的转速不能连续、平滑地进行调节。所以为有级调速，且还需专门设计此种电机。

由于电机的定子、转子的磁极对数必须相同，定子和转子磁动势才能相互作用实现机电能量转换。因此，改变定子极数的同时必须相应地改变转子的极数。绕线式电动机要满足这一要求比较麻烦，而鼠笼异步电动机的转子极对数能自动跟随定子极对数变化，故变极调速多用于鼠笼式异步电动机的拖动系统，如镗床、铣床的传动系统。

(3)变频调速

变频调速是通过改变供电电源的频率 f_1，使同步转速 n_0 与 f_1 成正比变化，从而实现对电动机的平滑、宽范围和高精度的调速。它不仅能实现无级调速，而且根据负载的特性不同，通过适当调节电压与频率之间的关系，可使电动机始终运行在高效率区，并保证良好的动态性能。交流电动机采用变频启动更能显著改善交流电动机的启动性能，大幅度地降低电机启动时的最初启动电流，增加最初启动转矩，所以变频调速可十分理想地实现交流电动机的无级调速。

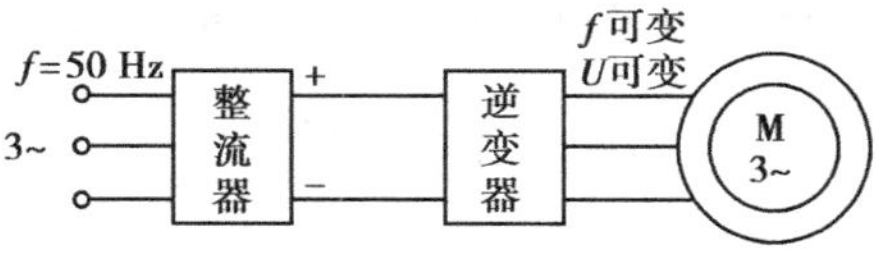

图 5.2.23　变频调速原理图

近年来变频技术发展很快，目前主要采用的变频装置如图 5.2.23 所示，它由整流器和逆变器组成。整流器先将 50 Hz 的交流电变换为直流电，再由逆变器变换为频率可调、电压有效值也可调的三相交流电或单相交流电，供给鼠笼式异步电动机。注意，在调节电源频率 f_1

的同时,加至电动机的电源电压 U_1 也要同时改变,使得$\frac{U_1}{f_1}\approx$常数,从而保持电机内部磁通 Φ_m 基本不变。

5.2.5　三相异步电动机的铭牌数据

图 5.2.24 所示为三相异步电动机的额定铭牌数据示意图。

三相异步电动机		
型　号 Y160M-4	功　率 11.2 kW	频　率 50 Hz
电　压 380 V	电　流 23 A	接　法 △
转　速 1 460 r/min	功率因数 0.84	效　率 88%
绝缘等级 B	工作方式 连续	标准编号 GB 755-87
年　月　日	编号	××电机厂

图 5.2.24　三相异步电动机铭牌示意图

型号:

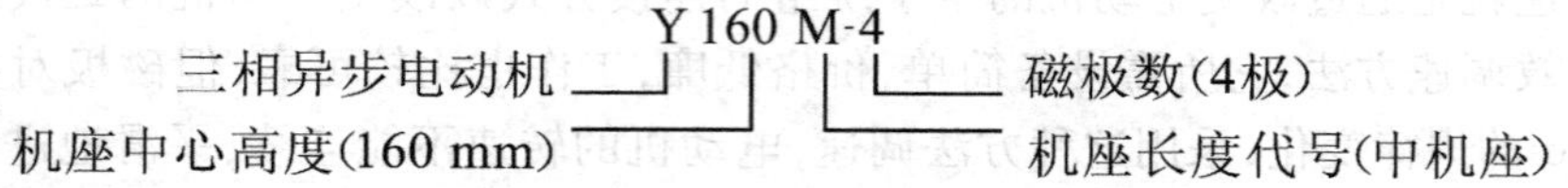

功率:电动机在铭牌规定条件下正常工作时转轴上输出的机械功率,称为额定功率或容量 P_N。单位为千瓦(kW)。

电压:电动机额定运行时,外加在定子绕组上的线电压 U_N。单位为伏(V)。

电流:电动机在额定电压下,转轴有额定功率输出时,定子绕组的线电流。单位为安(A)。

频率:电动机所接交流电源的频率。单位为赫[兹](Hz)。

转速:电动机在额定电压和额定频率下,转轴有额定功率输出时,转子的额定转速。单位为转/分(r/min)。

接法:指三相定子绕组接成三角形 D(△)还是星形 Y。

功率因数:指电动机额定运行时,定子相电压与相电流相位差的余弦 $\cos\varphi_N$。通常电动机在额定负载运行时功率因数达到最大值;而在空载运行时,功率因数很低,为 0.1~0.2。

效率:指电机额定运行时,轴上输出机械功率 P_N 与定子输入电功率 P_{1N}的比值:

$$\eta_N = \frac{P_N}{P_{1N}} \times 100\% \tag{5.2.29}$$

其中 P_{1N}为定子输入的额定电功率:

$$P_{1N} = \sqrt{3}U_N I_N \cos\varphi_N \tag{5.2.30}$$

标准编号:表示电机制造厂在设计这台电动机时所依据的技术文件,"GB"为国家标准。

绝缘等级:指电机使用绝缘材料的等级,材料的等级与电动机的容许温升有关。绝缘等级常用的有 B、E、A 3 个等级。

电动机的绝缘如果损坏,运行中机壳就会带电。如果机壳带电而电动机又没有良好的接地装置，当操作人员接触到机壳时，就会发生触电事故。绝缘损坏还可造成电气短路烧坏电机。因此，电动机的安装、使用一定要有接地保护。

例 5.2.4　有一 Y225M-4 防护式鼠笼式异步电动机的技术数据如下：

额定功率 P_N/kW	额定电压 U_N/V	额定转速 $n_N/(\text{r}\cdot\text{min}^{-1})$	额定效率 η_N/%	$\cos\varphi_N$	I_{st}/I_N	T_{st}/T_N	T_{max}/T_N	接法
45	380	1 480	86	0.88	7.0	1.9	2.2	D

试求：(1) 额定电流 I_N、额定转矩 T_N、最初启动转矩 T_{st}、最大转矩 T_{max}。

(2) 负载转矩 $T_L = T_N$ 时，电源电压为 U_N 和 $0.9U_N$ 两种情况下，电动机能否启动？

(3) 采用 Y-D 降压启动，求最初启动电流 I_{st}、最初启动转矩 T_{st}。

(4) 当 $T_L = T_N$ 和 $T_L = 0.5T_N$ 时，能否采用 Y-D 降压启动？

解　(1) 额定电流：$I_N = \dfrac{P_N}{\sqrt{3}U_N\cos\varphi_N\eta_N} = \dfrac{45\times10^3}{\sqrt{3}\times380\times0.88\times0.86}\text{A} = 90.3\ \text{A}$

额定转矩：$T_N = 9\ 550\dfrac{P_N}{n_N} = 9\ 550\times\dfrac{45}{1\ 480}\text{N}\cdot\text{m} = 290.4\ \text{N}\cdot\text{m}$

最初启动转矩：$T_{st} = 1.9T_N = 1.9\times290.4\ \text{N}\cdot\text{m} = 551.8\ \text{N}\cdot\text{m}$

最大转矩：$T_{max} = 2.2T_N = 2.2\times290.4\ \text{N}\cdot\text{m} = 638.9\ \text{N}\cdot\text{m}$

(2) 当 $U_1 = U_N$ 时，$T_{st} > T_N$，能启动；

当 $U_1 = 0.9U_N$ 时，$T'_{st} = 0.9^2T_{st} = 0.81\times551.8\ \text{N}\cdot\text{m} \approx 446.96\ \text{N}\cdot\text{m}$

由于 $T'_{st} > T_N$，所以当 $U_1 = 0.9U_N$ 时仍能启动。

(3) 直接启动时，最初启动电流：$I_{st} = 7I_N = 7\times90.3\ \text{A} = 632.1\ \text{A}$

采用 Y-△(D)降压启动，最初启动电流：$I_{stY} = \dfrac{1}{3}I_{st} = \dfrac{1}{3}\times632.1\ \text{A} = 210.7\ \text{A}$

最初启动转矩：$T_{stY} = \dfrac{1}{3}T_{st} = \dfrac{1}{3}\times551.8\ \text{N}\cdot\text{m} \approx 183.93\ \text{N}\cdot\text{m}$

(4) 当 $T_L = T_N$ 时，$T_{stY} < T_L$，所以不能采用 Y-D 降压启动；

当 $T_L = 0.5T_N$ 时，$T_L = 0.5\times290.4\ \text{N}\cdot\text{m} = 145.2\ \text{N}\cdot\text{m} < T_{stY}$，所以能采用 Y-D 降压启动。

练习与思考

5.2.1　异步电动机为什么又称感应电动机？

5.2.2　三相异步电动机在拖动混泥土搅拌机工作，搅拌 500 kg 水泥和 300 kg 水泥时，如果供电电压不变，电动机的转速和电流有何变化？

5.2.3　三相异步电动机正常运行时，为什么不将工作点设置在机械特性曲线的临界点处？

5.2.4　三相异步电动机在满载运行时，若电源电压突然降低，三相异步电动机的转速和三相电流将如何变化？

5.2.5　一台三相鼠笼式异步电动机铭牌标明："额定电压 380/220 V，接法 Y/D"当电源电压为 380 V 时，应采用哪种降压启动方法？

*5.3 单相异步电动机

采用单相交流电源供电的异步电动机称为单相异步电动机。这种电动机广泛应用于电动工具、家用电器、医用机械和自动控制系统中。容量从几瓦到几百瓦。单相异步电动机有电容式和罩极式两种类型。与罩极式电动机相比,电容式单相电动机具有性能好、节能等优点,得到广泛的应用。所以本节主要讨论电容式单相电动机。

5.3.1 单相电容式异步电动机的结构与工作原理

单相异步电动机的基本原理是建立在三相异步电动机的基础上,但在结构和特性方面有着它自身的特殊性。

(1) 基本结构

与三相异步电动机一样,单相异步电动机也是由定子和转子两部分组成,如图 5.3.1 所示。定子铁芯的槽内嵌有两相绕组:一个为主绕组也称工作绕组;一个是副绕组也称启动绕组。转子一般为鼠笼式。

工作绕组在整个运行过程中一直接在电源上,而启动绕组只在电动机启动时通过电容器接入电源。这种电机称为单相电容启动异步电动机;还有一种是单相电容运转电动机,启动后它的副绕组仍然通过电容器接在电源上。洗衣机一般均采用单相电容运转电动机。空气压缩机、制冷压缩机、磨粉机和医疗器械等采用单相电容启动电动机。

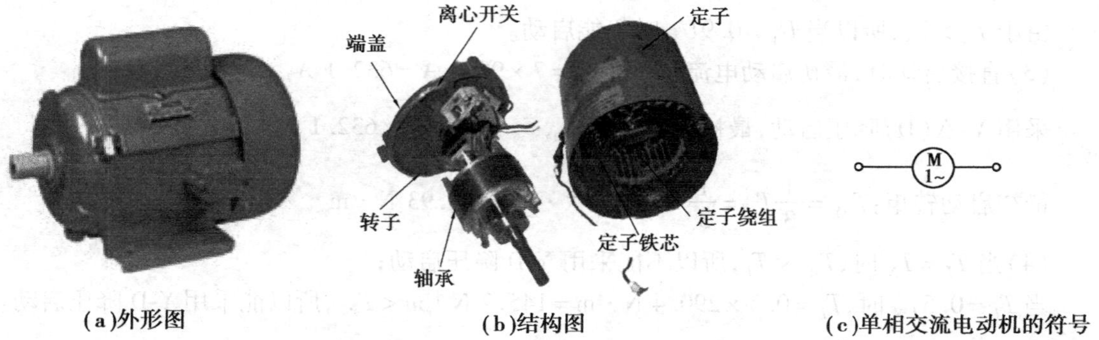

图 5.3.1 单相电容启动异步电动机

(2) 单相异步电动机的工作原理

单相异步电动机的定子绕组通入单相交流电,电动机内产生一个大小及方向随时间沿定子绕组轴线方向变化的磁场,称为脉动磁场。产生脉动磁场的磁动势的大小和方向随时间按正弦规律变化,如图 5.3.2 所示。磁动势方向每半个周期仅变化一次,但磁动势的最大值在空间的位置固定不动。

脉动磁场 $\dot{\Phi}$ 可以分解为两个大小相同、转速相等(设转速为 n_0)、方向相反的旋转磁场 $\dot{\Phi}_+$、$\dot{\Phi}_-$,如图 5.3.3 所示。由于两个旋转磁场切割转子的速率相同,因而在转子中感应电动势和电流也相同。顺时针方向转动的旋转磁场 $\dot{\Phi}_+$ 对转子产生顺时针方向的电磁转矩 T_+;逆时针方向转动的旋转磁场 $\dot{\Phi}_-$ 对转子产生逆时针方向的电磁转矩 T_-。由于在任何时刻这两个电磁转矩都大小相等、方向相反，所以电动机启动时合成转矩为零（如图 5.3.4 中 O 点），转子是不会转动的，也就是说单相异步电动机不能自行启动。

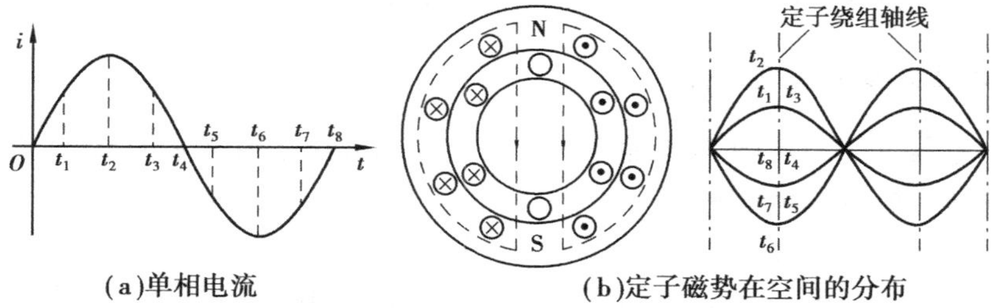

图 5.3.2　脉动磁场

当转子被外力带动沿某一方向旋转时，情况就不同了。这时两个旋转磁场的转向：一个与转子转向相同，另一个则相反。假设转子在外力作用下向顺时针方向转动，则转子与旋转磁场 $\dot{\Phi}_+$ 和 $\dot{\Phi}_-$ 的转差率分别为：

$$s_+ = \frac{n_0 - n}{n_0} = s < 1 \tag{5.3.1}$$

$$s_- = \frac{-n_0 - n}{-n_0} = \frac{2n_0 - (n_0 - n)}{n_0} = 2 - s > 1 \tag{5.3.2}$$

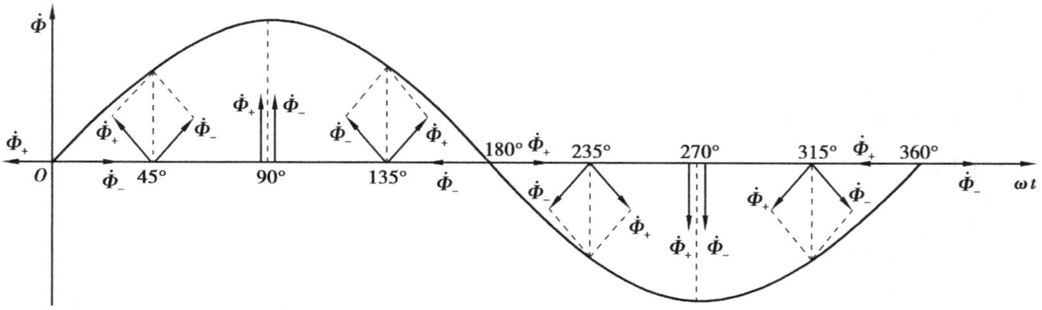

图 5.3.3　一个脉动磁场分解为两个旋转磁场

旋转磁场 $\dot{\Phi}_+$ 和 $\dot{\Phi}_-$ 在转子绕组中感应的电流频率分别为 f_+ 和 f_-，由于 $s_+ < s_-$，则 $f_+ < f_-$，故转子漏抗 $x_{2\sigma+} < x_{2\sigma-}$ 且转子电流的有功分量 $(I_2\cos\varphi_2)_+ > (I_2\cos\varphi_2)_-$。由转矩公式 $T = C_T\Phi_m I_2\cos\varphi_2$ 可得 $T_+ > T_-$，而且随着转速的上升转矩 T_+ 将增加，转矩 T_- 将减小。这时合成转矩不再为零，如图 5.3.4 所示。电动机在这个合成转矩的作用下，即使去掉外力单相异步电动机仍将沿着原来的运动方向继续运转，且总是顺着外力作用的方向旋转。

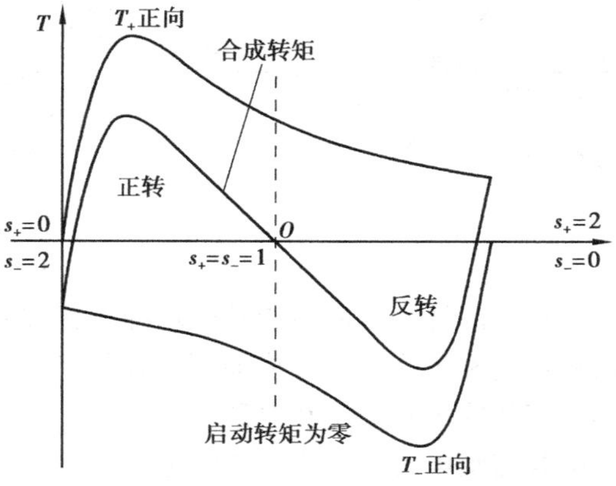

图 5.3.4　单相异步电动机的机械特性

由于单相异步电动机总有一个反向的制动转矩存在,所以其效率和负载能力都不及三相异步电动机。与同容量的三相异步电动机比较,单相异步电动机的体积较大,运行性能较差,因而单相异步电动机只做成小型的,功率为 8 ~ 750 W。但由于单相异步电动机只需要单相电源供电,因此,它仍被广泛地应用在日常生活、医疗器械及工业设备中。

5.3.2 单相异步电动机的启动

对于一台电器设备,人们毕竟不能靠用外力推动的方法来启动它的电机,如何使电机在电源加上的瞬间即可运行起来呢?

为了使单相异步电动机产生最初启动转矩,关键在于电源加上以后使转子处于旋转磁场之中。为了产生这个旋转磁场,使电动机通电后自行启动,电动机的定子绕组除工作绕组 W 外,还必须有启动绕组 S,当两个绕组空间相差 90°,再分别通入相位差也为 90°的两个电流时便产生一个旋转磁场。(其实两个绕组的空间位置相隔不是 90°,通入的电流相位差不是 90°,仍能产生一个旋转磁场,只是最初启动转矩要小些。)

两个绕组空间间隔 90°,绕制时完全可以办到。那么如何使得通入两个线圈的交流电流有 90°的相位差呢?

将启动绕组 S 与电容 C 串联,如图 5.3.5(a)所示。使流过启动绕组的电流 i_2 和流过工作绕组的电流 i_1 产生 90°相位差:$i_1=\sqrt{2}I_1\sin\omega t$、$i_2=\sqrt{2}I_2\sin(\omega t+90°)$,电流的波形如图 5.3.5(b)所示。图 5.3.5(c)中所示分别为 $\omega t=0°$、45°、90°时两相电流产生的合成磁场的方向,由图可见合成磁场随着时间的增长顺时针方向旋转。这样一来,单相异步电动机就可以在该旋转磁场的作用下启动。

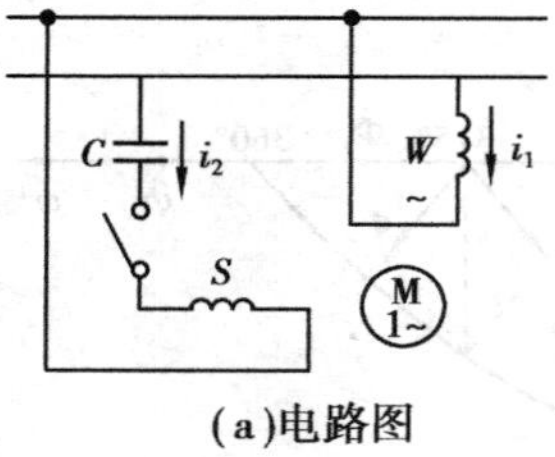

(a)电路图

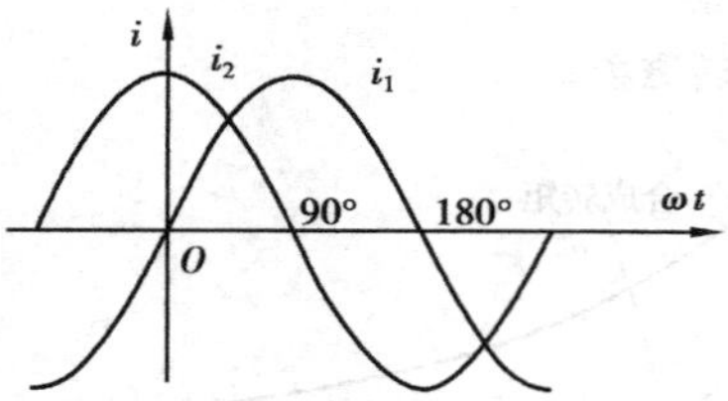

(b)波形图

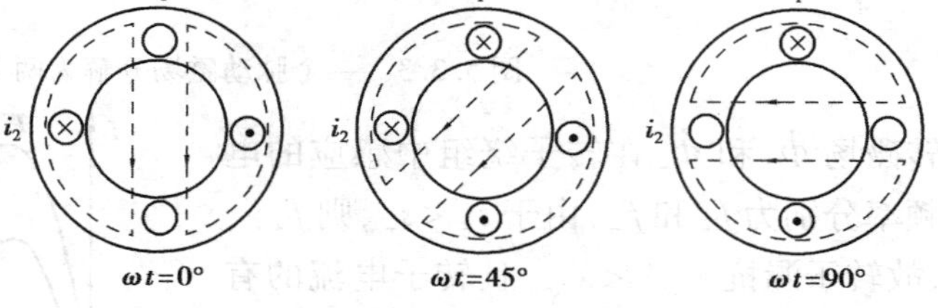

(c)两相绕组产生的旋转磁场

图 5.3.5 启动原理

电动机的转动方向由旋转磁场的旋转方向决定。要改变单相电容式电动机的转向,只要将启动绕组和工作绕组互换即可。即原来的工作绕组作为启动绕组串接电容,原来的启动绕组作为工作绕组直接接在电源。

电容启动电动机的启动绕组电路中串有一个离心开关,当电动机启动旋转后,在其转速达到同步转速的 75% ~80% 时,依靠离心力的作用使开关断开,切断启动绕组。而电容运行电动机启动后启动绕组仍通电运行,所以电容运行电动机实际上是一个两相电动机。

例5.3.1　在图5.3.6电路中,为一种家用电风扇的调速电路,试说明其工作原理。

解　该电风扇采用电容式单相电动机拖动,电路中串入具有抽头的电抗器,当转换开关S处于不同位置时,电抗器的电压降不同,使电动机端电压改变而实现有级调速。

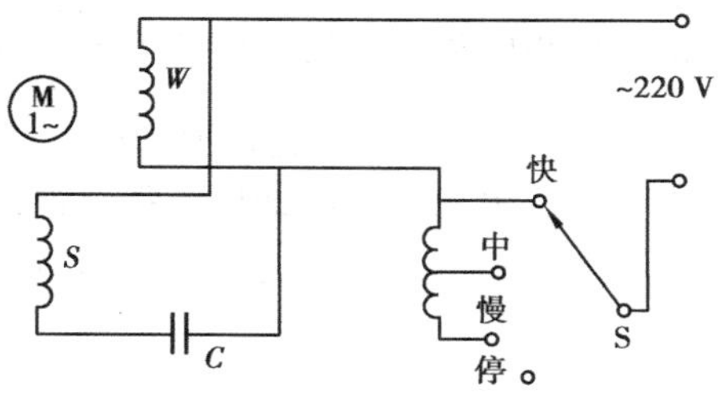

图5.3.6　采用电抗器降压的电扇调速电路

5.3.3　三相异步电动机的单相运行

三相异步电机的三相电源线如果断了一相,则不论三相定子绕组是Y还是D(△)接法,此时电机已变成了单相运行的电动机。

启动前断了一相:三相异步电机的单相启动;电动机嗡嗡作响,不能启动,时间长可能烧坏电机绕组。

工作时断了一相:三相异步电机的单相运行;若额定负载不减,电机会因超负荷运行过热而损坏。为防止电源缺相,三相异步电机常配备有"缺相保护"装置。

练习与思考

5.3.1　单相异步电动机的主、副绕组在空间位置上应互差多少度?

5.3.2　三相异步电动机在运行时有一相电源线的熔断器烧断后,电动机能否继续运行?当电机停转后,能否再启动?为什么?

5.3.3　洗衣机是由单相电容式异步电动机拖动的,问怎样改变洗衣机的转向?画出原理图。

5.3.4　吊扇的开关合上之后不能转动,但将其扇叶轻轻推动一下,吊扇会慢慢启动起来,问出现了什么故障?

本章小结

1. 电动机是将电能转换成机械能输出的设备。了解直流电动机的基本结构,理解工作原理。不同励磁方式的电动机具有不同的特性,由于他励直流电动机具有优良的调速性能,应重点理解掌握。

2. 了解异步电动机的基本结构,理解旋转磁场、同步转速n_0、转子转速n、转差率s等基本物理量,掌握三相异步电动机的转动原理。根据s的大小和正负能判断异步电动机3种工作状态:电动机运行状态、发电运行状态和电磁制动运行状态。

电磁转矩是异步电动机中的一个重要物理量,其大小与转子电流有功分量及每极磁通大小有关,即$T = C_T\Phi_m I_2 \cos\varphi_2$,由此可推导出异步电动机的机械特性。机械特性是描述异步电动机拖动系统各种运行状态的有利依据。在机械特性曲线上有几个表征电机运行性能的重要物理量:理想空载转速、临界转差率、最大转矩和最初启动转矩。

根据异步电动机的转速公式 $n=\frac{60f_1}{p}(1-s)$ 可知,调速方法有:改变转差率 s 调速、变极 p 调速和变频 f_1 调速,理解这3种调速方法各自的特点。

3. 为了让单相异步电动机获得自启动的能力,通过在它的启动绕组中串接电容,使之成为两相异步电动机。启动时在电机内就会产生旋转磁场从而产生最初启动转矩。

习题5

5.1　当某直流电动机的电枢两端所施加的电压 $U_N=220$ V 时,输出的机械功率 $P_N=75$ kW,此时电动机的效率 $\eta_N=88.5\%$,试求电动机电枢电路中流过的电流 I_N。

5.2　一台他励直流电动机输出的机械功率 $P_N=41$ kW,电枢电压 $U_N=220$ V,电枢电流 $I_N=210$ A,电枢电阻 $R_a=0.078\ \Omega$,试求:

(1) 电枢电路产生的铜耗 $\sum p_{Cua}$ 和电机产生的总损耗 $\sum p$;

(2) 电动机产生的电磁功率 P_T。

5.3　一台直流电动机输出的机械功率 $P_N=3$ kW,电枢电压 $U_N=220$ V,电枢电阻 $R_a=0.089\ \Omega$,电动机的转速 $n_N=1\ 500$ r/min,效率 $\eta_N=88\%$,试求电动机产生的电磁转矩。

5.4　一台他励直流电动机输出的机械功率 $P_N=10$ kW,电枢电压 $U_N=110$ V,效率 $\eta_N=84\%$,电动机的转速 $n_N=1\ 500$ r/min,电枢电阻 $R_a=0.082\ \Omega$,带一恒转矩负载运行,若要使转速下降到1 000 r/min,求电枢电路应串入多大的电阻 R?

5.5　有一台三相异步电动机,额定转速 $n_N=970$ r/min,$p=3$,$f_1=50$ Hz,试求电动机的额定转差率是多少?

5.6　有一台三相四极鼠笼式电动机,$P_N=15$ kW,$U_N=380$ V,D 接法,$I_N=28.68$ A,定子、转子铜耗分别为:$p_{Cu1}=560$ W、$p_{Cu2}=310$ W,铁耗 $p_{Fe}=285$ W,机械损耗 $p_m=78$ W,附加损耗 $p_{ad}=193$ W,求电动机输出额定功率时的电磁功率、效率、功率因数。

5.7　某台三相异步电动机 $P_N=55$ kW,$U_N=380$ V,$I_N=107$ A,$n_N=970$ r/min,$\cos\varphi_N=0.88$,求:

(1)电动机的同步转速 n_0;

(2)电动机的磁极对数 p;

(3)电动机在额定负载时的效率和输出的机械转矩。

5.8　一台三相异步电动机技术数据为:$P_N=3$ kW,$U_N=380$ V,$n_N=1\ 445$ r/min,$f_1=50$ Hz,D 接法,$\cos\varphi_N=0.88$,$\eta_N=89\%$,启动电流与额定电流之比为7。求:

(1)同步转速 n_0 和额定转差率 s_N;

(2)启动电流 I_{st}、额定转矩 T_N、额定状态时转子电动势频率 f_{2N}。

5.9　已知一台异步电动机的技术数据如下:$P_N=3$ kW、$U_N=220/380$ V,连接方式 D/Y,$\eta_N=87\%$,$f_1=50$ Hz,$n_N=1\ 480$ r/min,$\cos\varphi_N=0.86$,$T_{st}/T_N=1.4$,$T_{max}/T_N=2$,$I_{st}/I_N=7$。求:

(1)电动机的磁极对数,额定转差率;

(2)电动机的额定转矩和定子绕组 Y 接时的额定电流;

(3)电源电压为 0.9 U_N 时,电动机能否带额定负载启动?为什么?

(4)负载转矩 $T_L=0.5T_N$ 时,能否采用 Y-D 降压启动?为什么?

5.10　一台异步电动机技术数据如下:$P_N=10$ kW,$U_N=380$ V,D 接,$n_N=1\ 450$ r/min,$\cos\varphi_N=88\%$,$\eta_N=0.86$,$I_{st}/I_N=6.5$,$T_{st}/T_N=1.6$,$T_{max}/T_N=2$。求:

(1)I_N、T_N、T_{st};

(2)电动机额定运行时,如果电源电压降低,转差率 s、转子电流 I_2 及频率 f_2 如何变化?

(3)电动机额定运行时,电源电压降低为 0.8 U_N,电动机能否继续运行?

5.11　一台交流异步电动机铭牌数据如下:$P_N=15$ kW,$U_N=220$ V,$n_N=1\ 470$ r/min,$\eta_N=86\%$,$\cos\varphi_N=0.88$,$I_{st}/I_N=6.5$,$T_{st}/T_N=1.9$,$T_{max}/T_N=2$。若此电机要带 40% 的额定负载启动,试问需要一个变比多大的自耦变压器?

5.12　一台鼠笼式三相异步电动机技术数据为:$P_N=4$ kW,$U_N=220/380$ V,$n_N=1\ 440$ r/min,$\eta_N=89\%$,$\cos\varphi_N=0.86$,$I_{st}/I_N=7$,$T_{st}/T_N=1.7$,$T_{max}/T_N=2.0$。电动机由一台三相变压器供电,变压器输出电压 $U_{2N}=380$ V。

(1)确定电动机定子绕组的接线方式;

(2)求:磁极对数 p,同步转速 n_0,转差率 s_N;

(3)求:额定电流 I_N 及(最初)启动电流 I_{st};

(4)求:额定转矩 T_N,(最初)启动转矩 T_{st} 和最大转矩 T_{max}。

5.13　一台鼠笼型三相异步电动机技术数据为:$P_N=3$ kW,$U_N=380$ V,D 接,$n_N=1\ 430$ r/min,$\eta_N=83.5\%$,$\cos\varphi_N=0.84$,$I_{st}/I_N=7$,$T_{st}/T_N=1.8$,$T_m/T_N=2.0$,$f_1=50$ Hz。若电源电压降为 300 V,负载 $T_L=T_N$,问能否直接带负载启动?

5.14　已知一台异步电动机的技术数据如下:$P_N=4.5$ kW,$n_N=950$ r/min,$\eta_N=85\%$,$\cos\varphi_N=0.8$,$U_N=220$ V,D 接,$f_1=50$ Hz,$I_{st}/I_N=5$,$T_{st}/T_N=1.2$,$T_{max}/T_N=2$。求:

(1)极对数 p,额定转差率 s_N,转子额定电流频率 f_{2N}。

(2)额定电流 I_N,额定转矩 T_N,最初启动电流 I_{st},最初启动转矩 T_{st},最大转矩 T_{max}。

(3)电动机额定负载运行时,若电源电压降低 20%,能否继续运行,为什么?若停机后,在降压 20% 的情况下能否再启动?为什么?

第6章 低压电器及控制电路

在工业生产中，现代机床或其他生产机械，其运动部件大多是由电动机来带动的。因此，在生产过程中要求对电动机进行自动控制，使生产机械各部件的动作按顺序进行，以保证生产过程和加工工艺合乎预定要求。由开关、按钮、继电器、接触器等组成的控制电路，对异步电动机的启动、停止、正反转、调速、制动、延时等进行的控制，称为继电接触器控制电路。此控制是一种有触点的断续控制，尽管这种有触点的断续控制方式在可靠性和灵活性方面比不上微机控制和 PLC 控制，但它以逻辑清楚、结构简单、价格便宜、维护方便、抗干扰能力强等诸多优点而被广泛使用。学好本章内容，对学习和理解下一章 PLC 控制器会有很大的帮助。

本章介绍了常用低压控制电器，在此基础上引出鼠笼式异步电动机的基本控制环节：点动控制、直接起停控制、两地控制、正反转控制。然后再介绍行程开关与时间继电器，分析行程控制及时间控制等电路的工作原理。

6.1 常用低压控制电器

凡是自动或手动接通和断开电路，以及能实现对电路或非电对象切换、控制、保护、检测、变换和调节目的的电气元件统称为电器。

电器按其工作电压分为低压电器和高压电器：低压电器是指工作电压在交流 1 200 V 或直流 1 500 V 以下的各种电器。反之，则为高压电器。电器按其职能又可分为控制电器和保护电器：用于各种控制电路和控制系统的电器，称为控制电器，如开关、按钮、接触器等；用于保护电路及用电设备的电器称为保护电器，如熔断器、热继电器等。控制电器的种类很多，按其动作方式可分为手动和自动两类：手动电器的动作是由工作人员手动操纵的，如刀开关、组合开关、按钮等；自动电器的动作是根据指令、信号或某个物理量的变化自动进行的，如各种继电器、接触器、行程开关等。

6.1.1 手动电器

(1) 刀开关

刀开关又叫刀闸开关，实用中有胶盖刀闸开关和铁壳开关，用于隔离电源和负载。由于刀开关一般不设置灭弧装置或灭弧能力较低，所以只能用于小容量(5.5 kW 以下)电动机的直接起、停控制。刀开关由刀闸(动触点)、静插座(静触点)、手柄和绝缘底板等组成，其极数(刀片数)分为单极、双极和三极以满足不同的需要。

刀开关的技术数据主要是刀闸的额定电压和额定电流。在选择刀闸开关时要考虑电动机的起动电流，一般刀闸的额定电流应是电动机额定电流的 3～5 倍。

图 6.1.1 所示为刀开关的外形图，图 6.1.2 为其结构图，图 6.1.3 为其图形符号和文字符号。

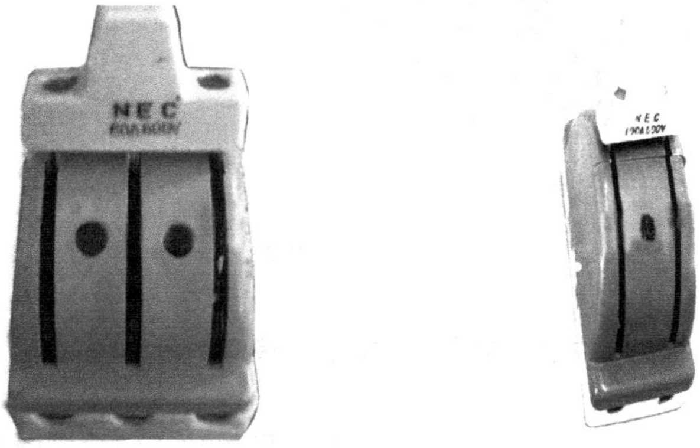

(a)三极　　　　(b)双极

图 6.1.1　刀开关外形图

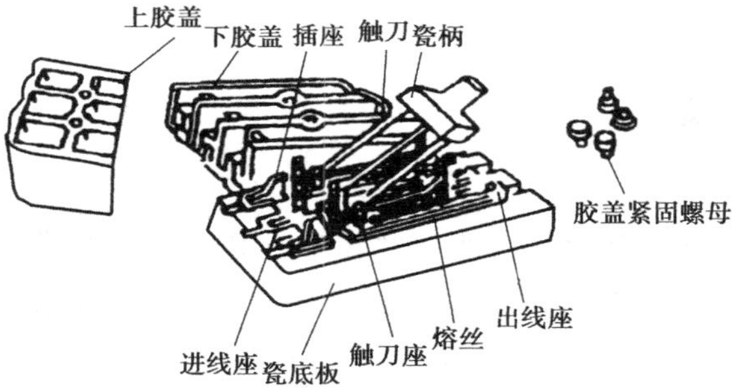

图 6.1.2　塑壳刀开关结构图

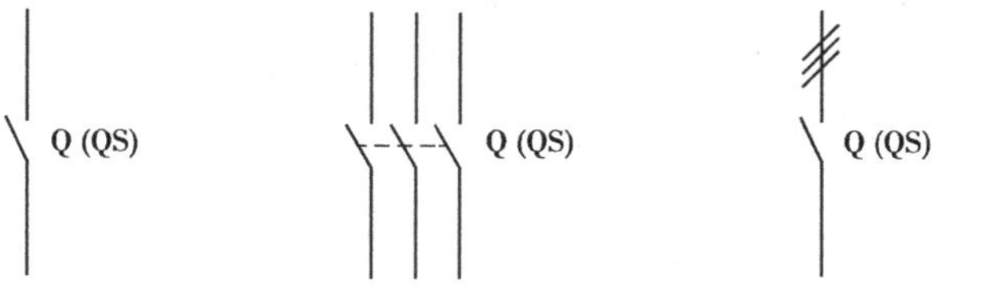

(a) 单极　　　　(b) 三极、多线表示　　　　(c) 三极、单线表示

图 6.1.3　图形符号和文字符号

(2) 组合开关

组合开关又称为转换开关，是一种转动式的刀闸开关，主要用于接通或切断电路、换接电源，控制小型鼠笼式三相异步电动机的启动、停止、正反转或局部照明。

组合开关有若干个动触片和静触片，分别装于数层绝缘件内，静触片固定在绝缘垫板上，动触片装在转轴上,随转轴旋转而变更通、断位置,其外形图如图 6.1.4(a)所示。转换开关具有一定的灭弧能力,其文字和图形符号见图 6.1.4(b)所示。

(a)外形图

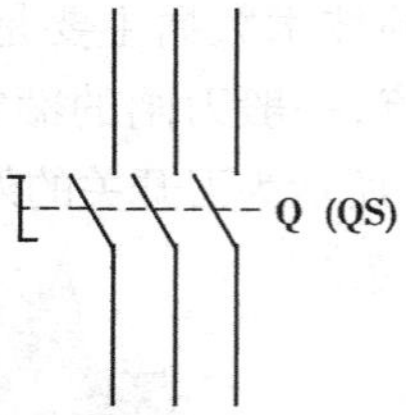

(b)图形符号和文字符号

图 6.1.4　组合开关

(3)按钮

按钮是用来发出指令信号的手动电器,主要用于接通或断开小电流的控制电路,从而控制电动机或其他电气设备的运行。

按钮由外壳、按钮帽、触点和复位弹簧组成,其外形图和结构示意图如图 6.1.5(a)、(b)所示。按钮的触点分常闭触点(动断触点)和常开触点(动合触点)两种。对于复合按钮,按下时,常闭触点先断开,常开触点后闭合;松开时,常开触点先复位,常闭触点后复位。按钮的文字和图形符号见图 6.1.5(c)所示。

6.1.2　自动控制电器

(1)熔断器

熔断器俗称保险丝,主要作短路或严重过载保护用,串联在被保护的线路中。线路正常工作时如同一根导线,起通路作用;当线路短路或严重过载时熔断器熔断,断开电源和负载,起到保护线路和电器设备的作用。刀开关的出线端常串有熔断器。图 6.1.6(a)、(b)为熔断器的外形图,图(c)为其图形符号和文字符号。

熔断器中熔丝或熔片的额定电流 I_{NR} 按以下方法确定:

①用于保护照明或电热设备支线的熔断器,由于负载电流比较稳定,所以熔体的额定电流应稍大于或等于负载的额定电流,即 $I_{NR} \geq I_{NL}$,I_{NL} 为支线所有负载的额定电流之和。

②用于保护单台长期工作电动机的熔断器,其熔体额定电流选为:

$$I_{NR} \geq \frac{I_{ST}}{2.5}, I_{ST} \text{ 为电动机的启动电流}$$

③用于保护频繁启动电动机的熔断器,其熔体电流选为:

$$I_{NR} \geq \frac{I_{ST}}{1.6 \sim 2}, I_{ST} \text{ 为电动机的启动电流}$$

④用于保护多台电动机(即供电干线)的熔断器,其熔体额定电流应满足下述关系:

$$I_{NR} \geq (1.5 \sim 2.5) I_{Nmax} + \sum I_N$$

式中,I_{Nmax} 为容量最大的一台电动机额定电流,$\sum I_N$ 为其余电动机额定电流之和。

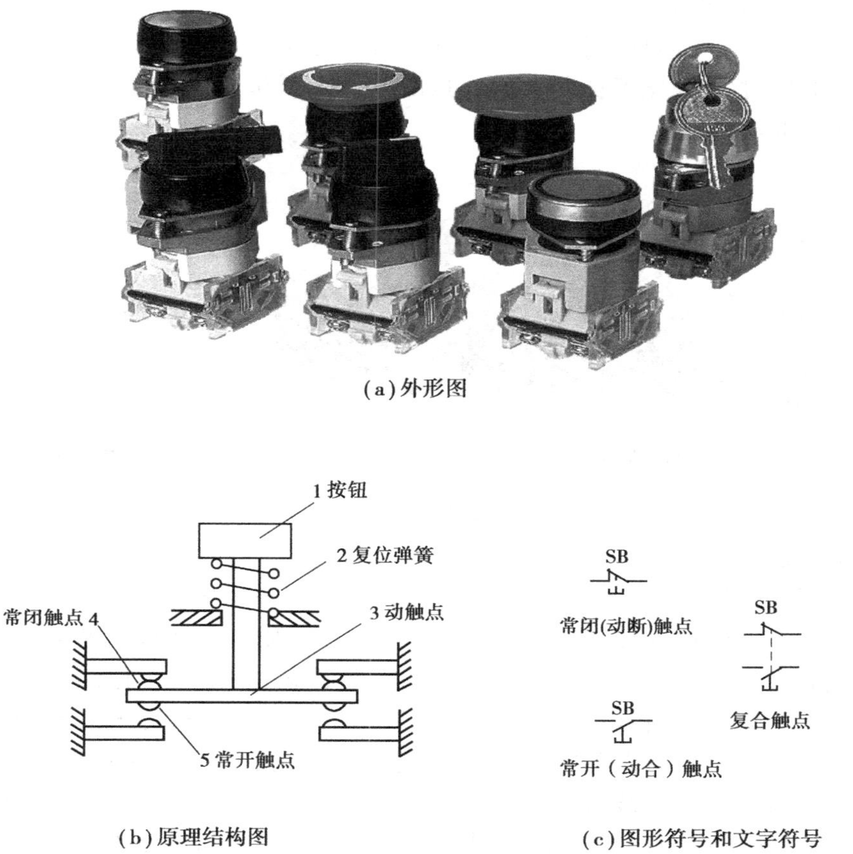

图 6.1.5　按扭

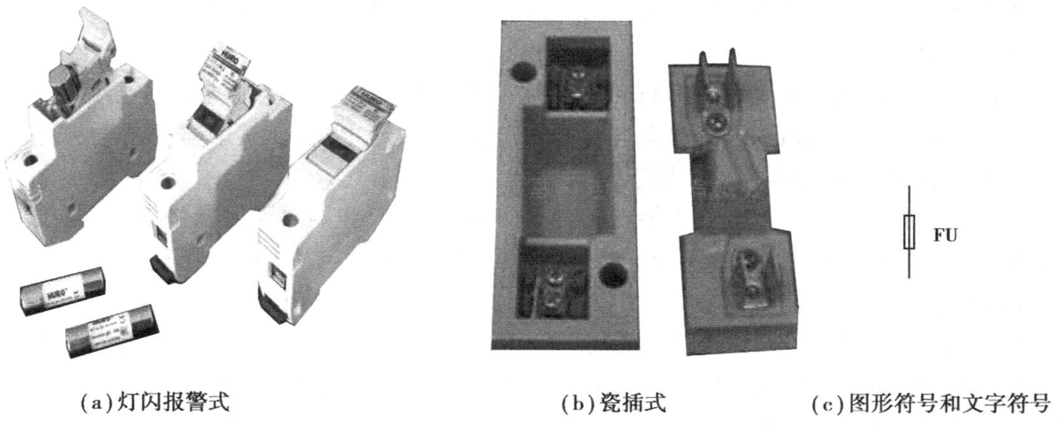

图 6.1.6　熔断器

熔丝的额定电流有:4,6,10,15,20,25,35,60,80,100,125,160,200,225,260,300,350,430,500 和 600 A 等。

(2)自动空气断路器

自动空气断路器又叫自动空气开关简称自动开关,其主要特点是具有自动保护功能,当发生短路、过载、过压、欠压等故障时能自动切断电源。图6.1.7(a)为空气开关的外形图,图(b)是其图形和文字符号。

(a)外形图

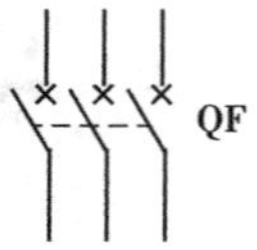

(b)图形和文字符号

图6.1.7 自动空气开关

(3)交流接触器

交流接触器是利用电磁原理制成的一种自动电器,是继电接触器控制系统中最重要和最常用的电器。容量在10 A以上的接触器都有灭弧装置,因此,能频繁地接通、断开主电路,实现远距离的自动控制。当线圈电压低于设定值时,它的触点能自动复位,从而可实现欠压、零压保护。交流接触器主要由电磁铁、触点和灭弧装置三部分组成,其外形及原理结构图如图6.1.8(a)、(b)所示。当电磁铁的吸引线圈通电时产生电磁吸引力将衔铁吸下,常闭触点先断开,然后常开触点闭合。线圈断电后电磁吸引力消失,依靠复位弹簧的弹力使其触点恢复到原来的状态,常开触点先复位,常闭触点后复位。与按钮一样,电磁式继电器的触点通常也都是按上述顺序动作的。交流接触器的图形和文字符号如图6.1.8(c)所示。

(4)中间继电器

中间继电器通常用来传递信号和同时控制多个电路,其外形图及图形符号、文字符号如图6.1.9所示。

中间继电器的结构和工作原理与交流接触器基本相同,与交流接触器的主要区别在于:它只有辅助触点,触点数目较多,触点容量小,只允许通过小电流,而接触器的主触头可以通过大电流。因此,中间继电器通常用于控制电路中。

一般的接触器只有3对常开主触点,两对常开辅助触点和两对常闭辅助触点,当控制电路较复杂辅助触点不够用时,中间继电器可用于扩展辅助触点。

(5)热继电器

热继电器是一种过载保护电器,是利用电流的热效应原理实现电动机的过载保护。图6.1.10(a)、(b)所示为热继电器的外形图及原理结构图。在原理结构图(b)中,热继电器的发热元件3串接在主电路中,当主电路通过的电流超过允许值时,发热元件——双金属片2受热变形弯曲,推动导板4,并通过补偿双金属片5与推杆14将串接在控制回路中的常闭触点9和6分开,使控制电路断开电源,交流接触器线圈失电,从而使交流接触器的常开主触点复位,断开电动机主电源以保护电动机。故障排除后,可按下手动复位按钮10,热继电器即可复位。图6.1.10(c)为其图形及文字符号。

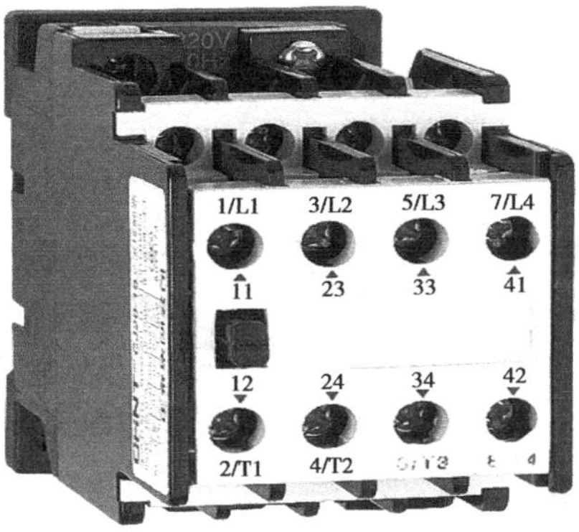

(a) 外形图

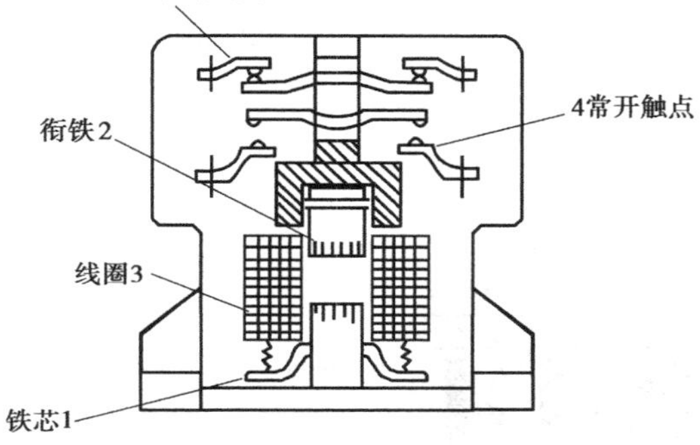

(b) 原理结构图

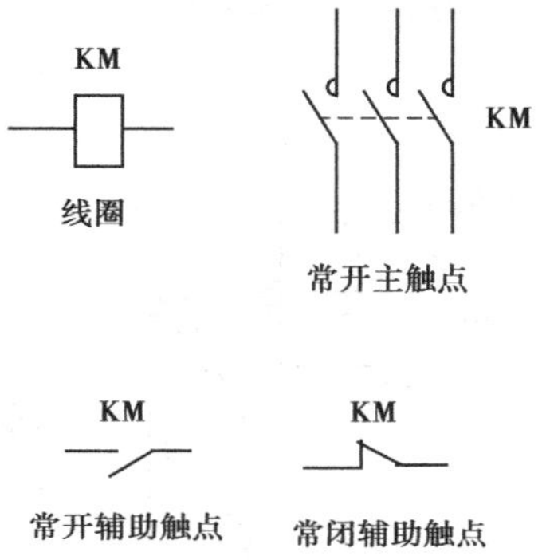

(c) 图形和文字符号

图 6.1.8　交流接触器

(a) 外形图

(b) 图形和文字符号

图 6.1.9　中间继电器

(6) 漏电保护器

漏电保护器在电路中起触电和漏电保护的作用，当线路或设备出现对地漏电或人身触电时，迅速自动切断电路，起到防止因电气设备或线路漏电而引起的火灾和人身安全事故。漏电保护器是漏电电流动作保护器的简称，主要用于交流 50 Hz、电压 380 V 及以下的电路中。其具体结构与工作原理将在第 9 章安全用电中作进一步介绍。

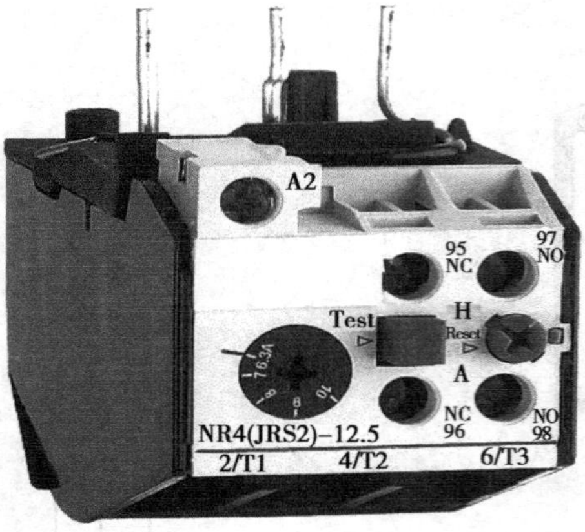

(a)外形图

(c)图形和文字符号

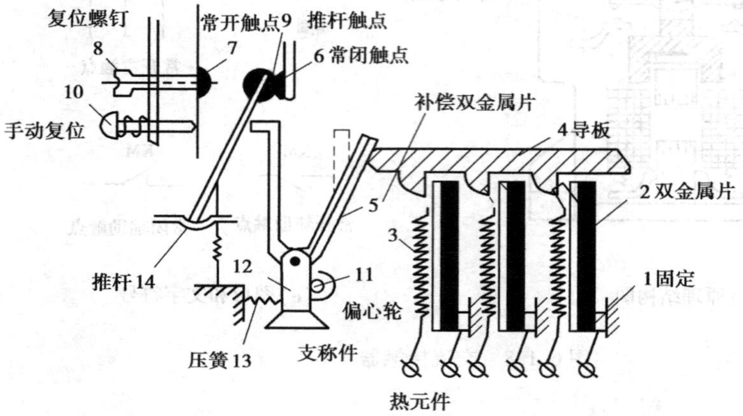

(b)原理结构图

图6.1.10 热继电器

此外,行程开关和时间继电器这两种自动电器,将在行程控制和时间控制两节中分别作介绍。

练习与思考

6.1.1 刀开关和按钮这两种手动电器各有什么特点?

6.1.2 在电动机的继电器接触器控制电路中,零压保护的功能是(　　)。

(a)防止电源电压降低烧坏电动机

(b)防止停电后再恢复供电时电动机自行启动

(c)实现短路保护

6.1.3 在电动机的继电器接触器控制电路中,热继电器的功能是实现(　　)。

(a)短路保护　　(b)零压保护　　(c)过载保护

6.1.4 熔断器的额定电流是指在大于此电流下(　　)。

(a)立即烧断　　(b)过一段时间烧断　　(c)永不烧断

6.2　基本控制电路

一个复杂的控制系统，通常是在基本控制电路的基础上进行修改、综合与完善的。因此，本节内容是继电接触器控制系统中的基础和重点，应熟练掌握。在分析、绘制控制系统的电气原理图时，应遵循以下原则：

①主电路(动力电路，通过大电流)用粗实线画出，位于图面的左侧或上方，保证整机拖动要求的实现；控制电路(辅助电路，通过小电流)是为主电路服务的，用细实线画出，位于图面的右侧或下方。

②一般交流接触器线圈的工作电压为 380 V 或 220 V，即民用供电的电压。因此，当接触器线圈额定电压为 380 V 时，控制电路的电源线可以与主电路相连接，主、辅电路绘制在一个图面，分别左、右绘制。

③分析、绘制电气原理图时是从上到下、从左至右的顺序进行。图中，线圈是处于未带电状态，触点、按钮均未受到外力的作用，即各电器处于自然状态。分析控制电路时从电源和主令信号开始，经过逻辑判断，写出控制流程，以简便明了的方式表达出电路的自动工作过程。

④同一电器的不同部件不论在什么位置，都用同一文字符号标注。

⑤在设计控制电路时要从整体角度出发，检查和理解各电动机的相互配合过程。阅读分析原理图的基本原则是：化整为零、顺藤摸瓜、集零为整、安全保护、全面检查。

6.2.1　点动控制

图 6.2.1 为三相异步电动机的点动控制电路，其工作原理是：首先合上三相刀开关 Q，为电动机的启动作好准备。按下启动按钮 SB，交流接触器 KM 线圈通电，其常开主触头闭合，电动机通电启动运行；松开按钮，KM 线圈失电，主触头断开，电动机 M 断电停车，实现了一点就动，松手就停的控制过程。点动控制通常用在电动机检修后试车或生产机械的位置调整。

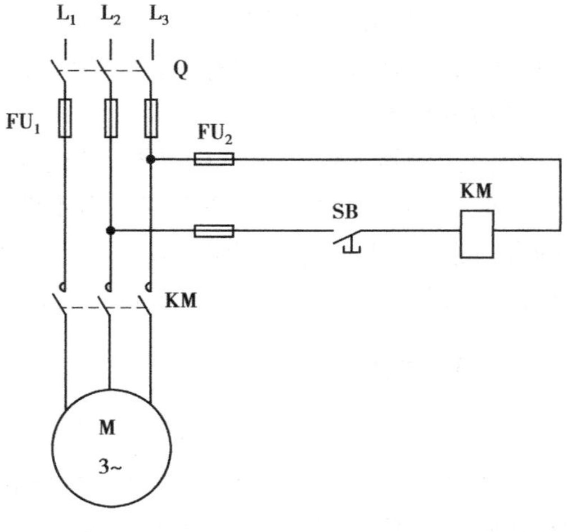

图 6.2.1　点动控制电气原理图

6.2.2　直接启停控制

所谓直接启停控制，就是要求按下启动控制按钮后，电动机就单方向持续运转，要使电机停车，按下停止按钮即可。为了保护线路和电气设备，原理图中还应考虑各种异常情况下的保护措施。在点动控制的基础上进行修改、补充，得图 6.2.2 所示的单向直接启停控制电路，图中在启动按钮 SB_1 的下方并联了一个交流接触器 KM 的常开辅助触点，以保证启动后 KM 线圈持续带电，电机持续运转，这种作用称为自锁，SB_1 下方的 KM 常开辅助触点因而称为自锁触点。要使电机停车，按下停止按钮 SB_2 即可。

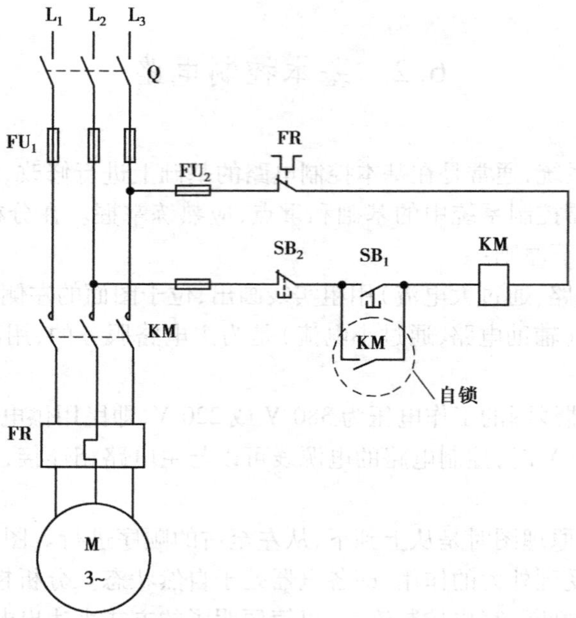

图 6.2.2　直接启停控制电气原理图

原理图中,熔断器 FU_1 是主电路的短路保护,FU_2 是控制电路中的短路保护。一旦发生短路事故,熔丝立即熔断,电机断电停车。

热继电器 FR 起过载保护。当电机过载时,FR 的热元件发热到一定时间,其常闭触点断开,使控制回路断电,则接触器线圈失电,KM 的主触点复位断开,电机断电停车,使电机免遭长期过载的危险。

交流接触器 KM 自身还具有零压(失压)和欠压保护的功能。当电源突然断电或电压严重下降时,交流接触器的电磁系统吸力不够,动铁芯释放而使其各触点复位,则 KM 常开主触点断开,使电动机从电源切除。由于常开辅助自锁触点也复位,当电源电压恢复正常时,若不重按启动按钮 SB_1,则电动机不能自行启动,从而避免了设备损坏或人员伤害等事故。

6.2.3　两地控制

在实际应用中,常常需要在两处(如现场和控制室)对同一电动机进行启、停控制,即两地控制。因此,控制电路中应有两套启动、停止按钮,按任何一个启动按钮电机都要启动,则两启动按钮应并联;按任何一个停止按钮电机都要停车,则两停止按钮应串联。于是在单向直接启停控制电路基础上进行补充,得图 6.2.3 两地控制电气原理图。

6.2.4　电动机正反转控制

机械设备左右、前后、上下的移动,均涉及电动机的正反转。要使三相异步电动机由正转变为反转,只需将接入的三相电源的任意两根相线对调位置即可,反之亦然。因此,需要有两个交流接触器 KM_1、KM_2,分别控制电动机的正转、反转,如图 6.2.4(a)所示主电路。显然,KM_1、KM_2 这两组主触点不能同时闭合,否则会造成主电路电源短路。即要求 KM_1、KM_2 这两个接触器不能同时得电,在任意时刻都只能有一个接触器线圈带电,这种功能称为互锁功能。

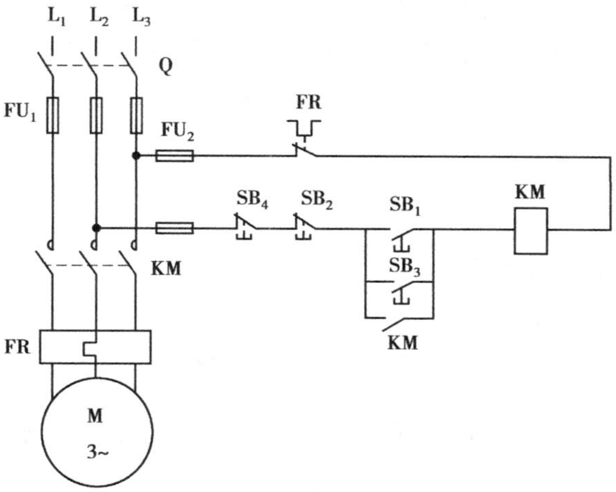

(a) 主电路　　　　　　(b) 控制电路

图 6.2.3　两地控制电气原理图

在直接启停控制电路的基础上进行改进，得到图 6.2.4(b)所示的电机正反转控制电气原理图。图中在 KM_1 线圈回路中串入了 KM_2 的常闭辅助触点，在 KM_2 线圈回路中串入了 KM_1 的常闭辅助触点，这两个常闭触点是起互锁功能的，因此，称为互锁触点。

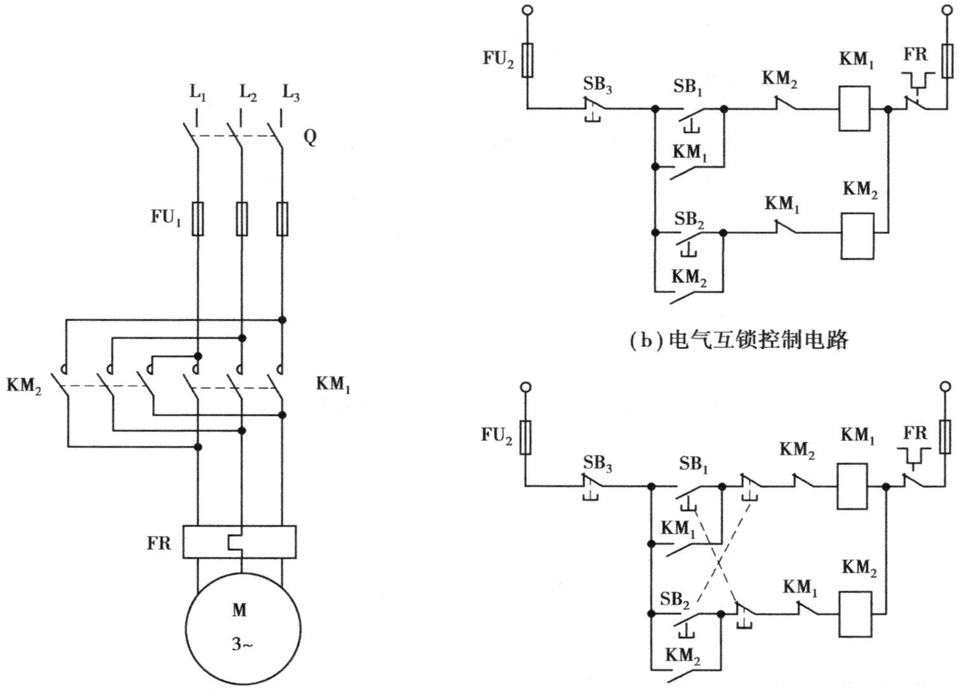

(a) 主电路　　　　　　(b) 电气互锁控制电路　　(c) 具有电气和按钮双重互锁控制电路

图 6.2.4　电机正反转控制电路原理图

图 6.2.4(b)所示控制电路有一缺陷，就是当 KM_1 线圈得电，电机处于正转过程中，要切

换到反转即 KM_2 线圈得电，必须首先按下停止按钮 SB_3 使 KM_1 线圈断电，使其触点复位，然后再按反转启动按钮 SB_2，KM_2 线圈得电，电机才能反转，带来操作上的不方便。为了直接切换，控制电路中除了有电气互锁外，还需要有机械互锁（按钮互锁），于是得图 6.2.4(c) 所示控制电路。

练习与思考

6.2.1　指出下列电器符号的意义：

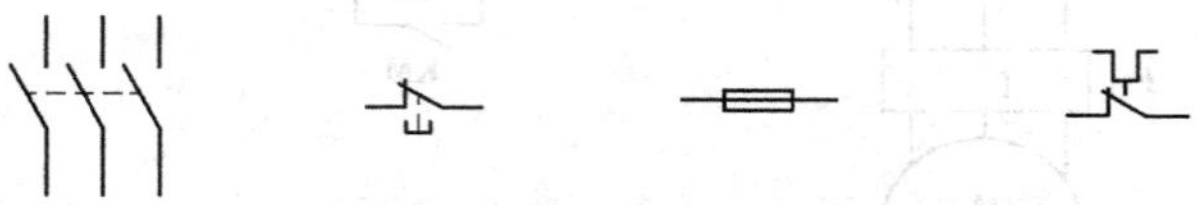

6.2.2　什么是自锁、互锁？正反转控制电路中必备的保护环节有哪些？各是用什么电器元件实现的？

6.2.3　试画出既能使电动机连续运行又能实现点动的控制电路。

6.2.4　指出并改正图 6.2.5 所示电路中的错误。

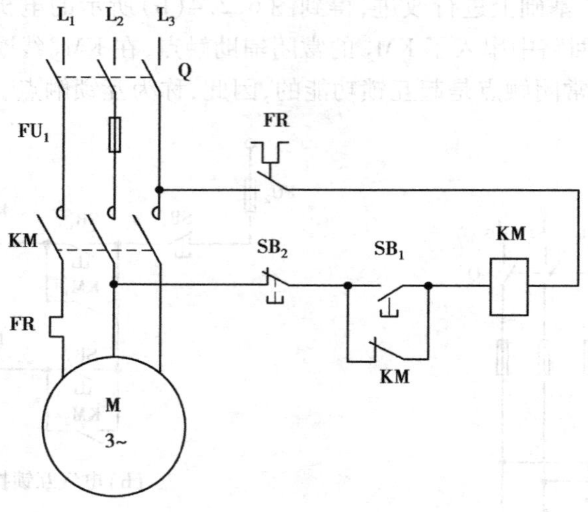

(a) 主电路　　(b) 控制电路

图 6.2.5

6.3　行程控制

行程控制，就是当电机带动的运动部件到达一定行程位置时，采用行程开关来对电机进行自动控制。行程控制一般有两种形式：一是极限位置控制（终端保护），如桥式起重机（行车）运行到轨道的端头要求自动停车；又如吊车的吊钩上升到最高位置自动停车。二是自动往返控制，如铣床、龙门刨床工作台的自动往返运行等。

6.3.1　行程开关

行程开关是将机械运动部件的行程、位置信号转换成电信号的自动电器。行程开关种类很多,本节主要介绍有触点的行程开关及其控制。图 6.3.1(a)为行程开关的外形图,(b)为行程开关的图形及文字符号。(c)、(d)两图为直动式和滚轮式两种行程开关的原理结构图,直动式行程开关的工作原理与按钮类似。当电动机带动的机械设备上安装的挡块撞击到行程开关的触(顶)杆时,行程开关触点动作,其常闭触点断开,常开触点闭合;当挡块离开后,行程开关的触点复位。

(a)外形图

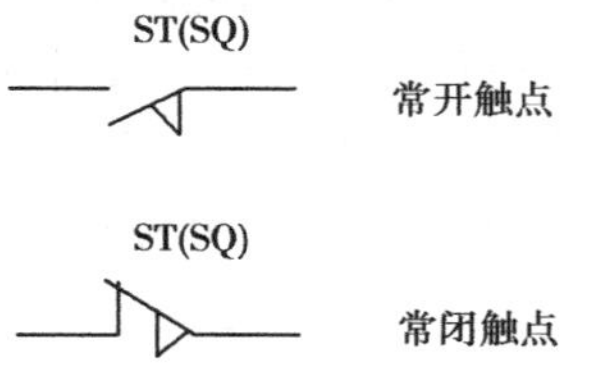

(b)图形、文字符号

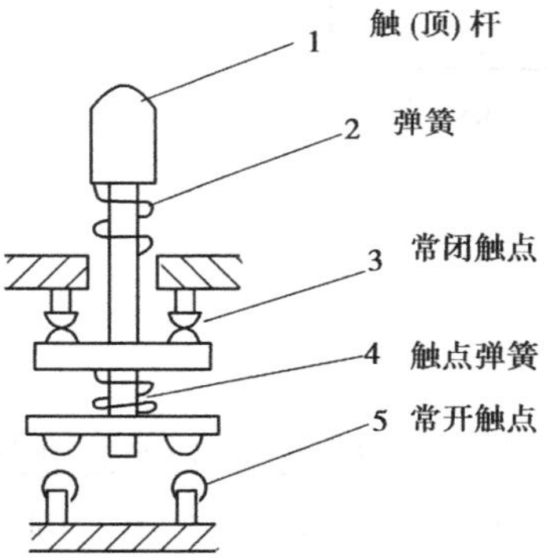

(c)直动式行程开关

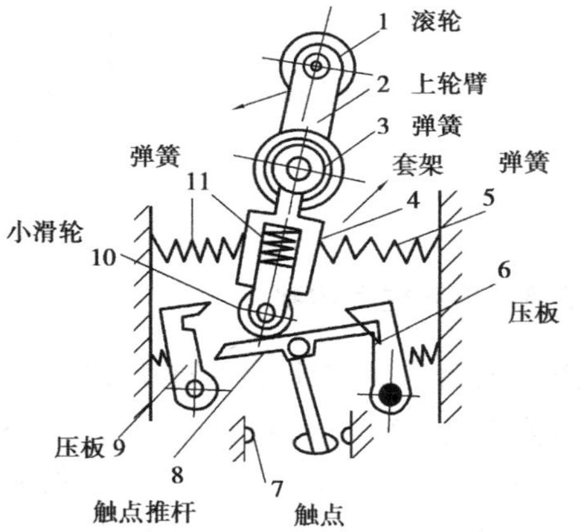

(d)滚轮式行程开关

图 6.3.1　行程开关

6.3.2　限位行程控制

在图 6.3.2 行程控制示意图中,要求行车既能正向行程又能反向行程,到达 A、B 两终端位置时能自动停车,且在行车运行过程中任意时刻均可人为停车。要实现这样的控制功能,在终端位置 A、B 两处分别安装行程开关 ST_A 和 ST_B,则在电机正反转控制电路的基础上增加行程开关即可,其控制电路如图 6.3.3 所示。

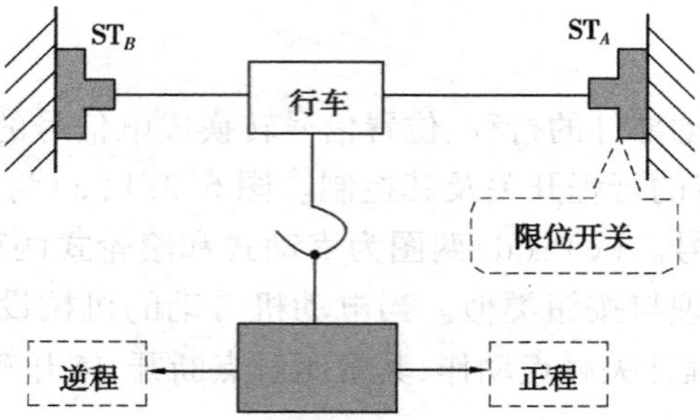

图 6.3.2　限位行程控制示意图

在图 6.3.3 所示控制电路中，按下正向启动按钮 SB_1，电机带动行车正向行驶，到达极限位置 A 处撞击行程开关 ST_A，其常闭触点断开，接触器 KM_1 线圈失电，电机停车；当按下反向启动按钮 SB_2 后，电机带动行车反向行驶，到达极限位置 B 处停下；在正向、反向行驶过程中，按下停止按钮 SB_3 电机均可停车。

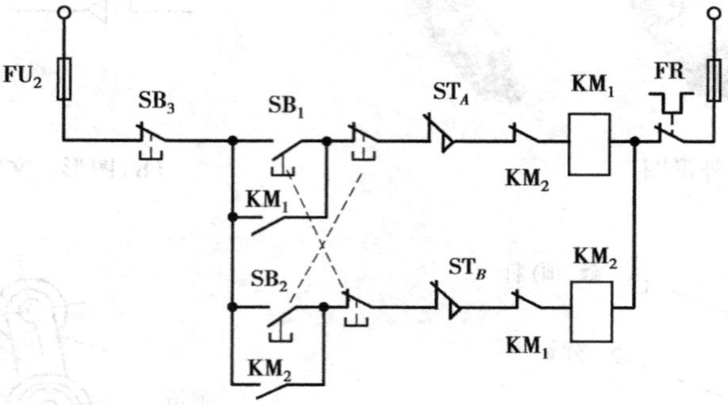

图 6.3.3　限位行程控制电路

6.3.3　自动往返控制

铣床、龙门刨床等工作台的自动往返控制电路是将图 6.3.3 限位行程控制电路中的 ST_A、ST_B 触点换为复合触点。ST_A 的常开触点与 SB_2 并联，ST_B 的常开触点与 SB_1 并联，这样就实现了自动往返运行，要停车时，按下停止按钮 SB_3 即可。工作台自动往返运行的示意图及控制电路如图 6.3.4 所示，其工作原理简述如下：

启动：按 SB_1→KM_1 得电，电机正转，工作台前进→到位，碰 ST_A→断开 KM_1，接通 KM_2，电机反转，工作台后退，ST_A 复位→后退运行到极限位，碰 ST_B→断开 KM_2，接通 KM_1，电机再次正转，工作台前进→……如此循环，实现工作台的往复运动。

停车：按 SB_3。

练习与思考

6.3.1　指出下列电器图形符号的意义，并标注文字符号。

6.3.2　行程开关与刀开关、按钮在动作原理上有什么不同？

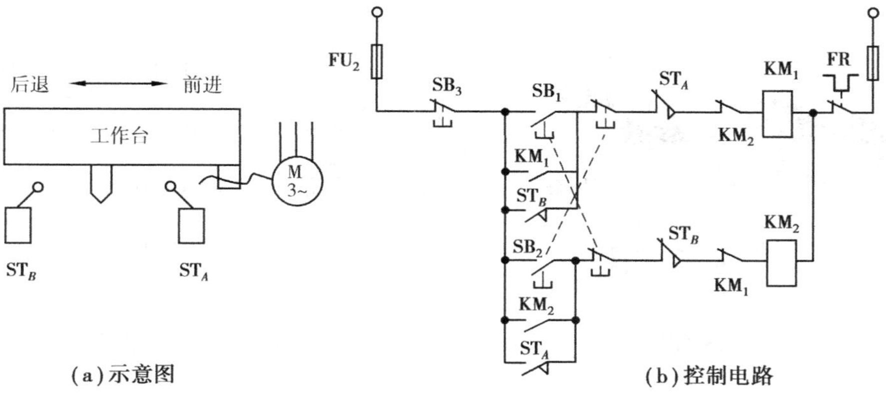

图 6.3.4　自动往返控制

6.3.3　行程开关在实际应用中常用在什么地方？举例说明。

6.4　时间控制

时间控制，就是利用时间继电器的延时功能进行的延时控制。例如电动机的 Y-D 换接启动控制，电动机的能耗制动控制，几台电机按一定的时间顺序启停控制等都需要采用时间继电器。

6.4.1　时间继电器

时间继电器是在获得电信号后，经过人为整定的延时时间，使控制电路接通或断开的自动电器。时间继电器按其工作原理可分为：电磁式、空气阻尼式、电动式和电子式。目前，在交流电路中广泛采用空气阻尼式。

时间继电器由触头系统和电磁铁系统两部分构成，有通电延时和断电延时两种。通电延时是指时间继电器的延时触头在其线圈通电后延时动作，在线圈断电时，立即恢复自然状态；断电延时是指时间继电器的所有触头在其线圈通电时马上动作，而当线圈断电时，其延时触头延时恢复到自然状态。图 6.4.1(a)为时间继电器的外形图，(b)为其文字、图形符号。图(c)为通电延时型的原理结构，其动作过程为：当线圈 1 得电后，动铁芯 3 吸合，活塞杆 6 在塔形弹簧 8 作用下带动活塞 12 及橡皮膜 10 向上移动，橡皮膜下方空气室空气变得稀薄，形成负压，活塞杆只能缓慢移动，其移动速度由进气孔气隙大小决定。经过一段延时后，活塞杆通过杠杆 7 压住微动开关 15，使其触点动作，起到通电延时作用。

6.4.2　鼠笼式异步电动机的 Y-D 换接启动控制

Y-D (Δ)换接启动控制，要求在启动时电动机采用 Y 形接法，经过一段延时，当电动机的转速上升到一定值时，再将其换接成 D 接法。其控制电路如图 6.4.2(a)所示。

工作原理简述：首先合上三相刀开关 Q，为电动机启动做好准备。按下 SB_1，线圈 KM_1、KT、KM_2 同时得电，主触点 KM_1、KM_2 闭合，接通电动机，在 Y 形联接下降压启动。经过整定

(a)外形图

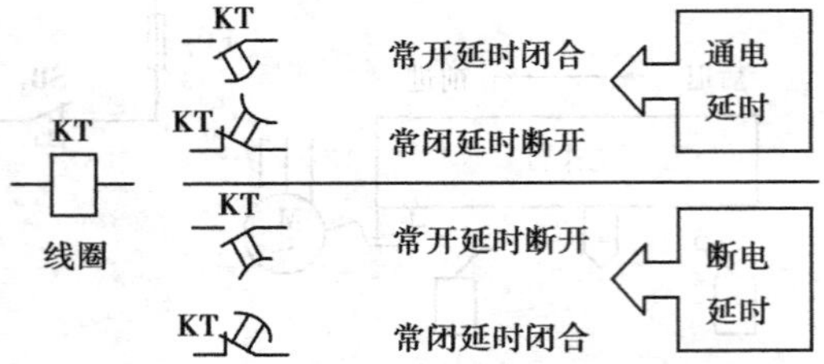

(b)图形、文字符号

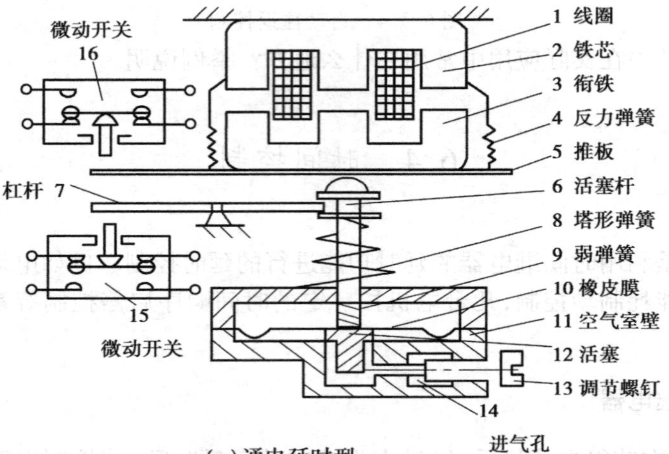

(c)通电延时型

图 6.4.1 时间继电器

的延时，KT 常闭触点断开，线圈 KM_2 失电，主触点 KM_2 断开，KM_2 互锁触点复位闭合，KT 常开触点闭合，线圈 KM_3 得电自锁，主触点 KM_3 闭合，电动机换接成 D 形全压运行。

线圈 KM_3 得电后，KT 线圈即失电，避免时间继电器长期带电。

要停车，按下停止按钮 SB_2 即可。在此电路中，KM_2 与 KM_3 是带电切换，容易产生电弧。为了保证 Y-D 换接是在断电条件下进行，可采用图 6.4.2(b)所示控制电路。

图 6.4.2(b)所示控制电路工作过程简述如下：首先合上三相刀开关 Q，为电动机启动做好准备。按下 SB_1，KM_1 线圈、KT 线圈、KM_2 线圈通电，KM_3 线圈断电，经过延时 KM_1 线圈首先断电，KM_3 通电，KM_2 断电，切换完毕后 KM_1 再通电，电动机在 D 联接下正常运转。本线路的特点是在接触器 KM_1 断电的情况下进行 Y-D 换接；接触器 KM_2 的常开主触点在无电下断开，不发生电弧，可延长使用寿命。

6.4.3 鼠笼式电动机自耦降压或定子串电阻降压启动控制

对于正常工作是 Y 形接法的三相鼠笼式异步电动机，就不能采用 Y-D 换接启动，而只能采用定子串自耦变压器降压启动或定子串电阻降压启动，其控制线路分别如图 6.4.3(a)和

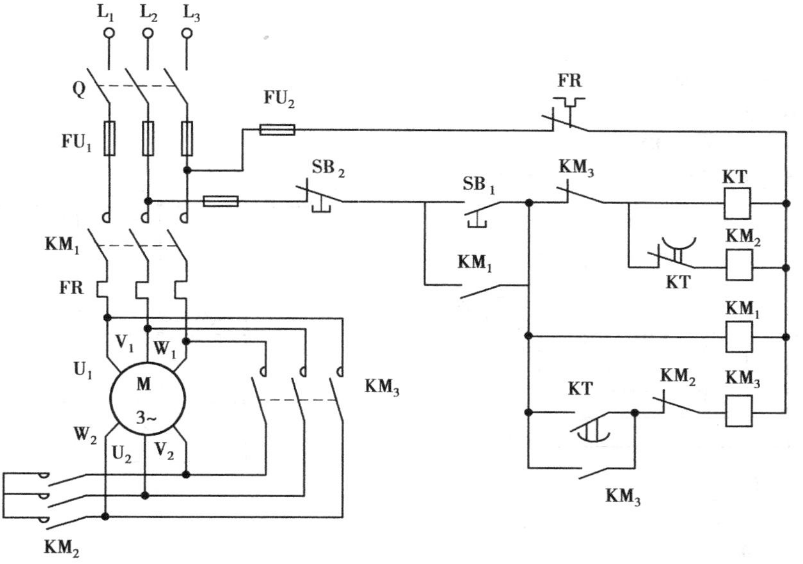

(a) Y-D 换接启动控制 Ⅰ

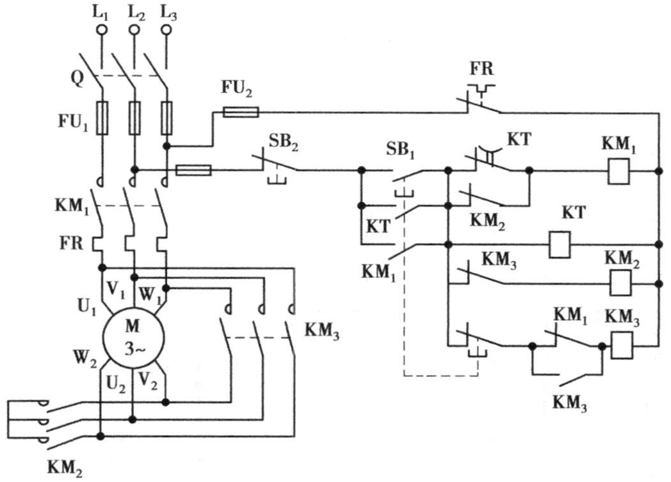

(b) Y-D 换接启动控制 Ⅱ

图 6.4.2

图 6.4.3(b)所示。

在图 6.4.3(a)所示的控制电路中，要启动电机，首先合上刀开关 Q，然后按下启动按钮 SB_1，接触器 KM_1、KM_3 与时间继电器 KT 线圈同时得电，KM_1、KM_3 主触点闭合，主电路电源经自耦变压器接至电动机定子绕组，实现降压启动。同时，KM_1 辅助触点闭合，自锁。当时间继电器 KT 到达延时值，其常闭延时触点断开，KM_1、KM_3 线圈失电，主、辅常开触点均断开复位，主电路中的自耦变压器切除并解除自锁；与此同时，KM_1 常闭触点复位，KT 常开延时触点闭合，KM_2 线圈得电，自锁，KM_2 主触点闭合，电动机全压正常运行；KM_2 线圈一得电，两个常闭辅助触点动作，KT 线圈即失电，切除时间继电器，并互锁 KM_1、KM_3 线圈。

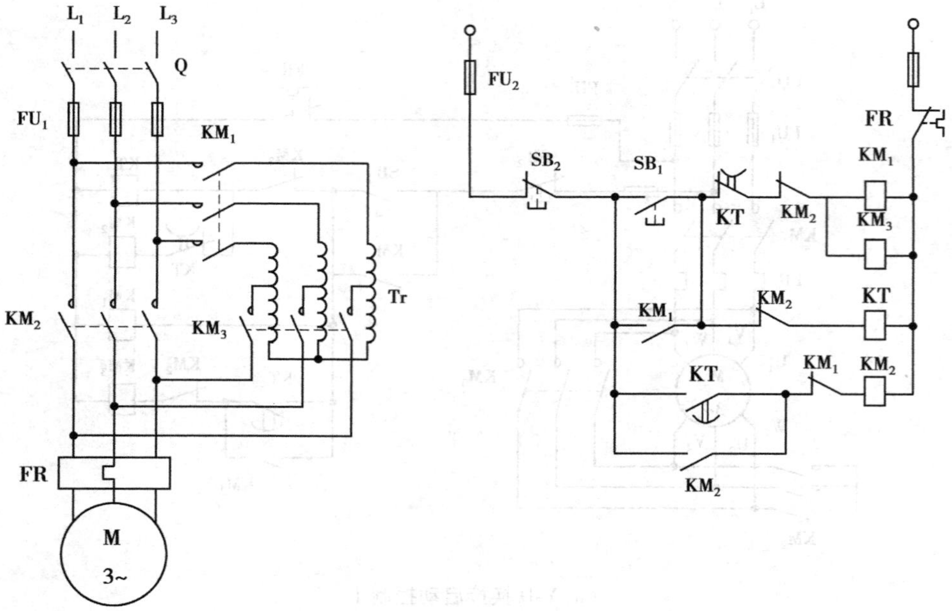

(a)定子串自耦变压器降压启动

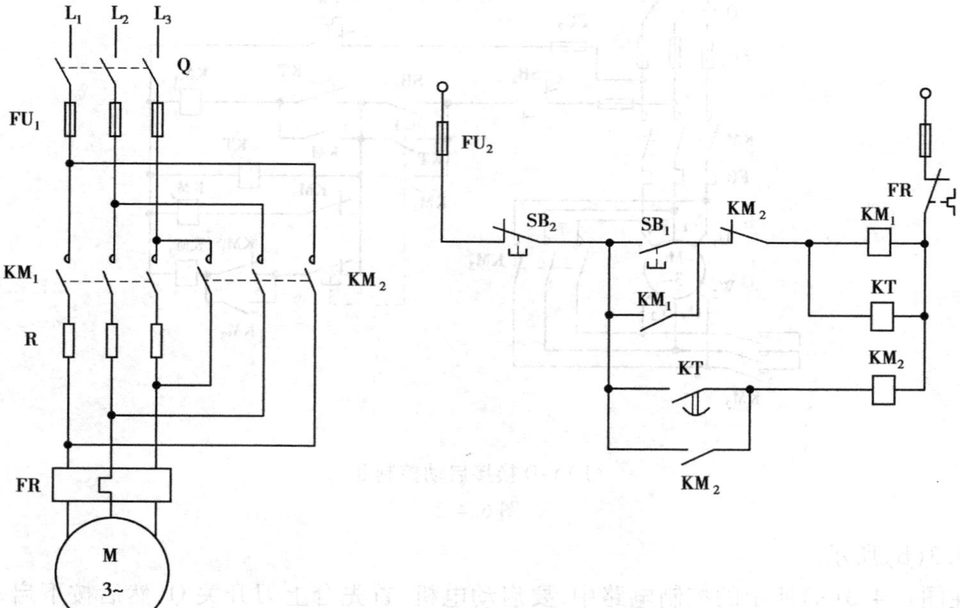

(b)定子串电阻降压启动

图 6.4.3

串自耦变压器降压启动,其优点是对电网电流冲击小,功率损耗小,但结构复杂,价格较高。这种方式常用于启动较大容量的电动机。

图 6.4.3(b)是定子串电阻降压启动的控制电路,其工作过程请读者自行分析。

定子串电阻降压启动控制线路结构简单，价格低廉，动作可靠，但电阻上功率损耗大，对不经常启停的小容量电动机采用这种方式。

6.4.4　绕线式异步电动机的启动控制

为了减小启动电流，三相绕线式异步电动机可通过滑环在转子绕组中串接启动电阻，待转速接近额定转速时，再切除启动电阻。这种启动方式，不但减小了启动电流，同时提高了转子电路的功率因数与启动转矩，常用于要求启动转矩较高的场合。

绕线式异步电动机的启动控制电路如图6.4.4所示。其工作原理是：启动时，启动电阻R_1、R_2全部接入，随着启动过程的进行，启动电阻依次被切除，这种方法称为三相电阻平衡短接法。其控制电路动作顺序请读者自行分析。

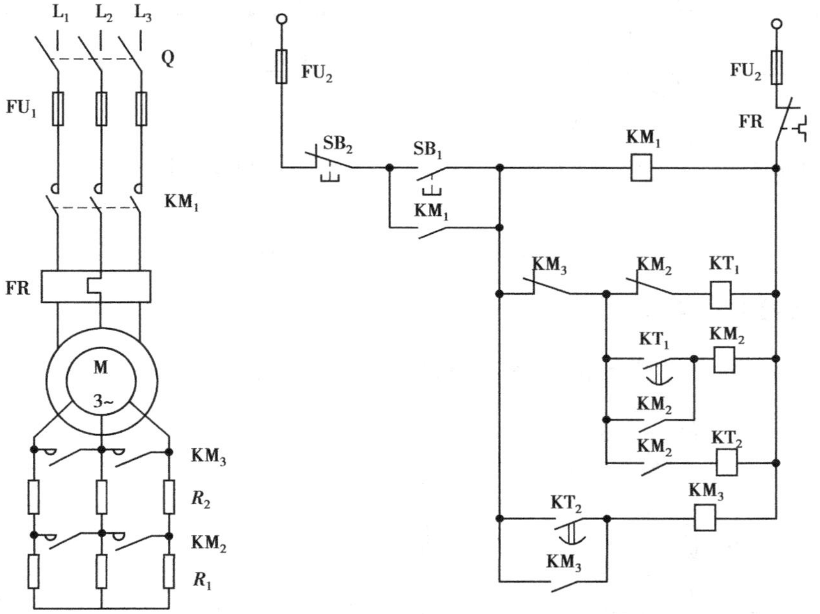

(a)主电路　　　　(b)控制电路

图6.4.4　绕线式异步电动机转子串电组启动

6.4.5　鼠笼式异步电动机的能耗制动控制

能耗制动是在电动机断开三相交流电源以后，在定子绕组中通入适当的直流电产生一个制动转矩，从而达到迅速停车的目的。电机停止转动后，应及时断开直流电源，这可以用时间继电器来实现。根据电机所需的停车时间调节时间继电器的延时，使电机刚一停稳，继电器延时触点动作，切断直流电源。采用通电延时断开的能耗制动控制电路如图6.4.5所示。

工作过程简述如下：合上刀开关Q_1、Q_2、Q_3为电动机启动、制动做好准备。按下启动按钮SB_1→KM_1线圈带电→KM_1主触点闭合，电机单向启动运行，同时KM_1辅助常开触点闭合自锁，常闭触点断开互锁。停车时，按下停止复合按钮SB_2→KM_1失电，KM_2、KT线圈得电→电机断开三相交流电源，然后接通直流电源，制动开始→延时时间到→KM_2、KT均失电，制动结束。

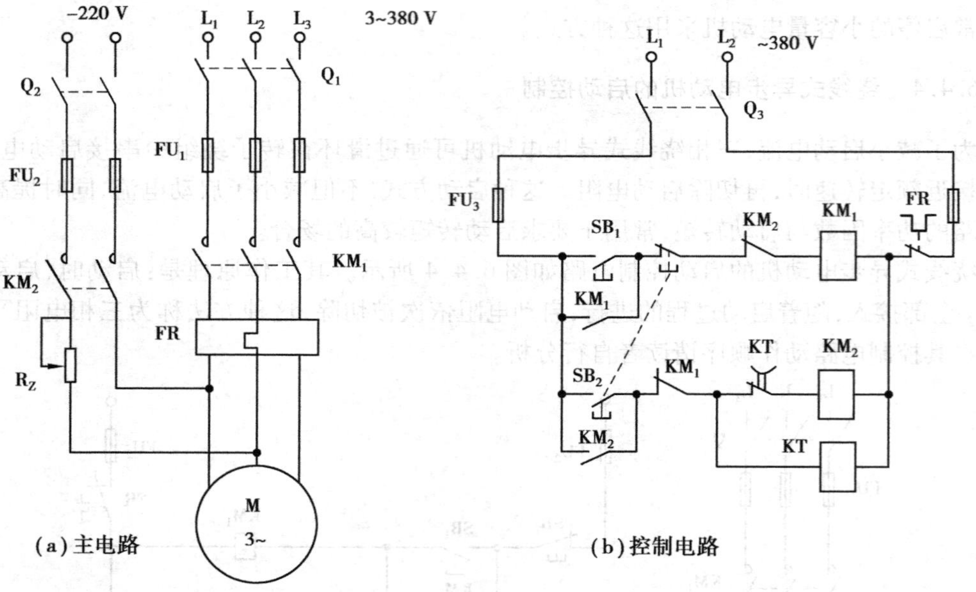

图 6.4.5 能耗制动控制电路

6.4.6 反接制动控制

图 6.4.6 为反接制动控制电路,其实质是改变电动机定子绕组中三相电源的相序,产生

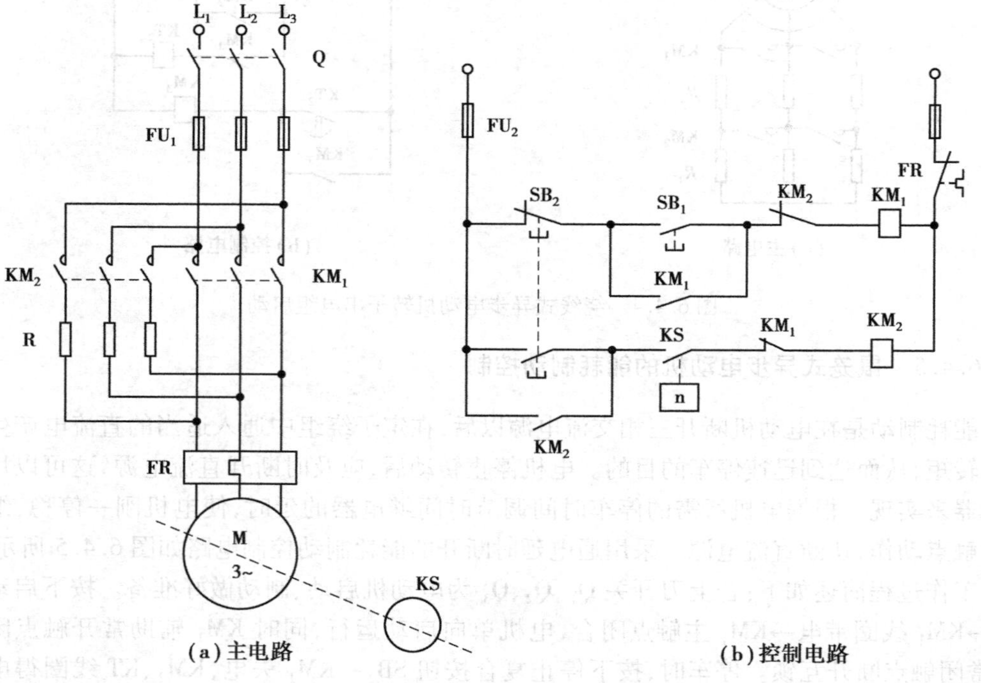

图 6.4.6 反接制动控制电路

与转子转动方向相反的制动转矩,从而使电机尽快停车。由于反接制动时旋转磁场相对于转子转速较高,电流较大,为了减小制动电流,常在定子回路中串入降压电阻 R 以减小制动电流。

反接制动采用速度继电器,按转速原则进行控制。电动机启动时,首先合上刀开关,按下启动按钮 SB_1,KM_1 线圈通电,电动机正向启动运转。停车时,按下复合按钮 SB_2,此时转子转速很高,速度继电器 KS 常开触点仍处于闭合状态,于是接通 KM_2 线圈,主电路电源交换相序,制动开始,电动机转速则迅速下降。当电机转速低于100 r/min 时,速度继电器释放,其常开触点 KS 断开,反接制动结束。

练习与思考

6.4.1　通电延时与断电延时有什么不同?画出时间继电器的4种延时触点并说明各自的含义。

6.4.2　试设计一控制电路,满足:M_1 启动5 s后 M_2 自行启动,停止时先停 M_2,5 s后 M_1 停机。

*6.5　常用建筑电气控制电路

建筑机械的种类很多,它们都是以控制电动机运转来拖动机械设备进行工作的,一般小型机械的电气控制较简单,下面以建筑工地常用的几种设备为例,介绍其工作原理和分析控制电路。

6.5.1　混凝土搅拌机的电气控制

混凝土搅拌机是建筑工地上最常见的一种机械,其组成主要由搅拌机构、上料装置、给水环节等组成,其控制电路如图6.5.1所示

对搅拌机构的滚筒要求能正转搅拌混凝土,反转使搅拌好的混凝土倒出,即要求拖动搅拌机构的电动机 M_1 能够正转、反转。

上料装置的爬斗要求能正转提升爬斗,爬斗上升到位后自动停止并翻转将骨料和水泥倾入搅拌机滚筒;反转使料斗下降放平并自动停止,以接受再一次的下料。为防止料斗负重上升时停电或要求上升中途停止运行时保证安全,采用电磁制动器 YB 作机械制动装置。控制上料装置的电动机 M_2 属于间歇运行,可以不设过载保护装置,其控制电路是在正转、反转控制电路的基础上加行程开关的限位控制。

电磁抱闸线圈为单相380 V和电动机定子绕组并联,M_2 得电时抱闸打开,M_2 断电时抱闸抱紧,实现机械制动。ST_1 限位开关作上升限位控制,ST_2 限位开关作下降限位控制。

给水环节由电磁阀 YV 和按钮 SB_7 控制。按下 SB_7,电磁阀 YV 线圈通电打开阀门向滚筒加水;松开 SB_7,关闭阀门停止加水。

6.5.2　塔式起重机的电气控制

塔式起重机有多种形式,下面仅以 QT-60/80 型塔式起重机为例,分析其基本组成与电气

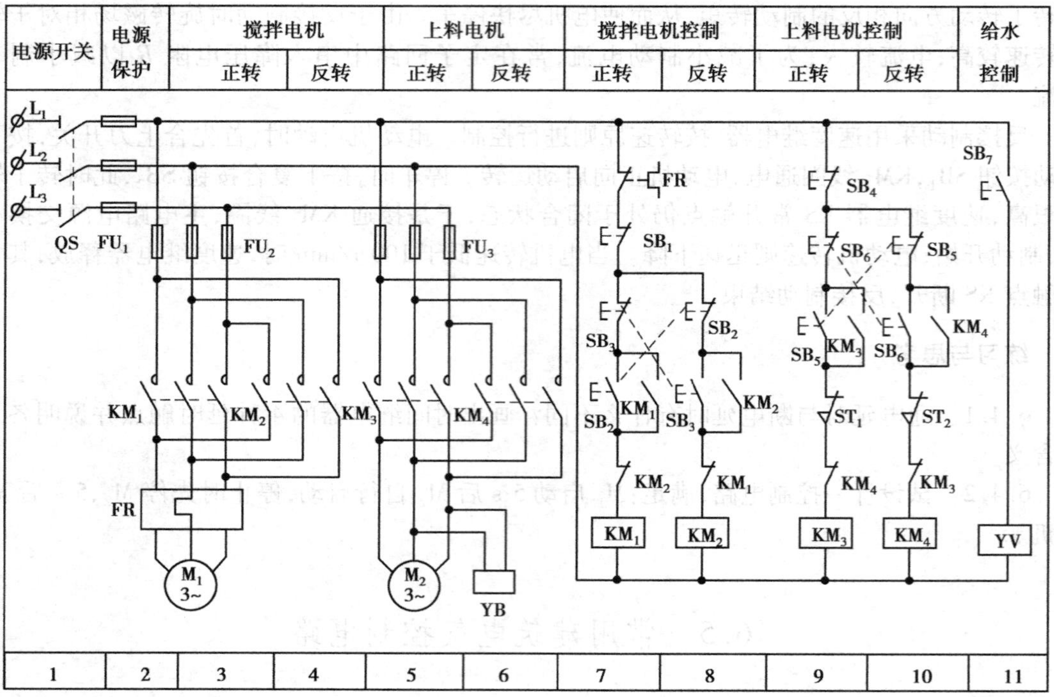

图 6.5.1　混凝土搅拌机电气控制电路

控制原理。QT-60/80 型塔式起重机主要由龙门架、行走机构、提升机构、变幅机构、回转机构、起重臂、塔身、平衡重、驾驶室等组成，如图 6.5.2 所示。具有升降、行走、回转、变幅 4 个基本动作。M_1 为提升电动机，M_2 和 M_3 为拖动、行走机构的 2 台电动机，M_4 为回转电动机，M_5 为变幅电动机，M_6 为电力液压推杆制动器中的小型鼠笼式异步电机。M_1—M_5 均为绕线式异步电机，M_2—M_5 转子回路接有频敏变阻器进行启动控制。M_1 转子回路接有可变三相电阻，电气控制主电路如图 6.5.4 所示，其控制特点如下：

(1)电动机和频敏变阻器

该型号起重电动机均属间歇运行方式，为了限制启动电流又能增大启动转矩，选用绕线式三相异步电动机。由于行走、回转和变幅电动机没有调速要求，所以采用转子外接频敏变阻器的方式启动，以限制启动电流、增大启动转矩。

提升电动机不但要解决启动和正转、反转问题，还要解决调速和制动问题，故采用转子外接电阻分级切除的方式。

(2)万能转换开关和主令控制器

由于起重用电动机为绕线式，其转子电阻为分级切除，为了得到不同的提升和下降速度，对转子回路要求串入不同的电阻值，因此，需要应用多挡位、多触点的控制开关。塔式起重机普遍采用万能转换开关和主令控制器。

万能转换开关是以手柄旋转的方式进行操作，手柄每次可转动 30°或 45°等，手柄有 2 ~ 12 个位置，分定位式和自复位式。图 6.5.3 为万能转换开关原理结构图，其触头（微动开关）是通过手柄轴带动凸轮驱动的。在图 6.5.3(a)中操作手柄的位置以虚线表示，虚线上的实

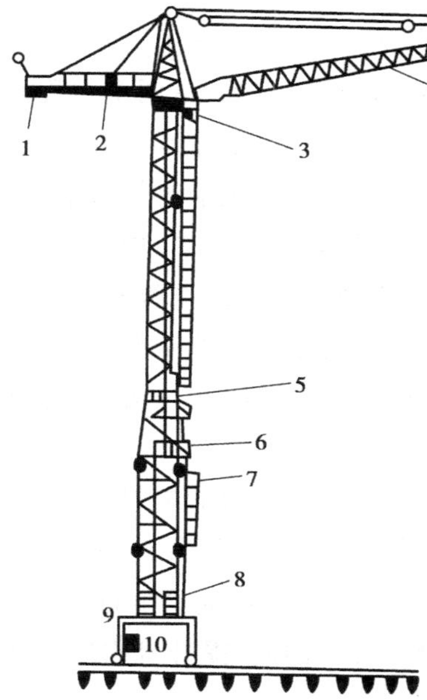

图6.5.2 塔式起重机结构图

1—平衡重;2—变幅机构;3—回转机构;4—起重臂;5—驾驶室;
6—提升机构;7—爬梯;8—压重;9—龙门架;10—电缆卷筒

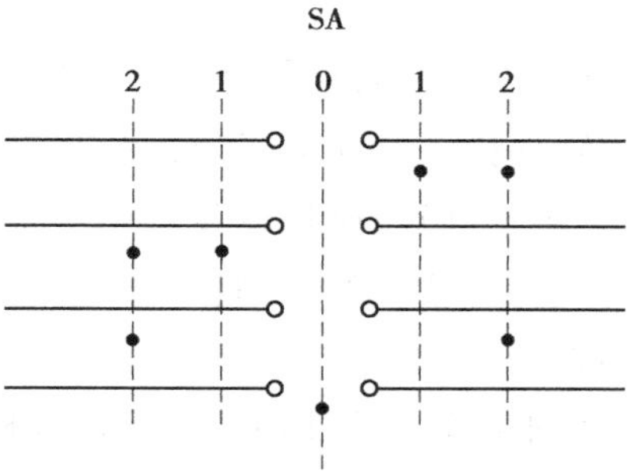

(a)图形表示法

触头＼手柄	2	1	0	1	2
SA.1				×	×
SA.2	×	×			
SA.3	×				×
SA.4			×		

(b)图表表示法

图6.5.3 万能转换开关触头通断顺序表示法

心黑圆点代表手柄转到此位置时该对触头接通,无黑圆点表示触头断开。图6.5.3(b)是图表表示法,表中纵轴是触头编号,横轴是手柄位置编号,符号“×”表示手柄在此位置时该对触头接通。选用不同形状的凸轮或以不同方位穿入方轴,就可使触头的通、断顺序发生改变,从而满足电路的要求。万能转换开关可同时控制多条通、断要求不同的电路,它的额定电压为500 V,额定电流为15 A,常用型号为LW系列。

主令控制器的结构原理与万能转换开关相类似,能按一定的顺序分、合触头,以达到发布命令或与其他控制电路联锁、转换的目的。主令控制器触头的额定电压为380 V、额定电流为15 A,型号为LK系列。

(3)制动抱闸

1)行走机构：塔式起重机因高度大，稳定性较差，故行走机构不设制动抱闸，以免刹车时引起剧烈振动和倾斜。另外，在行走台车内侧装有前、后两个行程开关，在钢轨前、后两端的相应位置上装有撞块，以保证起重机行走安全，不致出轨。

2)回转机构：回转电动机是安装在塔顶，回转运动时带着塔帽、平衡臂和起重臂一起作回转运动。回转电动机伸轴的一端有一套锁紧制动装置，由三相电磁制动器控制，当电磁铁通电时，机构被锁紧而不能回转，保证在有风扰动情况下被吊物也能准确就位。锁紧制动装置只有在回转电动机停止时才准锁紧，由电气控制电路实现。当制动电磁铁断电时回转机构就呈自由状态，使起重臂在大风情况下能自动转向顺风方向，减小阻风面积，以免起重机倾翻。

3)变幅机构：变幅电动机通电时，电磁制动器也通电打开。变幅电动机断电时，在起重臂自重的作用下自动锁住，以防止万一电磁制动器不可靠，起重臂自行下降而造成事故。

4)提升机构：提升电动机提升重物时，制动器应能通电打开。下降重物时为了获得缓慢下降的安装用速度，制动器并不要求全打开。因此，提升机构的制动器采用的是一台小型鼠笼式电机驱动的液压推杆制动器。

(4)控制电路分析

由于塔式起重机电动机较多，对应每一台电动机的控制电路也较复杂，为了分析电路图方便，则用对应的方法进行标注，例：电动机 M_5 的控制电器有 KM_5、KM_{51}、KM_{52}、KM_{53}、ST_{51}、ST_{52}、SA_5 等。

1)电源部分：采用线电压 380 V、相电压 220 V 的三相四线制电源系统供电。刀开关 QS 是全机电源的隔离开关，熔断器 FU_1 作为全机的后备短路保护。自动空气开关 QF 的动作电流为 100 A，作为本机的短路和过载保护，使保护更加完善，故障跳闸后恢复供电更加迅速。照明灯 E、电铃 HA 以及电炉和电扇的插座 XS_1 和 XS_2 不受自动开关 QF 控制。电源指示灯 HL、电流表 A、电压表 V 是为了监视整个电路的工作情况。

因起重机高度大，变幅时不准提升、回转或行走，以保证安全。为此用两个接触器 KM_1 和 KM_5 控制这两部分主电路的电源。KM_1 和 KM_5 之间不但有电气互锁，还有按钮互锁，使两者不能同时动作，以满足变幅时不准提升、行走和回转的要求。

2)变幅部分各电气元件的作用

①接触器 KM_{51} 和 KM_{52} 实现电动机的正转、反转，控制起重臂上仰或下俯。两者之间有电气互锁，防止误动作而造成电源相间短路。

②接触器 KM_{53}：电动机 M_5 启动时 SA_5 打向第一档(1 位启动)，启动结束后 SA_5 打向第二档(2 位运行)，接通 KM_{53}，短接频敏变阻器 RF_5，以便提高电动机的工作转速，减小损耗。

③频敏变阻器 RF_5 限制启动电流，增大启动转矩。

④三相电磁制动器 YB_5：电动机断电时锁紧，使起重臂固定于某一仰角。

⑤万能转换开关 SA_5：控制电动机正转、反转和启动。第一档是启动，第二档是运行。操作速度不可过快，否则过早短接频敏变阻器会造成过大的电流冲击和机械冲击。

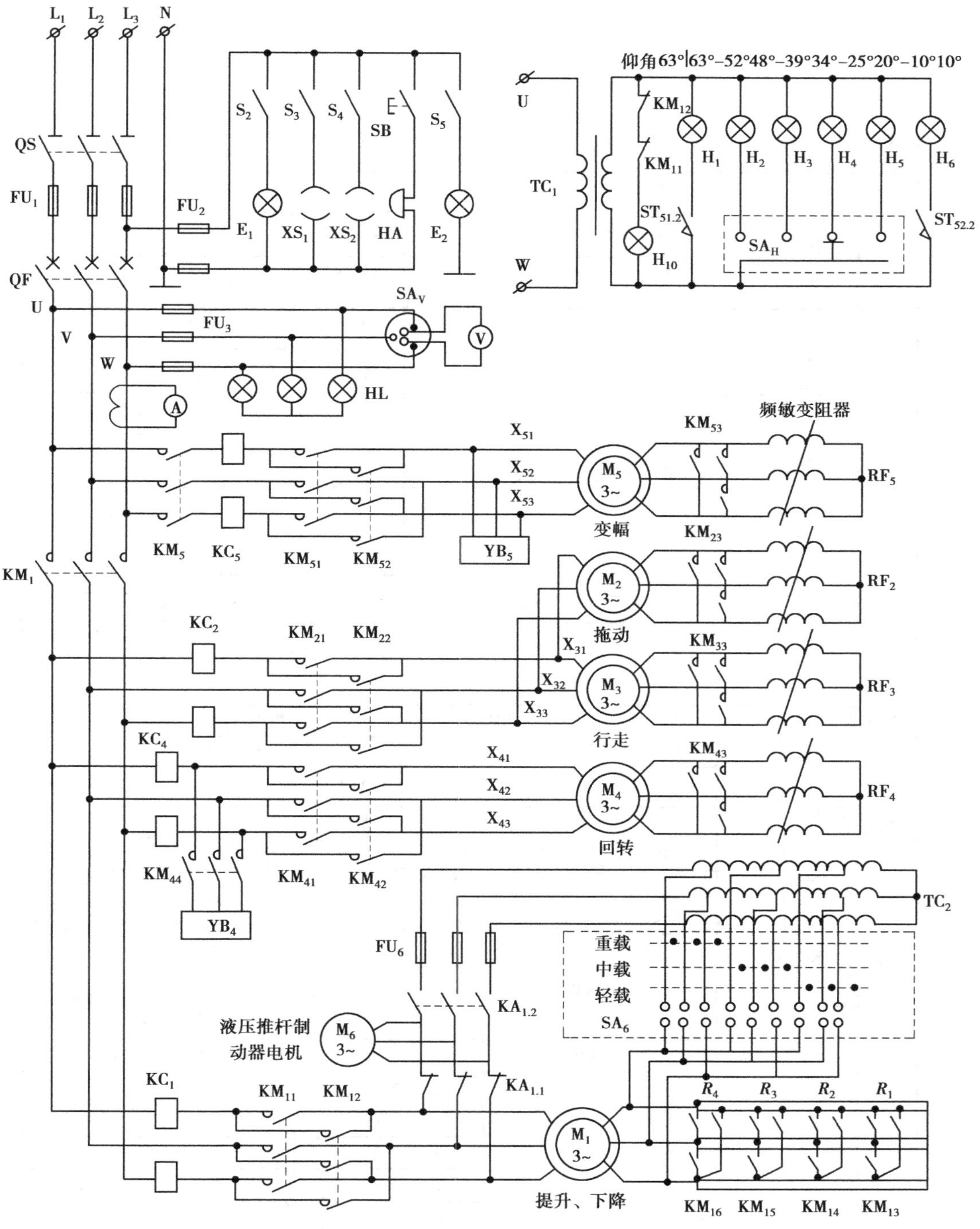

(a)塔式起重机电气控制主电路

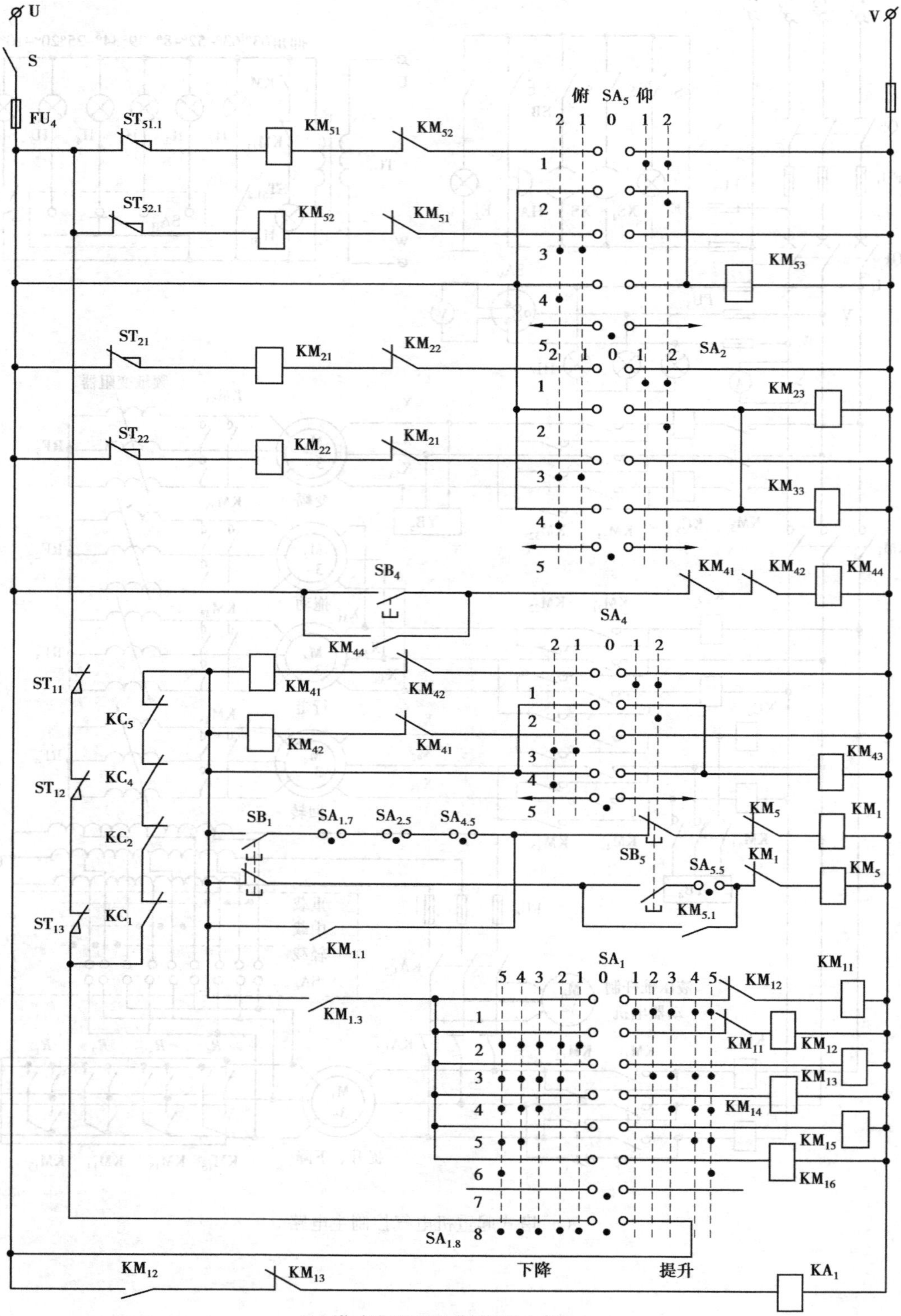

(b)塔式起重机电气控制电路

图 6.5.4

⑥过电流继电器 KC_5：电动机是间断工作，故用两相式过电流继电器作为瞬时过电流保护。

⑦变幅限位开关 ST_{51} 和 ST_{52}：把起重机的仰角限制在 10° ~ 63°，起重臂上仰到 63°时 $ST_{51.1}$ 动作，下俯到 10°时 $ST_{52.1}$ 动作。

⑧幅度指示装置：由 $ST_{51.2}$ 和 $ST_{52.2}$ 控制，用以接通或断开 6 只信号灯而实现幅度指示。

⑨零位保护：目的是防止停产或停电后忘掉把转换开关的手柄扳回零位，若再次工作或恢复供电时，以免造成电动机自启动引起人身或设备事故。转换开关 $SA_{5.5}$ 只有手柄在零位时接通，并串接在 KM_5 的线圈回路中。如果送电前手柄不在零位，送电后即使操作 SB_5，KM_5 也不会动作，必须把手柄扳回零位，重新操作 SB_5 才能使 KM_5 通电，再操作 SA_5 才能使电动机 M_5 启动，从而实现了零位保护。

3）行走和回转部分

这两部分电路与变幅电路基本相同，不再赘述。行走没有电磁制动器，而回转不需要限位保护。YB_4 是回转锁紧制动装置的电磁制动器，用接触器 KM_{44} 控制，按钮 SB_4 操作，以便在有风的情况下重物能准确就位。由于只有回转电动机停止时才准许锁紧回转机构，所以在 KM_{44} 的线圈电路中串联了 KM_{41} 和 KM_{42} 的两个常闭联锁触头。

行走、回转和提升 3 个转换开关的零位保护触头 $SA_{2.5}$、$SA_{4.5}$、和 $SA_{1.7}$ 串接在 KM_1 的线圈电路中起零位保护作用。

4）提升部分

①启动、调速和制动：提升电动机 M_1 用 4 段附加电阻 R_1 ~ R_4 进行启动、调速和制动，用主令控制器 SA_1 进行控制。在第一档到第五档的提升过程中，正转接触器 KM_{11} 动作，第一档接入全部附加电阻，启动转矩较小。从第二档到第五档加速接触器 KM_{13}、KM_{14}、KM_{15}、KM_{16} 逐个动作，附加电阻 R_1、R_2、R_3、R_4 逐段被短接，电机逐档加速。

在下降过程中第二档至第五档，反转接触器 KM_{12} 动作。若是重载则属回馈制动下降，高速下放重物，启动时应连续推向第五档。

②电力液压制动器的机械制动：下降的第一档是用电力液压推杆制动器来获得特别慢的安装用的下降速度。在其他各档时，中间继电器 KA_1 释放，其常闭触头 $KA_{1.1}$ 使 M_6 与 M_1 的定子并联，起普通的停电刹车和通电打开推杆制动器的作用。

③超重、超高和钢绳脱槽保护：它们分别是由 ST_{13}、ST_{11} 和 ST_{12} 3 个限位开关进行保护。这 3 个限位开关串接在电源接触器 KM_1 和 KM_5 的线圈电路中，任一个限位开关动作，都使两个接触器断电释放，5 台电动机断电而停止运行起到保护作用。

④过流、失压保护和事故开关：过流继电器 KC_1、KC_2、KC_4、KC_5 的常闭触头串接在 KM_1 到 KM_5 的线圈电路中，一旦过流其过流继电器触头动作，KM_1 到 KM_5 线圈断电，5 台电动机停止。过流继电器的动作电流整定值一般取电动机额定电流的 1.9 ~ 2.5 倍。

控制电路的电源开关 S 兼作事故开关，在发生紧急事故时可断开它，使各电动机立即停止。塔式起重机电气控制电路相对较复杂，要采用“化整为零，再积零为整”的方法来阅读电路图。

6.5.3　水泵水位的电气控制

水位控制一般用于高位水箱给水和污水池排水。将水位信号转换为电信号的设备称为水位控制器或液位传感器，常用的水位控制器有干簧管式、浮球式、电极式和电接点压力表式等。下面以两台给水泵一用一备为例介绍其工作原理及控制电路分析。

两台给水泵一用一备，是生活供水中常见的形式之一，主要受屋顶水箱的水位控制，低水位起泵，高水位停泵。工作泵有故障时，备用泵延时自投，并进行故障报警。生活供水泵主电路如图 6.5.5(a)所示，其控制电路见图 6.5.5(b)，工作原理分析如下：

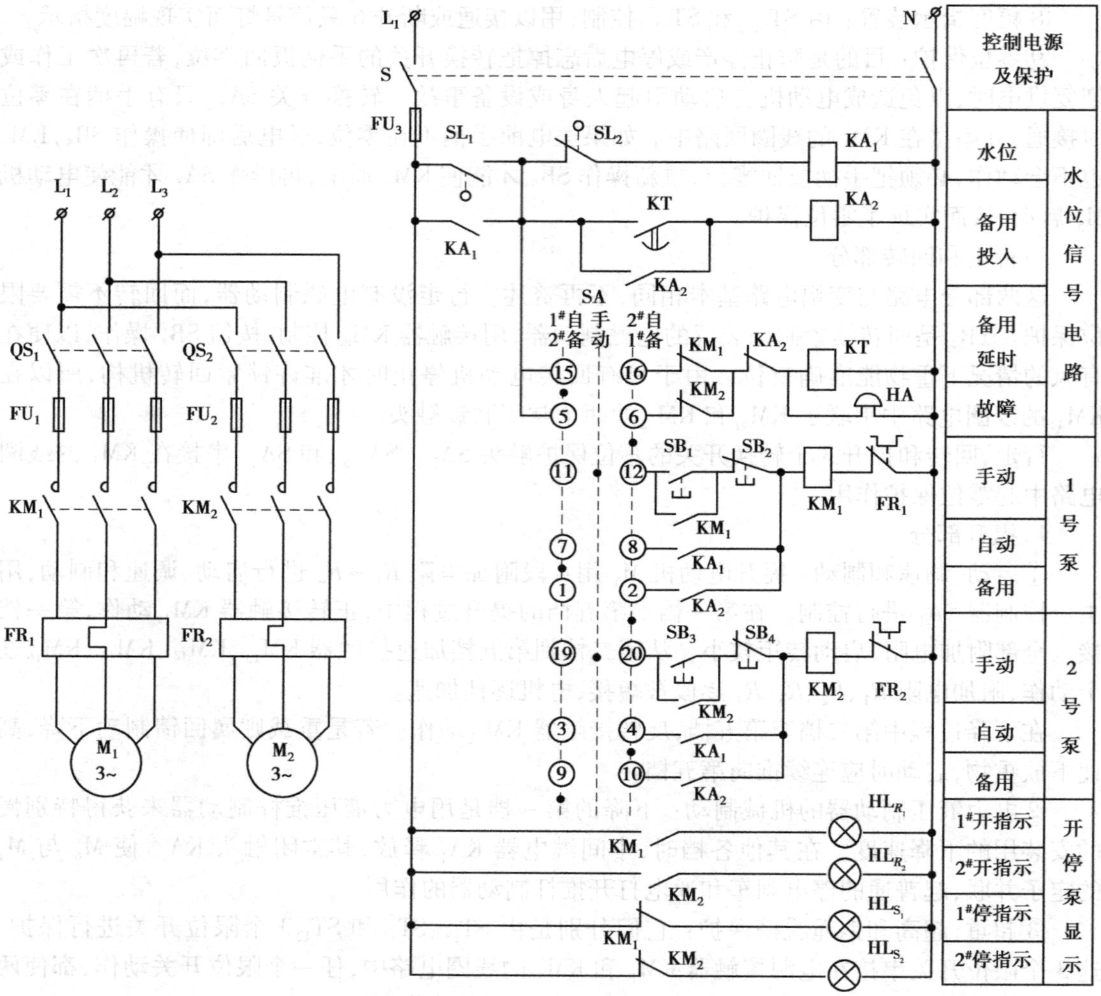

(a) 主电路　　　　(b) 控制电路

图 6.5.5　两台生活泵互为备用电路

正常工作时，电源开关 QS_1、QS_2、S 均闭合，SA 为万能转换开关(LW5 系列)，有 3 挡 8 对头，手柄在中间挡，11-12、19-20 两对触头闭合，为手动操作按钮，水泵不受水位控制器控制。SA 手柄扳向左 45°，15-16、7-8、9-10 三对触头闭合，1#泵为常用机组，2#泵为备用机组，当水位低于干簧管水位控制器时，浮标磁铁对应于 SL_1 处(整定的最低水位值)，SL_1 水位控制器动作，控制回路中的 SL_1 常开触点闭合，水位信号电路中的中间继电器 KA_1 线圈通电，其常开触头闭合，一对用于自锁，一对通过 $SA_{7\text{-}8}$ 使接触器 KM_1 通电，1#泵投入运行加压送水。当浮标离开 SL_1 处时，SL_1 触点断开。当水位达到高水位时，浮标磁铁对应于 SL_2 处(整定的最高水位值)，SL_2 水位控制器动作，控制回路中的 SL_2 常闭触点断开，KA_1 失电、KM_1 失电，1#泵停止运行。

如果 1[#]泵在投入运行时发生过载或者接触器 KM_1 接受信号后不动作，时间继电器 KT 和警铃 HA 通过 $SA_{15\text{-}16}$ 通电，警铃响，KT 延时 5 ~ 10 s 使中间继电器 KA_2 通电，经 $SA_{9\text{-}10}$ 使接触器 KM_2 通电，2[#]泵自动投入运行，同时 KT 和 HA 失电。

SA 手柄扳向右 45°时，5-6、1-2、3-4 三对触头闭合，2[#]泵自动投入运行，1[#]泵为备用，其工作原理与上述过程相类似，不再赘述。

本章小结

1. 理解手动、自动控制电器的工作原理；熟练掌握各种电器的文字符号和图形符号，因为它们是绘制继电接触器控制电路原理图的基础。

2. 掌握基本控制电路，如点动、直接启停控制、正反转控制等，要理解其工作原理，并能够自己设计和绘制控制电路原理图；掌握短路、过载、零压（失压）保护的方法。

3. 理解行程控制和时间控制的工作原理，熟记时间继电器通电延时和断电延时触点的图形符号及文字符号；能读懂较复杂的控制电路，在读图时结合主电路理解电路中的主要控制关系，自上而下，从左到右读懂控制原理图。

4. 分析设计控制电路原理图时，应注意以下几点：

①主电路与控制电路分开设计；

②同一电器的线圈、触头等不同部件，不论在什么位置都要用同一文字符号标注；

③原理图中所有电器，必须按国家统一符号标注，且均按自然状态表示；

④接触器、继电器的线圈不能串联。

习题 6

6.1　单项选择题

（1）在机床电力拖动中要求油泵电动机启动后主轴电动机才能启动。若用接触器 KM_1 控制油泵电动机，KM_2 控制主轴电动机，则在此控制电路中必须（　　）。

（a）将 KM_1 的常闭触点串入 KM_2 的线圈电路中

（b）将 KM_2 的常开触点串入 KM_1 的线圈电路中

（c）将 KM_1 的常开触点串入 KM_2 的线圈电路中

（2）在电动机的继电器接触器控制电路中，热继电器的正确连接方法应当是（　　）。

（a）热继电器的发热元件串接在主电路中，而把它的动合触点与接触器线圈串联接在控制电路内

（b）热继电器的发热元件串接在主电路内，而把它的动断触点与接触器线圈串联接在控制电路内

（c）热继电器的发热元件并接在主电路内，而把它的动断触点与接触器的线圈并接在控制电路内

（3）在题 6.1（3）图示的控制电路中，按下 SB_2，则（　　）。

(a) KM_1,KT 和 KM_2 同时通电,按下 SB_1 后经过一定时间 KM_2 断电

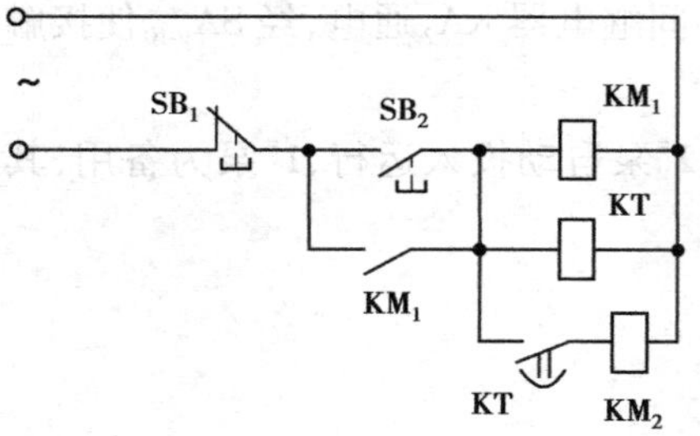

题 6.1(3) 图

(b) KM_1,KT 和 KM_2 同时通电,经过一定时间后 KM_2 断电

(c) KM_1 和 KT 线圈同时通电,经一定时间后 KM_2 线圈通电

(4) 在题 6.1(4) 图所示电路中,SB 是按钮,KM 是接触器,若先按动 SB_1,再按 SB_2,则(   )。

(a) 只有接触器 KM_1 通电运行

(b) 只有接触器 KM_2 通电运行

(c) 接触器 KM_1 和 KM_2 都通电运行

(5) 在题 6.1(5) 图示的控制电路中,SB 是按钮,KM 是接触器,KM_1 控制电动机 M_1,KM_2 控制电动机 M_2,若要启动 M_1 和 M_2,其操作顺序必须是(   )。

(a) 先按 SB_1 启动 M_1,再按 SB_2 启动 M_2

(b) 先按 SB_2 启动 M_2,再按 SB_1 启动 M_1

(c) 先按 SB_1 或 SB_2 均可

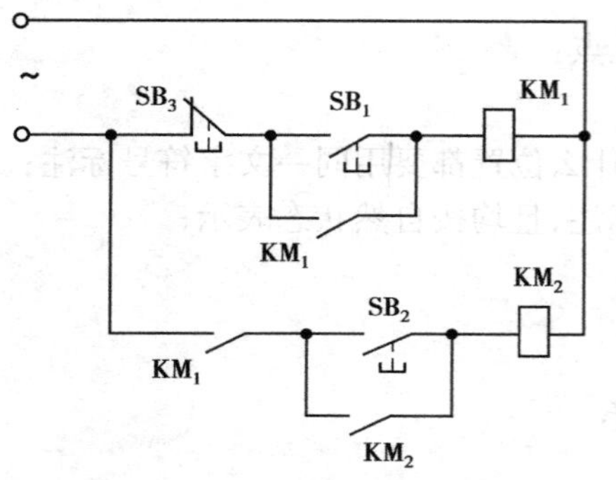

题 6.1(4) 图

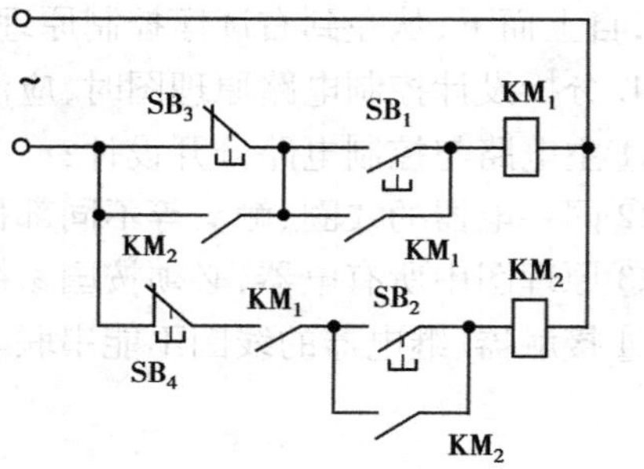

题 6.1(5) 图

(6) 在题 6.1(6) 图示的控制电路中,具有(   )保护功能。

(a) 短路和过载　　(b) 过载和零压　　(c) 短路,过载和零压

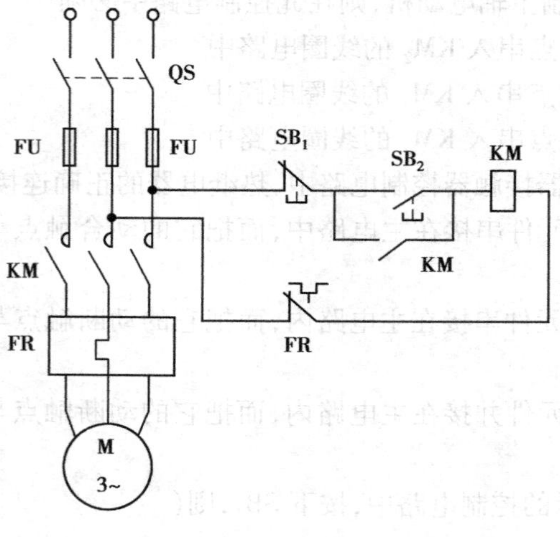

题 6.1(6) 图

6.2　某三相异步电机的额定功率为 5.5 kW，额定电流是 11.6 A，启动电流是额定电流的 7 倍，用熔断器做短路保护，熔丝的额定电流应该选多大？

6.3　为实现电动机的正转、反转控制，试指出题 6.3 图中的错漏，并加以改正。

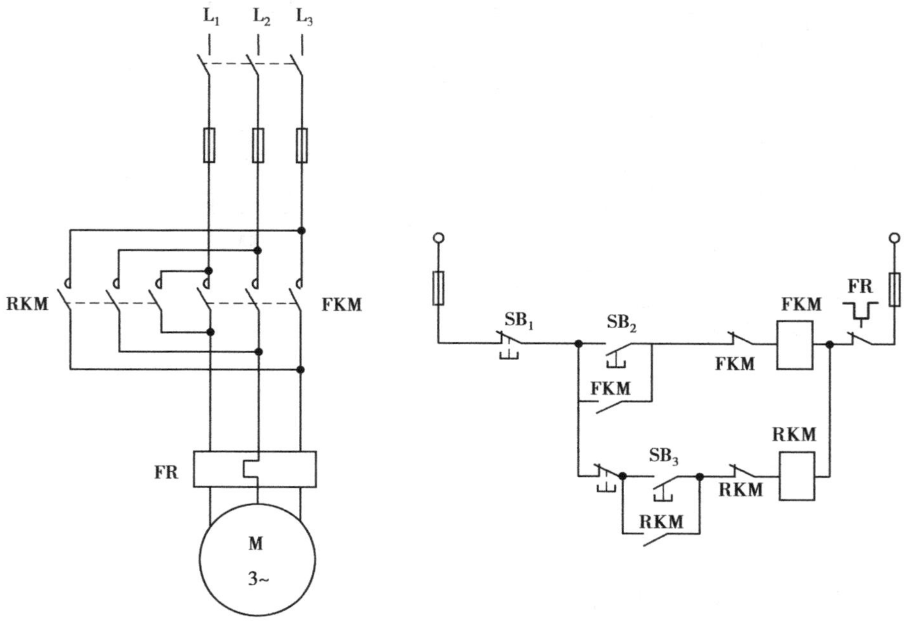

(a) 主电路　　　　(b) 控制电路

题 6.3 图

6.4　试画出既能使三相异步电动机正转、反转连续运行，又能在正转或反转时点动的控制电路。要求具有过载、短路、欠压(零压)保护。

6.5　试分析题 6.5 图中主轴、油泵电动机控制电路的动作过程，图中有什么保护，各由什么电器部件来实现的？

6.6　机床的主轴和润滑油泵分别由鼠笼式三相异步电动机拖动，其主电路如题 6.6 图所示。要求：(1) 主轴电动机(M_2)必须在油泵电动机(M_1)启动后才能启动，但可同时停车；(2) 主轴电动机能正转、反转，点动；(3) 分别具有过载、短路、欠压(零压)保护。试画出其控制电路。

6.7　控制电路如题 6.7 图所示，试分析动作顺序及功能。

6.8　如题 6.8 图是某车床的控制电路，其中 KM_1、KM_2、KM_3 分别是控制主轴、冷却液泵、小刀架的电动机的交流接触器，试分析该控制电路的工作过程及功能。

6.9　车间的桥式起重机运行到车间的两端时碰撞行程开关停止运行，而后由操作人员按下电动机反转启动按钮，使起重机反方向移动，试画出实现以上动作的主电路和控制电路。

6.10　题 6.10 图所示为两台电动机的控制电路，试分析电路的功能和动作顺序。

6.11　试画出一个通电延时的鼠笼式异步电动机的能耗制动控制电路。

6.12　一运料小车行程控制示意图如题 6.12 图所示。试设计一控制电路同时满足以下要求：

(1) 小车启动后，先行进到 A 地，停 5 分钟等待装料，然后自动返回 B；

(2) 到 B 地后停 5 分钟等待卸料，然后自动返向 A；

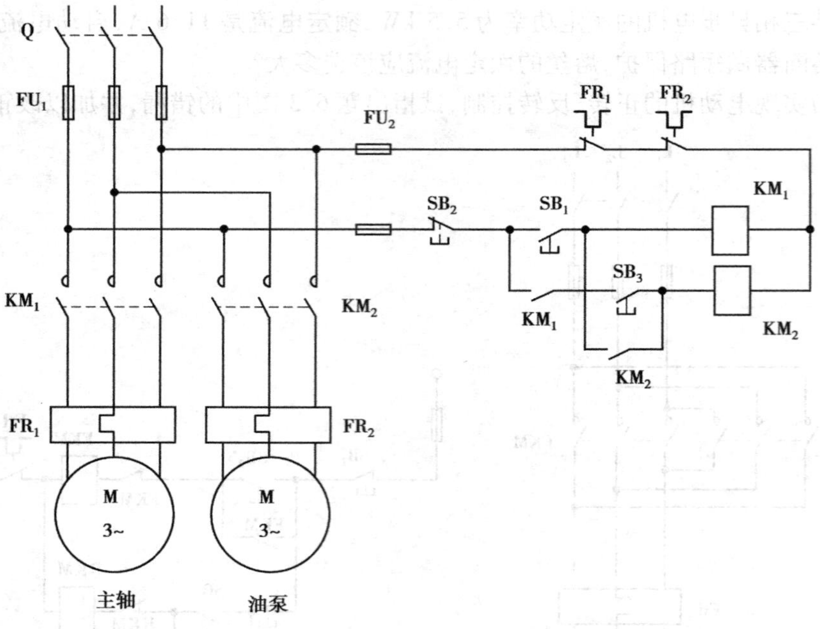

题 6.5 图

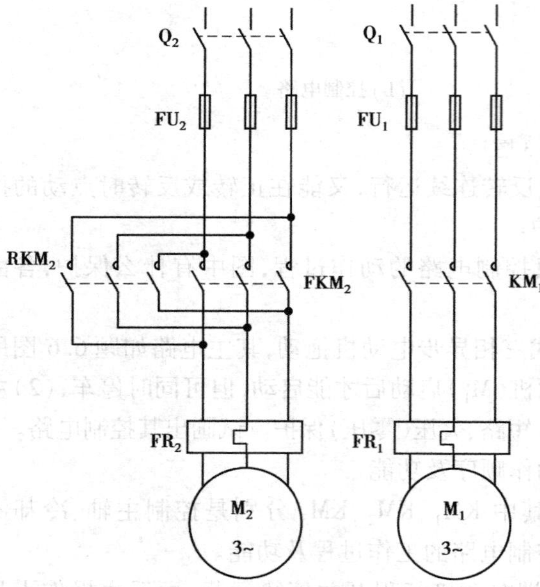

题 6.6 图　主电路

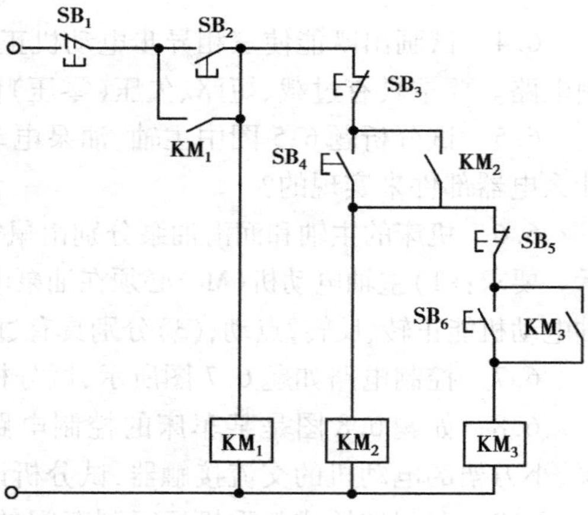

题 6.7 图

(3)有欠压(零压)、过载和短路保护；

(4)小车可停在 A、B 间的任意位置。

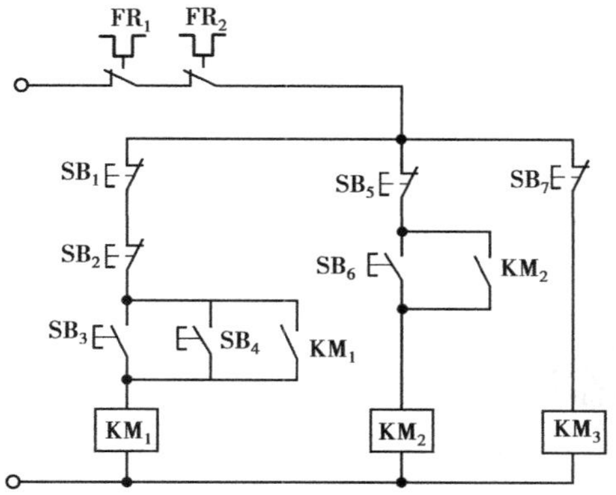

题 6.8 图

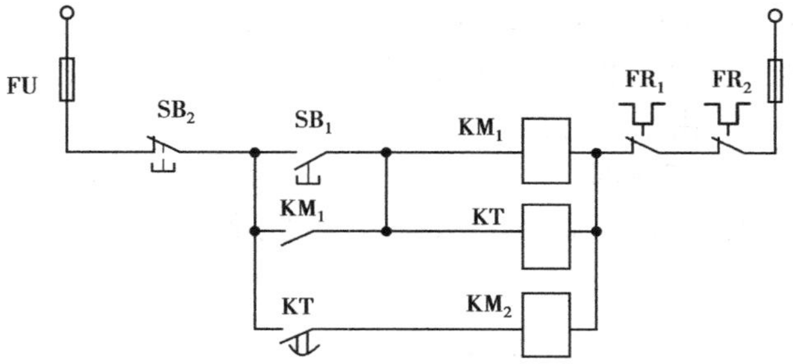

题 6.10 图

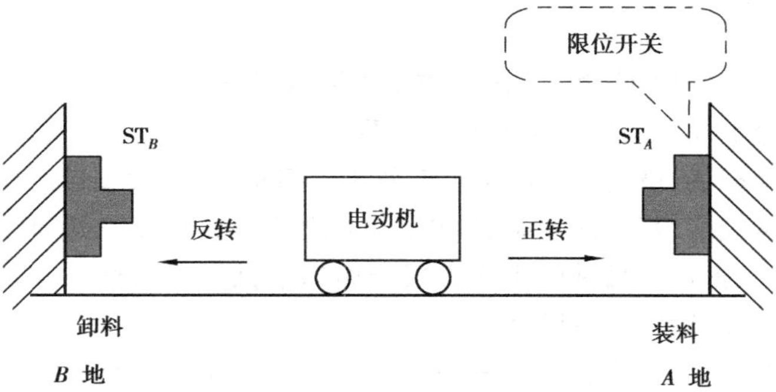

题 6.12 图

第 7 章 可编程序控制器

可编程序控制器(Programmable Logic Controller,简称为 PLC)是一种以微处理器为基础,综合了计算机、电气控制和通信网络等技术发展起来的通用工业自动控制装置。PLC 自 20 世纪 60 年代末诞生以来,由于具有操作方便、可靠性高等一系列的优点,在短短的 40 多年里,不仅广泛地应用在各种工业部门,成为当代工业自动化的主要控制设备之一,而且在楼宇自动化、家庭自动化、商业、公用事业、测试设备和农业等各个领域的应用也得到了高速发展。

7.1 概　述

7.1.1 发展历史

19 世纪末,随着电动机的问世,逐渐形成了以继电器、接触器、按钮、开关等元器件为基础的主要用于控制交流电动机的继电接触器控制系统。在工业上,由于大量采用了继电接触器系统控制的自动化生产线,极大的提高了生产效率。但是,对于大型自动生产线控制系统,由于使用的继电器数量较多,其接线复杂、体积大、不便于检查和维护等问题越来越突显出来。同时,工业生产也由大批量少品种的生产方式开始向小批量多品种方式转变。显然,采用固定接线方式的继电器控制系统很难适应这一发展要求。

1968 年,美国最大的汽车制造厂家——通用汽车(GM)公司为实现“多品种、小批量、不断翻新汽车品牌型号”的战略,公开招标新型工业控制装置。1969 年,美国数字设备公司(DEC)根据 GM 公司的招标要求,率先研制成功世界上第一台型号为 PDP-14 的可编程序控制器(PLC)。

自 PLC 问世以来,许多国家的著名生产厂商都竞相开发研制(例如:日本于 1971 年研制出第 1 台 DCS-8 型 PLC),形成了美国、欧洲和日本三大主流产品。经过近半个世纪的发展,从最初的用一位机开发,磁芯存储器存储,只具有单一的逻辑控制功能的 PLC,已经发展到目前全面使用 16 位、32 位高性能微处理器,甚至在一台 PLC 中配置多个微处理器,进行多通道处理。同时,大量内含微处理器的智能模板的开发应用,使得 PLC 真正成为具有逻辑控制功能、过程控制功能、运动控制功能、数据处理功能以及联网通讯功能的多功能产品。但是,由于美国和欧洲的PLC技术是在相互独立的情况下进行开发的，因此，其产品有明显的差异性，而日本则是在引进美国技术的基础上进行发展。目前，美国A-B公司、GE-Fanuc公司，德国的西门子公司（其S7-300PLC如图7.1.1所示），日本的三菱公司和欧姆龙公司控制着全世界80%以上的PLC市场。

图7.1.1　S7-300PLC

近几年，PLC在我国得到了迅猛地发展，不少厂家引进或研制了一大批PLC（例如：中国科学院自动化研究所的PLC-0088，杭州机床厂的DKK02等），并且涌现出大批应用PLC改造设备的成果。

1985年1月，国际电工委员会（IEC）对PLC作了如下定义：“可编程序控制器是一种数字运算操作的电子系统，专为在工业环境下应用而设计。它采用可编程序的存储器，用来在其内部存储执行逻辑运算、顺序控制、定时、计数和算术运算等操作指令，并通过数字式、模拟式的输入和输出，控制各种类型的机械或生产过程。可编程序控制器及其有关设备，都应按易于使工业控制系统形成一个整体，易于扩充其功能的原则设计。”

7.1.2　应用领域和发展趋势

(1)PLC的应用领域

目前，PLC已经广泛地应用在所有的工业部门，而且已扩展到楼宇自动化、家庭自动化、商业、公用事业、测试设备和农业等各个领域。其应用主要包括：开关量逻辑控制；模拟量、数字量控制；数据处理；通信与联网；监控；运动控制。

其中，开关量逻辑控制是PLC的基本应用之一，也是传统继电器控制系统的主要功能。PLC利用“与”、“或”、“非”等逻辑指令，可轻易的实现大量触点和电路的串联、并联，代替传统继电器进行组合逻辑、定时控制与顺序逻辑控制，在机床电气控制、冲压、铸造机械、运输带、包装机械的控制，电梯的控制，化工系统中各种泵和电磁阀的控制，冶金系统的高炉上料系统、轧机、连铸机、飞剪的控制，以及各种自动生产线的控制中得到了广泛应用。

(2)PLC的发展趋势

21世纪，随着计算机技术、半导体集成技术、通信网络技术和机械制造技术的高速发展，PLC无论是从产品规模、品种、功能的完备性，还是新功能的开发、新技术的应用等各个方面都迎来了更大的发展。PLC目前主要的发展趋势：向高性能、高速度、大容量发展；向超小型和超大型双向发展；PLC编程语言的多样化和标准化；增强通信联网能力，控制与管理功能一体化；扩展模块智能化、功能完善化。

练习与思考

7.1.1　简述PLC产生的背景。

7.1.2　PLC有哪些应用领域？

7.2 可编程序控制器的硬件配置

7.2.1 基本组成

PLC 的基本结构主要由中央处理单元(CPU)、输入/输出(I/O)模块、电源和编程器等外设组成,如图 7.2.1 所示。

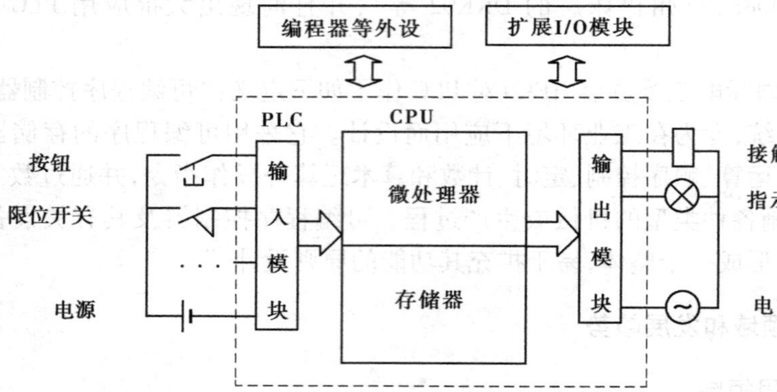

图 7.2.1 PLC 的基本结构

(1)CPU 模块

CPU 模块相当于人体的大脑和心脏,主要由微处理器(CPU 芯片)和存储器组成。它采用扫描工作方式,实现采集输入信号,执行用户程序,刷新系统的输出,储存程序和数据,诊断系统自身故障等功能。

1)微处理器 CPU:是 PLC 系统的控制中枢,它主要由运算器、寄存器、控制器、总线接口等功能模块组成。

2)存储器:PLC 与计算机一样,必须有一定的软件支持,才能完成相应的工作。PLC 的系统程序、用户程序以及工作数据都存放在存储器中。系统程序相当于个人计算机的操作系统,和 PLC 的硬件组成有关,完成系统诊断、命令解释等功能,它与硬件一起决定 PLC 的性能。厂家完成将系统程序固化到只读存储器(ROM)和可电擦除的只读存储器(E^2PROM)的工作,用户不能直接存取。而 PLC 系统具体实现的功能由用户程序决定。用户程序存储区采用随机存取存储器(RAM)+锂电池或 E^2PROM 存放用户程序。

(2)输入/输出(I/O)模块

I/O 模块是联系 PLC 的 CPU 模块和外部现场的桥梁。PLC 通过输入模块采集各种输入信号,并以此为依据进行处理,最终通过输出模块控制接触器、电磁阀、电磁铁、调节阀、调速装置等执行器,实现对被控对象的控制。

I/O 模块输入和输出口的个数称为 I/O 点数。例如:西门子公司的 CPU221 有 6 个输入点和 4 个输出点;三菱公司的 FX_{2N}-48MR 的输入和输出点均为 24。

I/O 模块通常可分为:

①开关量 I/O 模块:这是最基本的功能模块。输入模块用于接收和采集各种开关量输入

信号，它能对输入信号进行滤波、隔离和电平转换等处理，从而保证输入信号的状态安全、可靠地传送到PLC的内部。输出模块是PLC驱动负载的输出电路，同时它还具有功率放大、滤波、隔离和电平转换等功能。

②模拟量I/O模块：PLC控制系统经常需要采集压力、温度、流量和转速等信息，这些输入信号均为模拟量。同时，伺服电动机、调节阀、记录仪等执行机构的工作则要求PLC输出模拟信号来驱动。由于PLC的CPU只能处理数字量，因此，模拟量I/O模块的主要任务就是完成将输入信号转换为数字量，以及将输出信号转换为模拟量。

③特殊I/O模块：它是为了降低费用或简化编程过程，增强PLC的功能，扩大PLC应用范围而开发的各种I/O模块，也经常作为独立的模块供PLC系统根据具体的工艺控制要求进行选择配置。特殊I/O模块主要包括：PID过程控制模块、高速计数模块、运动控制模块、通信模块、热电阻/热电耦模块、数据处理与控制模块、中断输入模块与快速响应模块、带微处理器的I/O模块、BCD码I/O模块等。

(3)电源

PLC一般使用220 V交流电源或24 V直流电源供电。PLC内部则通过直流稳压电源为各功能模块提供工作电压。

(4)编程器及其他外部设备

编程器的基本作用是编辑、调试和输入用户程序，同时还可以用于监视系统运行时各种编程元件的工作状态。编程器分专用编程器和通用计算机开发系统两种。专用编程器由PLC生产厂家生产，只能用于该生产厂家的某些PLC产品。可见，专用编程器使用范围有限，同时，由于PLC更新换代很快，也造成了专用编程器的使用寿命有限。因此，目前比较流行的是采用以通用计算机为基础的编程系统，对于不同型号和厂家的PLC，只需采用相应的编程软件即可。该开发系统功能非常强大，既可以编制、修改PLC各种语言的程序，进行文档管理，对工业现场和系统仿真，监视系统运行，还可以利用网络软件，构成PLC网络控制系统。

此外，PLC系统还可以配置人/机接口装置、外存储器、打印机、EPROM写入器等外部设备。

7.2.2　工作原理

PLC有运行(Run)与停止(Stop)两种基本的工作模式。

Run模式下，PLC通过执行反映控制要求的用户程序来实现控制功能，其完整的工作过程包括：自诊断处理、通信信息处理、输入处理、程序执行和输出处理5个阶段。工作过程的5个阶段循环执行，因此，通常把PLC的这种周而复始的循环工作方式称为扫描工作方式。

Stop模式下，PLC则循环执行“自诊断处理”和“通信信息处理”两个阶段。

“自诊断处理”阶段，PLC检查CPU模块内部的硬件是否正常，检查程序执行结果是否正确，判断程序执行时间是否超时等。如果出现故障，则停止中央处理工作并报警提示。

“通信信息处理”阶段，PLC完成各种通信功能，包括：与编程器交换信息；与别的带微处理器的智能装置通信(如数字处理器)；与网络通讯，当PLC配有网络通讯模块时，应与通讯对象进行数据交换。

“输入处理”阶段，PLC将所有的输入信号读入到内部的输入映象寄存器中进行存储，这一过程又称为采样。输入映象寄存器和输出映象寄存器是从PLC的存储器中划分出来专门用来存放输入信号和输出信号状态的存储区。当外接的 PLC 输入触点电路接通时，对应的输入映象寄存器为“1”状态；反之，输入触点电路断开时，对应的输入映象寄存器为“0”状态。在一个扫描工作周期内，这个采样结果的内容不会改变，它将作为 PLC 程序执行时的输入量依据。在被采样后，如果外部输入信号状态发生了变化，只能在下一个扫描周期的输入处理阶段被读入。

“程序执行”阶段，CPU 从用户程序的第一条指令开始，逐条执行，直到程序结束。

“输出处理”阶段，是指当用户程序执行完后，PLC 将输出映象寄存器的“0”或“1”状态传送到输出锁存器进行锁存，以驱动 PLC 系统输出端的用户设备。当某输出映象寄存器为“1”状态时，系统外部负载通电工作；反之，则使外部负载断电，停止工作。锁存器中的内容将保持到下一次“输出处理”阶段才会被更新，PLC 外部的实际输出状态也随之改变。

PLC 在 Run 状态下，将执行一次扫描操作的 5 个阶段所需的时间称为扫描周期，它与 CPU 的运行速度、PLC 硬件配置及用户程序的长短有关，典型值为 1 ~ 100 ms。

7.2.3 西门子 S7-200 系列可编程序控制器简介

西门子公司的 micro automation SIMATIC S7-200 系列 PLC 是一种具有可靠性高、指令集丰富、易于掌握、操作便捷、内置集成功能丰富、实时特性、通讯能力强劲、扩展模块丰富、性能/价格比高、结构紧凑等特点的小型 PLC。S7-200 PLC 通常指包括 4 个不同的基本型号 CPU 模块的系列产品，即：CPU221、CPU222、CPU224 和 CPU226。例如，CPU221 的外形尺寸为 90 mm × 80 mm × 62 mm，其中 DC/DC/DC 型的 CPU221 重量为 270 g，可以装入机械设备内部，实现机电一体化控制。

S7-200 PLC 系统主要由 CPU 模块、I/O 模块和编程器等外设组成。常见的一个基本 S7-200系统如图 7.2.2 所示，包括：CPU 模块、通用个人计算机、STEP7-Micro/WIN32 编程软件以及通讯电缆。

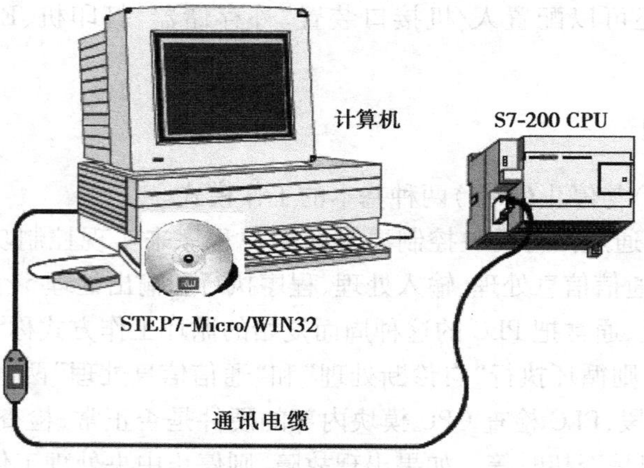

图 7.2.2 基本 S7-200 PLC 系统

(1)CPU 模块

CPU 模块是 PLC 系统的基本单元，包括：中央处理单元（CPU）、电源、数字量 I/O 模块以及通讯接口等，它们集成为一个紧凑、独立的设备，可以构成一个独立的控制系统，如图 7.2.3 所示。

中央处理单元(CPU)集成在模块的内部,负责执行程序和存储数据等工作。

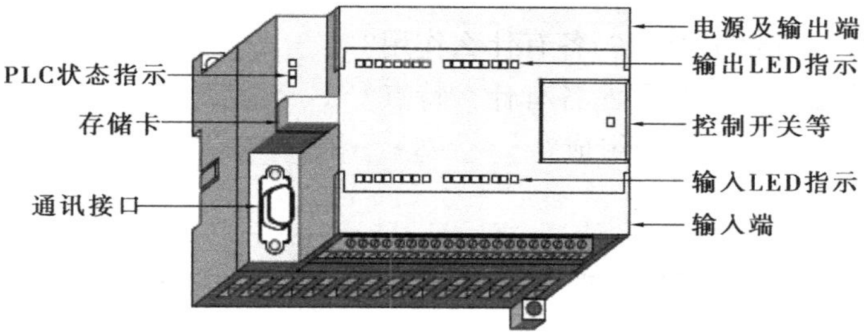

图7.2.3 CPU模块

CPU模块自带一定数量的数字量I/O,它们分布在模块的顶部和底部端子盖内。底部端子盖内不仅顺序排列着各个输入端子,还提供24 V的直流传感器电源;顶部端子盖内则是输出端子和CPU模块的电源输入端。2排LED指示灯分别指示了各个输入和输出端的"通/断"状态。S7-200系统可通过扩展模块对其I/O点数(I/O点数指PLC接受的输入信号和输出控制信号的数量。点数越多,可以连接的外部设备就越多,控制的规模就越大)进行扩展,最大可扩展到248点数字量I/O或35点模拟量I/O。扩展模块通过电缆与基本单元或其他扩展模块相连,连接端口处于中部右侧翻盖内。

中部右侧翻盖内还有工作模式开关和模拟量调节电位器。工作模式开关不仅可以直接控制PLC进入运行(Run)或停止(Stop)状态,还能使PLC处于TERM状态,即可由编程器等外部设备控制PLC进入运行或停止状态,此开关的功能便于系统调试和集中控制。

PLC状态LED指示灯中,运行(Run)状态下,对应的绿色LED点亮;黄灯表示处于停止(Stop)状态;系统出现异常时,红灯点亮。

CPU模块自带数K字的E^2PROM用户存储器。同时,还提供了存储卡接口。

通讯接口提供了PLC与编程器、显示器、打印机、计算机和其他PLC连接的通道。图7.2.2所示的系统中,CPU模块通过一条PC/PPI电缆与计算机直接相连。

(2)编程器和编程软件

S7-200 PLC的编程器分专用编程器和通用计算机开发系统两种。在西门子编程器(如PG740)或个人计算机上安装了编程软件STEP7-Micro/WIN32后,即可构成编程系统供用户使用。

STEP7-Micro/WIN32是基于Windows的应用软件,可以对S7-200 PLC的所有功能进行编程,其基本功能是创建、编辑、调试、监控用户程序以及进行系统组态。

(3)通讯电缆

通讯电缆是编程系统和PLC联系的桥梁。PC/PPI电缆是最常见的通讯电缆,不仅可直接连接个人计算机,还可用于DTE设备(如:打印机、条码阅读器等)之间的连接。

(4)扩展模块

为了更好地满足控制系统的要求,西门子公司为S7-200PLC配置了丰富扩展模块,例如,数字量I/O模块(如EM221、EM222和EM223)、模拟量I/O模块(如EM231、EM232和EM235)、调制解调器模块EM241、热电耦/热电阻扩展模块EM231、位置控制模块SM253等。

练习与思考

7.2.1　PLC 由哪几部分组成？各有什么作用？

7.2.2　PLC 有哪几种编程器？各有什么特点？

7.2.3　S7-200PLC 哪几部分组成？

7.3　可编逻辑控制器编程元件和基本指令

7.3.1　编程语言

PLC 依据系统程序和用户程序实现各种处理和控制。目前，程序的编写有多种编程语言可供选择，但不同厂家的 PLC 具体的编程语言有较大的差异。虽然几乎所有的 PLC 厂家都表示在将来完全支持 PLC 的编程语言标准（国际电工委员会于 1994 年 5 月公布的 IEC1131-3 标准），但目前只停留在各公司内部的产品系列之间不同语言的相互转换上，不同厂家的产品之间的程序转换仍然是将来的事。

IEC1131-3 包括五种编程语言：顺序功能图（Sequential function chart，SFC）、梯形图（Ladder diagram，LD）、功能块图（Function block diagram，FBD）、指令表（Instruction list，IL）和结构文本（Structured text，ST）。

（1）顺序功能图（SFC）

顺序功能图是一种位于其他 4 种编程语言之上的图形语言。SFC 通常作为组织编程的工具使用，还需用其他编程语言将它转换为 PLC 可执行的程序。因此，SFC 不是一种独立的编程语言，而是作为 PLC 的辅助编程工具，提供了一种组织程序的图形方法。

（2）梯形图（LD）

梯形图是应用最为广泛的 PLC 图形编程语言。LD 与继电器控制系统的电路图很相似，具有直观易懂的优点，很容易被工厂熟悉继电器控制的电气人员掌握，特别适用于开关量逻辑控制。为此，LD 语言保留了传统的继电器这一名称，如：输入继电器、内部辅助继电器等，但是它们只是在软件中使用的编程元件。每一编程元件与 PLC 存储器中元件映象寄存器的一个存储单元相对应，当存储单元值为“1”时，表示 LD 中对应编程元件的线圈“通电”，其常开触点接通，常闭触点断开，称该编程元件为“1”状态，或称元件 ON（接通）；反之，如果该存储单元为“0”，则称该编程元件为“0”状态，或称该元件 OFF（断开）。

LD 由触点、线圈和用方框表示的功能块图组成。如图 7.3.1 所示 LD 程序中，I0.0 为常开触点，I0.1 为常闭触点，Q0.0 包括输出线圈和一个常开触点。可见，LD 与继电器控制电路

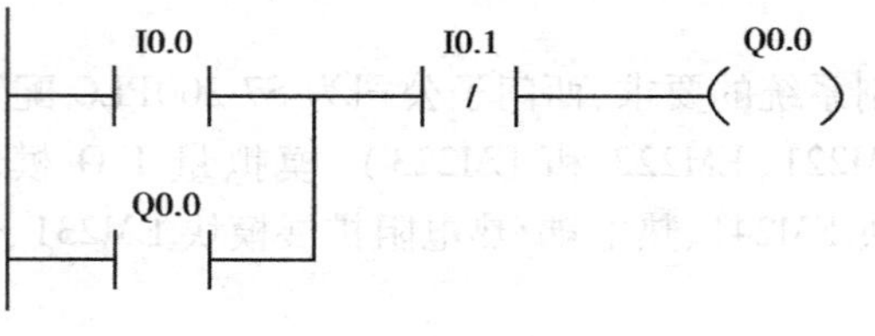

图 7.3.1　梯形图实例

图的形式及符号非常相似。

因此，在分析梯形图的逻辑关系时，可以借用继电器电路的分析方法。想象有一个假想的能流(Power Flow)从左至右流动。例如，当图7.3.1中的I0.0与I0.1触点接通，或者Q0.0与I0.1触点接通时，就会有一个假想的能流流过线圈Q0.0，从而使Q0.0线圈通电。

LD按自上而下、从左到右的顺序排列。两侧的垂直公共线称为公共母线(Bus bar)，左侧公共线称为左母线，从左母线开始，按一定的控制要求和规则连接每个触点，最后以线圈或功能块图结束，这样一段电路称为一逻辑行。LD程序按从左到右的方向执行，各逻辑行按从上到下的顺序执行，执行完所有的逻辑行后，再返回最上面的逻辑行重新执行程序。

(3)指令表(IL)

指令表与微机的汇编语言相似，采用助记符表达式来表示操作功能，若干条指令组成了指令表程序。例如，图7.3.1所示梯形图所对应的指令表为：

```
LD    I0.0
O     Q0.0
AN    I0.1
=     Q0.0
```

指令表比较适合经验丰富的程序员，可以实现某些不能用梯形图或功能块图实现的功能。但总的来说，指令表程序可读性较差，尤其当程序比较复杂时，其中的逻辑关系和实现的功能难于把握。同时，不同厂家所使用的指令助记符不同，也为其应用带来了不便。

此外，功能块图(FBD)是一种类似于数字逻辑电路的图形语言，它适合于具有数字电路基础的设计人员使用；结构文本(ST)是为IEC1131-3标准创建的一种专用的高级编程语言，能实现更复杂的数学运算，编写的程序更简洁和紧凑。

7.3.2　S7-200编程的基本概念

(1)编程语言

S7-200PLC采用梯形图、指令表和功能块图3种语言进行编程。通过STEP7-Micro/WIN32编程软件提供的菜单选项，用户可以将满足条件的梯形图、指令表和功能块图所编写的程序进行相互转换。

(2)数据类型

用户数据类型包括：位数据(BOOL)、字节数据(BYTE)、16位整数(WORD)、16位有符号整数(INT)、32位整数(DWORD)、32位有符号整数(DINT)和32位实数(REAL)。其中，位数据通常用来表示开关量的状态，各继电器、计数器和定时器的状态都采用位数据表示，如：触点的通和断、线圈的通电和断电，其值为二进制数"1"或"0"。

(3)用户程序结构

用户程序包括主程序、子程序和中断程序3种。每个用户程序只能有一个主程序，主程序通过指令控制整个应用程序的执行，每次CPU扫描都要执行一次主程序。子程序只在被其他程序调用时执行，最多可达64个(SBR0～SBR63)。中断程序可达128个(INT0～INT127)，它由相应的中断事件触发。

(4)寻址方式

S7-200PLC将信息存于不同的存储器单元中，每个单元都有唯一的地址。其访问数据的寻址方式有立即寻址、直接寻址和间接寻址3种。

立即寻址是指在指令中直接给出了操作数，通常用来提供常数、设置初始值等。

直接寻址方式可用于位、字节、字或双字数据。位存储单元的直接寻址需要指定元件名称、字节地址和位号，例如，I0.1的"I"表示输入，"0"为字节地址，位地址为"2"；对字节、字或双字进行直接寻址则需要指定元件名称、数据类型和首字节，例如，VB100表示存取V存储空间中编号为100的字节数据，VW100表示存取VB100、VB101组成的字数据，VD100表示存取VB100～VB103组成的双字数据。

间接寻址指使用指针对存储区域数据进行间接存取，不能对独立的位或模拟量进行间接寻址。

7.3.3 S7-200的编程元件

（1）输入继电器（I）

输入继电器I是PLC接收外部输入的开关量信号的窗口。在输入处理阶段，PLC按顺序将所有的输入端子的"接通/断开"状态读入到对应的输入映象寄存器中进行存储。每个输入端子外接输入电路接通时对应的映像寄存器位为ON（"1"状态），反之为OFF（"0"状态）。

当程序需要使用输入点状态时，可以按位、字节、字和双字4种寻址的方式来存取输入映象寄存器。最常用的是采用按位寻址的方式，即单独读取某个输入点的状态，寻址格式为：I[字节地址].[位地址]。例如，CPU224模块自带14个数字量输入点的寻址分别为：I0.0～I0.7、I1.0～I1.5。此外，按字节、字和双字寻址的寻址格式为：I[数据类型].[起始字节地址]。数据类型指字节（B）、字（W）和双字（D），起始字节地址表示具体访问的数据首字节的位置。例如，IB0表示I0.0～I0.7所构成的1个字节数据；IW0表示由IB0和IB1所构成的字，其中IB0为高位字节；ID0表示由IB0～IB3四个字节所构成的双字，IB0为高位字节。

（2）输出继电器（Q）

输出继电器Q是PLC向外部负载发送信号的窗口。每个输出端子的状态与PLC的输出映像寄存器位对应，当某输出映象寄存器位为"1"时，输出模块中该输出端子和公共端间处于导通状态，使外部负载通电工作。反之，则使外部负载断电，停止工作。

Q的寻址方式和I相同。例如，CPU224模块自带的10个数字量输出点的寻址分别为：Q0.0～Q0.7、Q1.0～Q1.1、QB0、QW0和QD0。

（3）位存储器（M）

位存储器M也称为内部线圈，相当于继电器控制系统的中间继电器，主要用来存放中间操作状态或存储相关数据。M有位、字节、字和双字4种寻址的方式，如：M0.0、MB1、MW2和MD3。S7-200 PLC的位存储器M的有效地址为：M0.0～M31.7、MB0～MB31、MW0～MW30和MD0～MD27，共256位，32个字节。

（4）特殊标志位存储器（SM）

特殊标志位存储器SM是S7-200 PLC为保存自身工作状态数据而建立的（SM0～SM179，共180字节），提供了CPU和用户程序之间传递信息的方法。SM中的数据可以按位、字节、字和双字4种方式寻址。其中，SM0～SM29共30个字节只能读取，而其他的SM存储空间可读可写。

特殊存储器标志位提供了大量的状态和控制功能，如SMB0的各个标志位功能如表7.3.1所示。

表 7.3.1 特殊存储器 SMB0 标志位

SM 位	描 述
SM0.0	PLC 处于 RUN 状态时,始终为 1
SM0.1	首次扫描时为 1,用途之一是调用初始化子程序
SM0.2	若保持数据丢失,则该位在一个扫描周期中为 1
SM0.3	开机进入 RUN 方式,该位将 ON 一个扫描周期
SM0.4	该位提供一个周期为 1 min 的时钟脉冲
SM0.5	提供一个周期为 1 s 的时钟脉冲
SM0.6	该位为扫描时钟,本次扫描时置 1,下次扫描时置 0
SM0.7	指示 CPU 工作方式开关的位置。0 为 TERM 位置;1 为 RUN

(5)顺序控制继电器(S)

顺序控制继电器 S 用于组织机器操作或进入等效程序段的步,多用于编制顺序控制程序。S 可按位、字节、字和双字 4 种方式寻址,S7-200 PLC 共有 32 字节(S0 ~ S31)的顺序控制继电器。

(6)定时器(T)

定时器 T 是累计时间增量的元件,相当于继电器系统中的时间继电器,是用软件来实现的。S7-200 有 3 种定时器:接通延时定时器(TON)、断开延时定时器(TOF)和有记忆接通延时定时器(TONR)。每种定时器有 3 种时间精度:1 ms、10 ms 和 100 ms。

定时器采用两个寄存器来表示其状态,即:当前值寄存器和定时器状态位寄存器。当前值寄存器为 16 位符号整数,存储定时器所累计的时间;定时器状态位的"1"和"0"值由当前值和预设值(预设值是 16 位符号整数,作为定时器指令的一部分输入)的大小对比决定,例如,当前值不小于预设值时,TON 和 TONR 的状态位为"1",TOF 的状态位为"0"。在程序中,统一采用定时器地址 T[定时器号](如:T30)的形式来存取这两个值,根据指令的不同,决定所存取的值是当前值还是状态位。

定时器定时时间长度由时间精度和预设值决定,即:定时时间 = 时间精度 × 预设值。

S7-200 定时器见表 7.3.2 所示。

表 7.3.2 S7-200 定时器

定时器类型	时间精度/ms	最大定时时间/s	定时器地址
TONR	1	32.767	T0、T64
	10	327.67	T1 ~ T4、T65 ~ T68
	100	3 276.7	T5 ~ T31、T69 ~ T95
TON、TOF	1	32.767	T32、T96
	10	327.67	T33 ~ T36、T97 ~ T100
	100	3 276.7	T37 ~ T63、T101 ~ T255

1）接通延时定时器（TON）

TON 的梯形图符号由 4 部分构成：定时器标志符 TON、启动定时输入端 IN、时间预设值端 PT 和定时器地址 T［定时器号］，如图 7.3.2 所示。

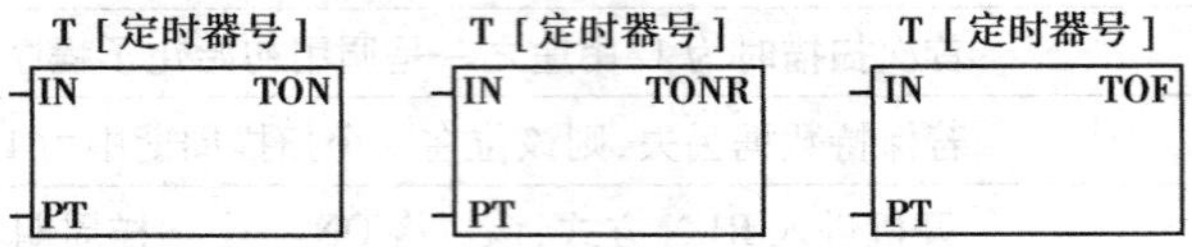

图 7.3.2　定时器梯形图符号

TON 的 IN 端状态决定了定时器是否进行定时操作。当 IN 的状态为“0”时，TON 复位，其当前值 SV 为 0，状态位也为“0”；当 IN 的状态为“1”时，TON 开始定时，每隔一个“时间精度”时间，当前值 SV 加 1。当 TON 的当前值 SV 等于其预设值 PT 时，表示定时时间到，TON 的状态位由“0”变“1”，此后，当前值 SV 仍然会继续增加，直到其等于最大值 32 767。同时，只要 SV≥PT，TON 的状态位都将保持“1”值。

例如，在图 7.3.3（a）所示的梯形图中，使用了定时器 T37，其预设值 PT＝100，表示设定的定时时间为 10 s（100 ms×100）。当 I0.0 常开触点断开（“0”）时，IN 的状态为“0”，定时器 T37 复位；当 I0.0 常开触点闭合（“1”）时，IN 的状态为“1”，T37 开始定时，每隔一个“时间精度”时间（100 ms），SV 加 1。当 SV＝PT 时，表示定时时间到，T37 的状态位由“0”变“1”，此后，SV 仍然会继续增加，T37 的状态位保持为“1”值。一旦 I0.0 常开触点断开，无论 T37 当前状态如何，均被复位。此外，Q0.0 输出线圈的状态由 T37 的状态位决定，当 T37 为“0”状态时，则 Q0.0 为“0”，线圈断电；当 T37 为“1”状态时，则 Q0.0 也为“1”，线圈通电。当 I0.1 常开触点闭合时，字传送指令 MOV_W 将 T37 的当前值 SV 存放到 VW10 中。可见，同样都采用 T37 标识，不同指令存取的对象不同。各个编程元件的状态变化时序如图 7.3.3（b）所示。梯形图所对应的指令表如 7.3.3（c）所示。

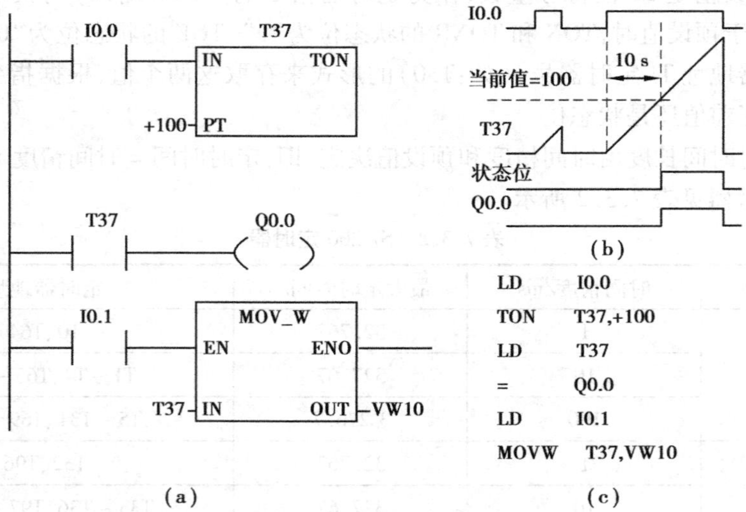

LD	I0.0
TON	T37,+100
LD	T37
=	Q0.0
LD	I0.1
MOVW	T37,VW10

（c）

图 7.3.3　TON 定时器的应用

2）有记忆接通延时定时器（TONR）

TONR 的梯形图符号由 4 部分构成：定时器标志符 TONR、启动定时输入端 IN、时间预设值端 PT 和定时器地址 T[定时器号],如图 7.3.2 所示。

TONR 的功能原理和 TON 大体相同,唯一的区别在于:TONR 具有记忆功能。TONR 开始定时后,如果 IN 状态变为“0”,其 SV 值将保持不变,一旦 IN 变为“1”,SV 就在保持值的基础上继续增加。只有使用复位指令才能使 TONR 复位(其 SV 为 0,状态位为“0”)。

如图 7.3.4 所示梯形图程序。当 I0.0 为“0”时,10 ms 定时器 T1 当前值 SV 得以保持,当 I0.0 为“1”的总时间达到 0.6 秒,状态位由“0”变为“1”。只有当 I0.1 为“1”时,启动复位指令,使 T1 复位。

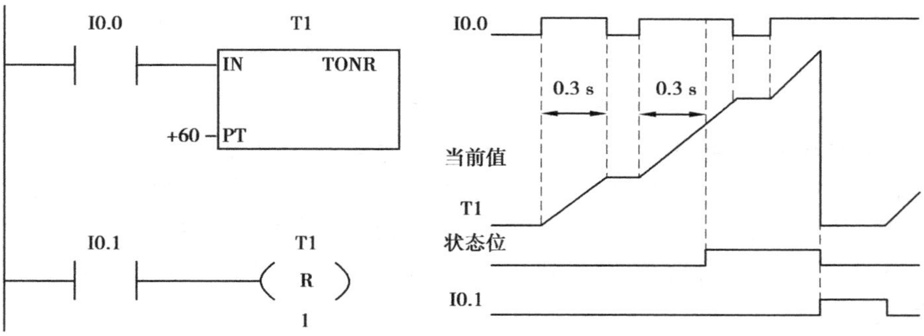

图 7.3.4　TORN 定时器

3)断开延时定时器(TOF)

TOF 的梯形图符号由 4 部分构成:定时器标志符 TOF、启动定时输入端 IN、时间预设值端 PT 和定时器地址 T[定时器号],如图 7.3.2 所示。

当 TOF 的 IN 状态为“1”时,当前值 SV = 0,状态位为“1”;当 IN 状态为“0”时,TOF 开始定时,当 SV = PT 时,定时器状态位由“1”变“0”,此后,当前值 SV 保持不变。一旦 IN 的状态变为“1”,定时器复位(SV 为 0,状态位为“1”)。

需要注意的,TON 和 TOF 使用相同的定时器地址,但在同一程序中,某一定时器不能同时作为 TON 和 TOF 一起使用。例如,在程序中一旦指定 T37 为 TON,就不能再将 T37 作为 TOF 使用。

(7)计数器(C)

计数器用于累计其计数输入端脉冲电平由低变高的次数。S7-200 有 3 种类型的计数器:增计数器(CTU)、减计数器(CTD)和增减计数器(CTUD)。其响应速度通常为 10 Hz 以下,计数器输入信号的接通或断开的持续时间,应大于 PLC 的扫描周期。

计数器采用两个寄存器来表示其状态,即:当前值寄存器和计数器状态位寄存器。当前值寄存器为 16 位符号整数,存储计数器所累计的次数;计数器状态位的“1”或“0”值由当前值和预设值(计数预设值为 16 位符号整数,作为计数器指令的一部分输入)的大小对比决定。在程序中,统一采用计数器地址 C[计数器号](如 C10)的形式来存取这两个值,根据指令的不同,决定所存取的值是当前值还是状态位。S7-200 配置了 C0 ~ C255 共 256 个计数器,均可指定为任何类型的计数器,但在同一程序中,不要把一个计数器地址分配给几个类型的计数器使用。

1)增计数器(CTU)

CTU 的梯形图符号由 5 部分构成:计数器标志符 CTU、计数脉冲输入端 CU、复位信号输入端 R、计数器预设值 PV 和计数器地址 C[计数器号],如图 7.3.5 所示。

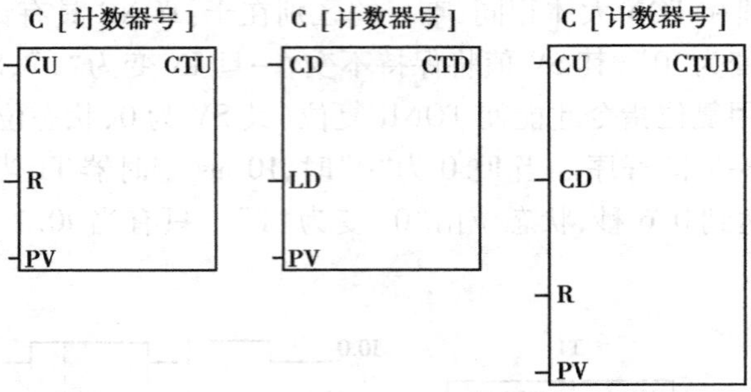

图 7.3.5　定时器梯形图符号

CTU 复位端 R = “1”时,CTU 复位,其当前值 SV = 0,状态位为“0”;当 R = “0”时,CTU 开始对计数输入端 CU 的脉冲信号进行计数,当 CU 端有一个脉冲上升沿(电平由低变高)到来时,CTU 的当前值 SV 加 1。当 SV = PV(预设值)时,计数器状态位由“0”变“1”。此后,CTU 仍然会对 CU 端输入脉冲进行计数,直到 SV = 32 767 为止,一旦 R = “1”时,无论 CTU 当前状态如何,均被复位。

例如,图 7.3.6(a)所示梯形图程序,使用了 C0 作为增计数器。当 I0.1 常开触点断开(“0”)时,R = “0”,C0 开始对 I0.0 由低到高的变化进行计数,当 SV = PV = 9 时,C0 状态位由“0”变为“1”。一旦 I0.1 常开触点闭合(“1”),R = “1”,C0 被复位。此外,Q0.0 输出线圈的状态由 C0 的状态位决定,当 C0 为“0”状态时,则 Q0.0 为“0”,线圈断电;当 C0 为“1”状态时,则 Q0.0 也为“1”,线圈通电。当 I0.2 常开触点闭合时,字传送指令 MOV_W 将 C0 的当前

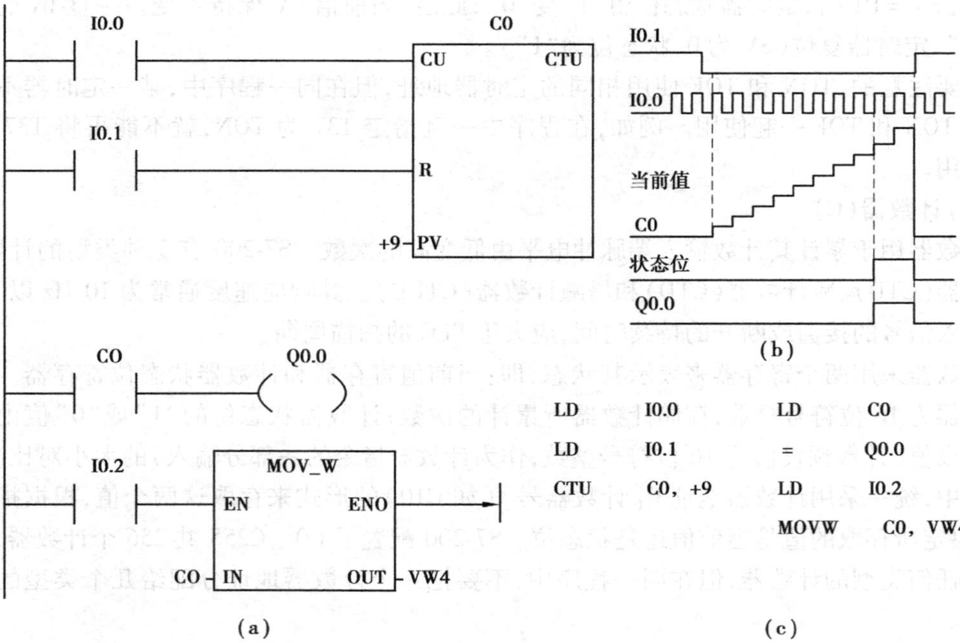

图 7.3.6　CTU 计数器的应用

值 SV 存放到 VW4 中。可见,同样都采用 C0 标识,不同指令存取的对象不同。各个编程元件的状态变化时序如图 7.3.6(b)所示,梯形图所对应的指令表如 7.3.6(c)所示。

2)减计数器(CTD)

CTD 的梯形图符号由 5 部分构成:计数器标志符 CTD、计数脉冲输入端 CD、装载输入端 LD、计数器预设值 PV 和计数器地址 C[计数器号],如图 7.3.5 所示。

当 CTD 的 LD =“1”时,执行将计数器预设值 PV 存放到当前值寄存器的操作,即 SV = PV,CTD 状态位置“0”;当 LD =“0”时,CTD 开始对计数输入端 CD 的脉冲信号进行计数,当 CD 端有一个脉冲上升沿(电平由低变高)到来时,CTD 的当前值 SV 减 1。当 SV =0 时,计数器状态位由“0”变“1”,并停止计数。

3)增减计数器(CTUD)

CTUD 的梯形图符号由 6 部分构成:计数器标志符 CTUD、增计数脉冲输入端 CU、减计数脉冲输入端 CD、复位信号输入端 R、计数器预设值 PV 和计数器地址 C[计数器号],如图 7.3.5所示。

CTUD 复位端 R =“1”时,CTUD 复位,其当前值 SV =0,状态位为“0”;当 R =“0”时,CTUD 开始计数,当 CU 端有一个脉冲上升沿(电平由低变高)到来时,CTUD 的当前值 SV 加 1;当 CD 端有一个脉冲上升沿到来时,CTUD 的当前值 SV 减 1。当 SV≥PV(预设值)时,计数器状态位为“1”;当 SV < PV 时,计数器状态位为“0”。一旦复位端 R =“1”时,CTUD 被复位。

此外,S7-200PLC 的编程元件还包括:变量存储器(V)、局部存储器(L)、高速计数器(HC)、模拟量输入(AI)、模拟量输出(AQ)和累加器(AC)等。

7.3.4　S7-200 基本指令系统

S7-200 有 SIMATIC 指令集与 IEC1131 指令集两种。其强大的指令集除了基本的逻辑指令和程序控制指令,还包含运算、通讯等多种功能指令。下面将介绍 SIMATIC 指令集中的基本指令。

(1)触点指令和输出指令

触点指令分两类:标准触点指令(LD 和 LDN)和立即触点指令(LDI 和 LDNI)。LD 是常开触点与母线连接的指令,LDN 是常闭触点与母线连接的指令;LDI 是立即常开触点与母线连接的指令,LDNI 为立即常闭触点与母线连接的指令,立即触点指令只能用于输入点,即其操作数为 I。

输出指令也分标准输出指令(=)和立即输出指令(=I)两类,是驱动线圈的输出指令。其中,=I 指令只能用于输出点,即操作数为 Q,当指令执行时,新数值不仅直接写入输出映像寄存器,而且同时刷新实际物理输出。

触点和输出指令简单应用的梯形图及相应的指令表程序如图 7.3.7 所示。

(2)逻辑与指令

逻辑与指令用于单个触点与左边电路进行串联,A 是常开触点串联连接指令;AN 是常闭触点串联连接指令。

图 7.3.8 中,M0.1 常闭触点与 I0.0 触点串联,使用了 AN 指令。当 I0.0 常开触点和 M0.1常闭触点均闭合(I0.0 状态为“1”,M0.1 状态为“0”)时,Q0.0 线圈通电(“1”);否则,Q0.0 线圈断电(“0”)。同理,只有当 I0.0、Q0.1 为“1”且 M0.1 为“0”时,Q0.2 才为“1”。

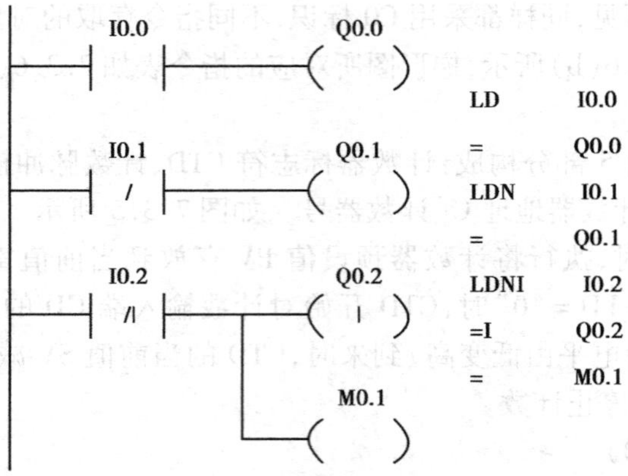

图 7.3.7　触点和输出指令

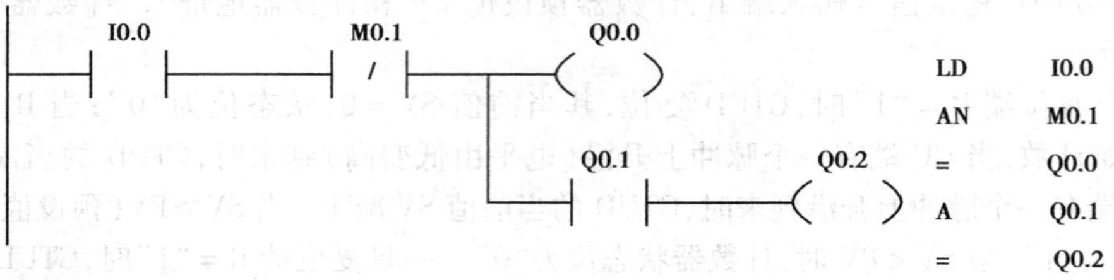

图 7.3.8　逻辑与指令

(3)逻辑或指令

逻辑或指令用于单个触点与前面电路进行并联,O 是常开触点的并联连接指令,ON 是常闭触点的并联连接指令。

图 7.3.9 中,I0.1 常开触点与前面的 I0.0 触点并联,使用 O 指令;M0.0 常闭触点与前面的 I0.0 和 I0.1 并联电路进行并联,使用 ON 指令。在此情况下,尽管 I0.1 和 M0.0 触点均与母线相连,但均不再使用 LD 指令。当 I0.0、I0.1 和 M0.0 至少有一个触点闭合,同时 M0.1 触点闭合时,Q0.0 线圈通电("1")。

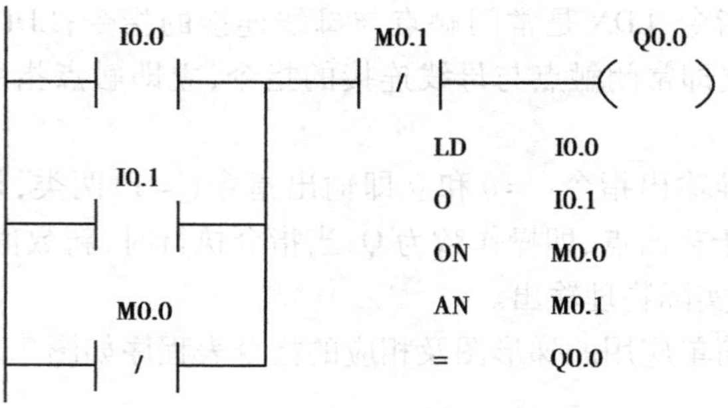

图 7.3.9　逻辑或指令

(4)取非指令

取非指令 NOT 将执行该指令之前的逻辑运算结果取反。在图 7.3.10 中,如果 I0.0 触点闭合("1"),则 Q0.1 线圈断电("0");反之,I0.0 触点断开("0")时,Q0.1 线圈通电("1")。

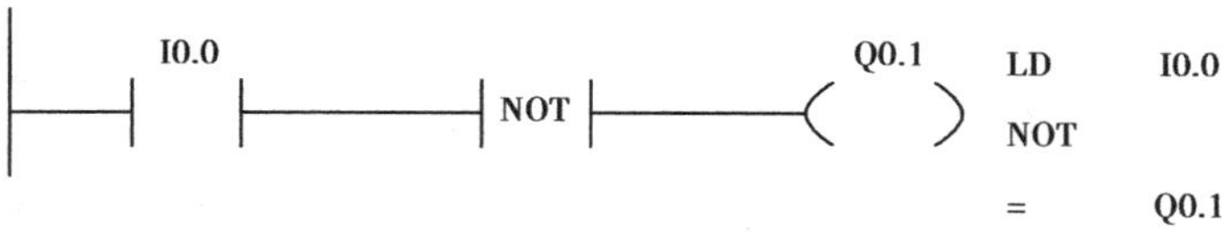

图 7.3.10　取非指令

(5)正、负跳变指令

正跳变指令 EU 是用作上升沿检测的触点指令,仅在该指令前的逻辑发生由“0”到“1”变化时,接通一个扫描周期;负跳变指令 ED 则是用于下降沿检测的触点指令,仅在该指令前的逻辑发生由“1”到“0”变化时,接通一个扫描周期。

在图 7.3.11 中,当 I0.0 和 I0.1 串联电路逻辑由“0”变为“1”时,Q0.0 线圈通电(“1”)一个扫描周期;当 I0.0 由“1”变“0”时,Q0.1 通电一个扫描周期。

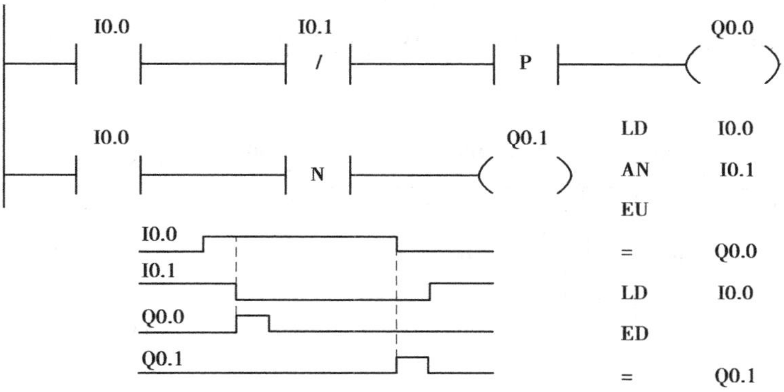

图 7.3.11　正、负跳变指令

(6)串联电路块的并联操作指令

通常,串联电路块指两个及以上的触点串联连接而成的电路块,将串联电路块并联连接时用 OLD 指令。每个串联电路块的起点都要用 LD 或 LDN 指令,电路块的后面用 OLD 指令,如图 7.3.12 所示。

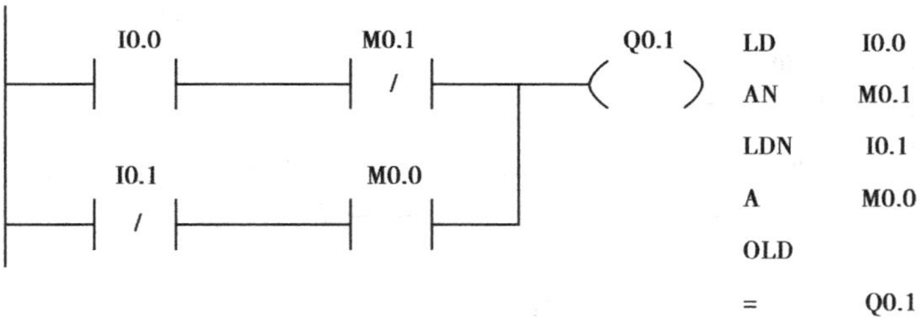

图 7.3.12　OLD 指令 1

图 7.3.13 所示的两个程序,所实现的功能完全一样,但前者却出现了串联电路块的并联结构,多使用了一条指令。因此,在设计并联电路时,应注意将单个触点的支路放在下面。

(7)并联电路块的串联操作指令

并联电路块指两个及以上的触点并联连接而成的电路块,将并联电路块串联连接时用

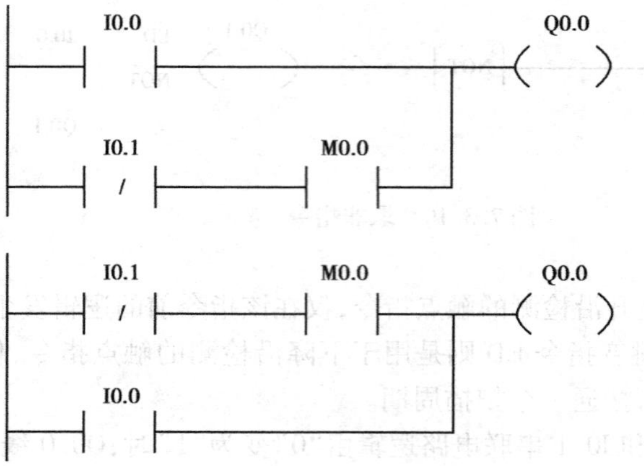


```
LD    I0.0
LDN   I0.1
A     M0.0
OLD
=     Q0.0

LDN   I0.1
A     M0.0
O     I0.0
=     Q0.0
```

图 7.3.13　OLD 指令 2

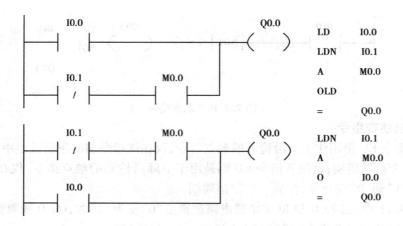

ALD 指令。每个并联电路块的起点都要用 LD 或 LDN 指令，电路块的后面用 ALD 指令，如图 7.3.14 所示。

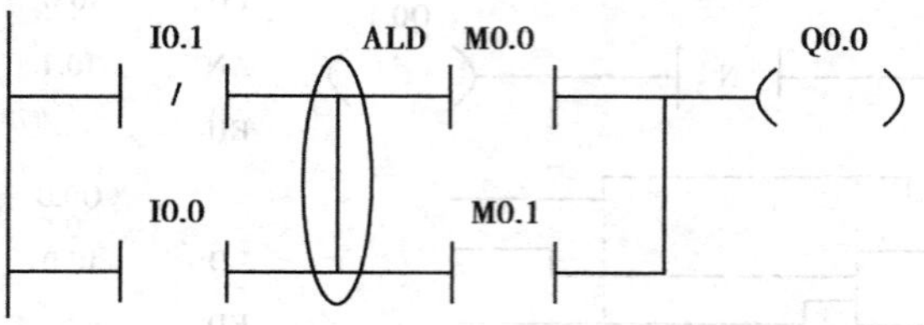


```
LDN   I0.1
O     I0.0
LD    M0.0
O     M0.1
ALD
=     Q0.0
```

图 7.3.14　ALD 指令 1

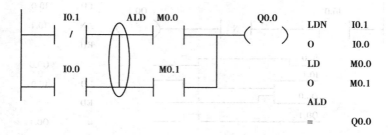

图 7.3.15 所示的两个程序，所实现的功能完全一样，但后者却出现了并联电路块的串联结构，多使用了一条指令。因此，设计串联电路时，应注意将单个触点放在右边。

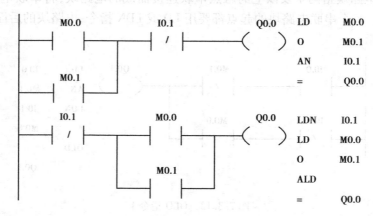

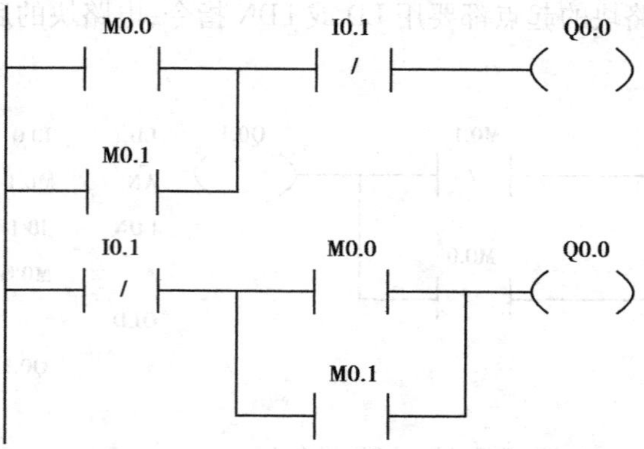


```
LD    M0.0
O     M0.1
AN    I0.1
=     Q0.0

LDN   I0.1
LD    M0.0
O     M0.1
ALD
=     Q0.0
```

图 7.3.15　ALD 指令 2

(8) 逻辑堆栈指令

堆栈是一组暂时的存储单元，用于存放逻辑数据。它具有“先进后出”的特点，每进行一次入栈操作，新值放入栈顶，栈中的原来数据依次向下一层推移，栈底数据丢失；而每一次出栈操作,栈顶值弹出,栈中的原来数据依次向上一层推移,栈底值为随机数。

S7-200 提供了一个 9 层的堆栈,栈顶用来存储逻辑运算的结果,下面的 8 位用来存储中间运算结果。西门子通常把 ALD、OLD、LPS、LPP、LRD 和 LDS 共 6 条指令都称为逻辑堆栈指令。LPS 为逻辑入栈指令,LPS 复制栈顶的值并将这个值推入栈顶,栈中的原来数据依次向下一层推移,原栈底数据丢失;LRD 为逻辑读栈指令,LRD 复制堆栈中的第二个值到栈顶,取代原栈顶值,栈中其他数据不变,没有入栈或出栈操作;LPP 为逻辑出栈指令,LPP 将栈顶的值弹出,栈中的原来数据依次向上一层推移,原堆栈第二个值成为新的栈顶值,栈底值为随机数;LDS 为装入堆栈指令,操作数为 n(0 ~8),LDS 复制堆栈中的第 n 个数据到栈顶,原栈中数据依次向下一层推移,原栈底数据丢失。LPS、LRD、LPP 和 LDS 的堆栈操作过程如图 7.3.16 所示,其中 x 表示一个不确定值,LDS 的操作数为 4。

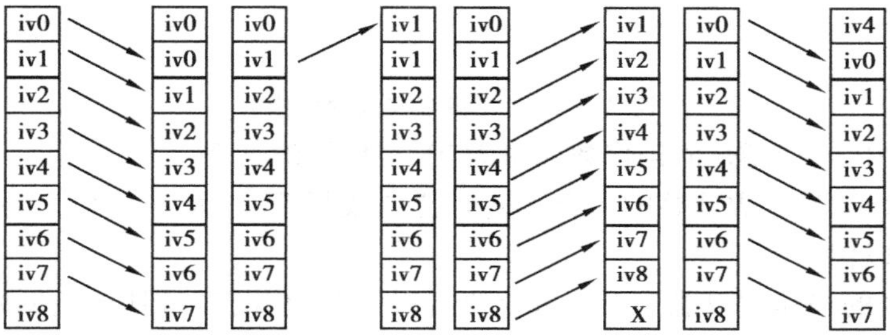

图 7.3.16　堆栈指令的操作过程

图 7.3.17 给出了逻辑堆栈指令应用的一个例子。图 7.3.18 所示的两个程序功能相同,但后者却使用了堆栈指令。因此,在设计时,应注意将单个线圈放在上面。

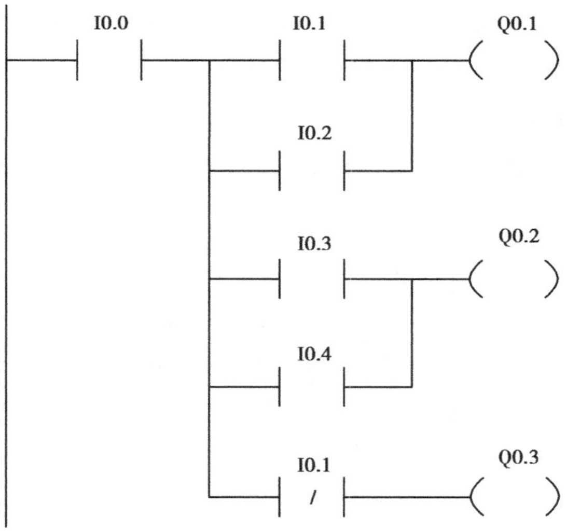


```
LD    I0.0
LPS
LD    I0.1
O     I0.2
ALD
=     Q0.1
LRD
LD    I0.3
O     I0.4
ALD
=     Q0.2
LPP
AN    I0.1
=     Q0.3
```

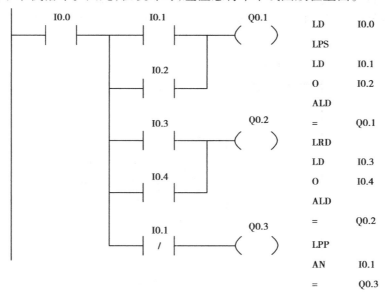

图 7.3.17　逻辑堆栈指令应用 1

(9)置位和复位指令

置位指令 S 和立即置位指令 SI 的功能是使操作数保持为"1"(ON)的状态;复位指令 R

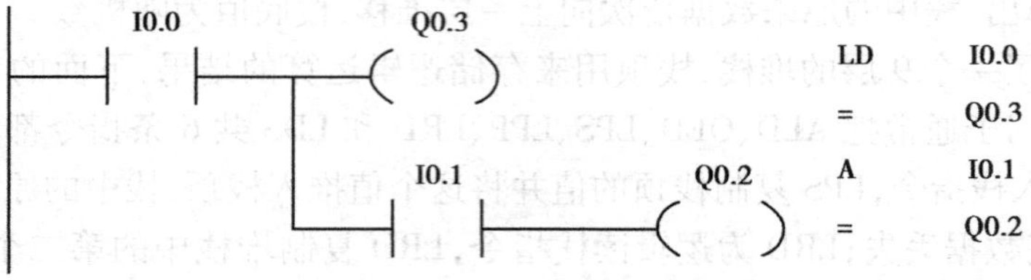

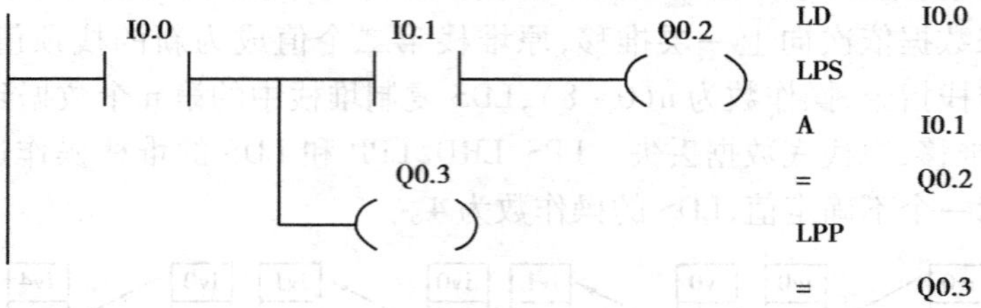

图 7.3.18　逻辑堆栈指令应用 2

和立即复位指令 RI 的功能是使操作数保持为“0”(OFF)的状态。

S 和 R 指令指定操作数开始的 n 个点同时置位或复位(n 为 1 ~ 255),指令执行后,操作数的状态仍然得以保持。

SI 和 RI 指令的操作数只能为 Q。指令执行时,新值被同时写到相应的映象寄存器和物理输出点。

图 7.3.19 所示程序中,只要 I0.0 为“1”状态(ON),各个置位和复位指令将得以执行。定时器 T1 被置位(“1”);C0 ~ C7 共 8 个计数器被复位(状态为“0”,当前值为 0);Q0.0 和 Q0.1 立即复位,线圈通电,接通 Q0.0 和 Q0.1 外接负载电路;Q0.2 被立即复位,线圈断电,断开 Q0.2 的外接负载电路。此后,如果 I0.0 变为“0”,T1、C0 ~ C7、Q0.0 ~ Q0.2 均能保持相应的状态不变。

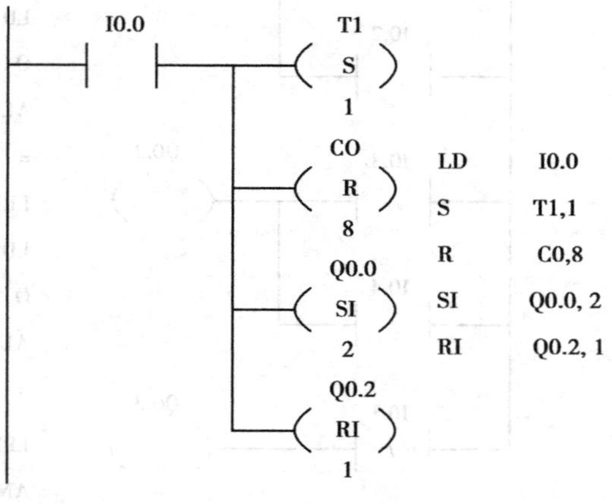

图 7.3.19　置位和复位指令

(10)空操作指令

空操作指令 NOP 不做任何的逻辑操作,通常应用于在程序中留出一个地址,便于调试程序,也可微调扫描时间。操作数 n 的取值为 0 ~ 255,如图 7.3.20 所示,n = 2。

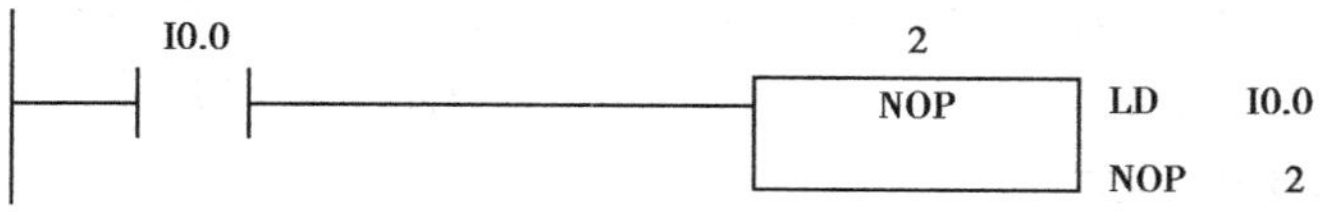

图 7.3.20　NOP 指令

(11)暂停和结束指令

暂停指令 STOP 的功能是改变 CPU 的运行方式(从 Run 到 Stop),从而可以立即终止程序的执行。

有条件结束指令 END 只能用在主程序中,根据前面的逻辑关系,终止用户程序。此外,STEP7-Micro/Win32 软件自动在主程序、中断程序和子程序的结尾添加无条件结束语句 END、RETI 和 RET。

如图 7.3.21 所示,当 I0.0 和 I0.1 均为“1”(ON)时,程序暂停,CPU 转为 Stop 状态;当 I0.0 和 I0.2 均为“1”(ON)时,结束程序的运行。

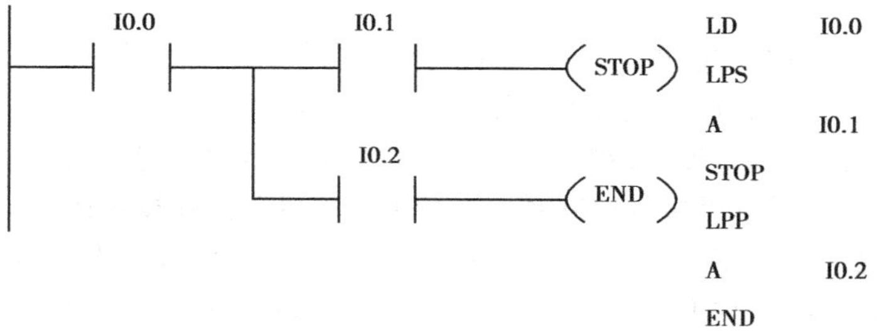

图 7.3.21　END 和 STOP 指令

(12)其他指令

除了前面介绍的一些基本指令外,S7-200 功能强大的指令集还包括:比较指令、时钟指令、运算指令、传送指令、移位和循环指令、表功能指令、程序控制指令、中断和通讯指令等各种指令。

练习与思考

7.3.1　PLC 有哪些编程语言?各有什么特点?

7.3.2　PLC 有哪些寻址方式?

7.3.3　S7-200PLC 有几种定时器和计数器?各有什么特点?

7.4　可编程序控制器系统程序设计

7.4.1　PLC 系统设计的基本过程

以 PLC 为核心的控制系统,其基本设计过程如下:

(1)被控系统的分析

详细、深入的分析被控系统是进行 PLC 控制系统设计的前提条件。在设计前,首先要对被控系统进行调查研究,搜集、分析一切与被控对象相关的工艺、机械和电气等方面的资料,明确实现系统各种控制功能和要求,以及 PLC 在系统中需要实现的具体控制作用。

(2)PLC 系统的硬件设计

首先,要保证所设计系统的可靠性。其次,在保证完成控制功能的基础上,添加自检、报警等功能,使系统功能更为完善。此外,还要考虑系统的性价比、先进性、可扩展性等因素。具体设计包括:选择 PLC 的输入、输出元件,选择 PLC 型号及其硬件配置,分配输入、输出点,选择外部设备,画出硬件接线图等。

(3)PLC 系统的软件设计

系统软件的设计过程主要包括:定义参数表、绘制程序框图、编写和调试程序、编写程序说明书。

参数表定义指根据选用的 PLC 机型所给定的元件地址范围,对每个使用的相关输入、输出信号及内部元件号赋以专用的信号名和地址,避免编程过程中重复或出错,也便于程序的阅读和修改。

程序框图描述了各个功能单元的结构形式及其在整体程序中的位置,同时,也给出了各种控制的实现方法及控制信号流程,为实际用户程序的编写和阅读提供了便利。

采用梯形图等语言编写程序,然后进行程序的调试。通常,首先进行模拟调试,或采用软件进行仿真调试,成功后方可接入控制系统进行现场联机调试并投入运行。

程序说明书描述了程序设计者进行设计的依据、程序的基本结构、各种功能模块的原理等关于程序的综合说明。它不仅能帮助使用者应用,也为设备维修和改造以及程序修改带来便利。

(4)现场安装、调试

当 PLC 系统模拟调试通过后,将 PLC 安装到控制现场进行总调试。通常可先调试各个功能模块,最后进行系统整体调试。对调试中出现的问题,通过修改程序,调整硬件接线,甚至重新选择部分元件等手段进行解决,从而最终实现系统的整体控制要求。

(5)编写技术文档

PLC 控制系统调试完毕并交付使用后,根据整个设计的要求和实现过程,整理出完整的技术文档,便于系统的维修和改造。技术文档主要包括:使用说明书、电气原理图、元件明细表、程序清单、PLC 的编程元件参数表等。

7.4.2 梯形图设计方法

梯形图是应用最为广泛的 PLC 编程语言,其设计方法包括经验设计法、顺序功能图设计法和根据继电器电路图设计法。在本节中,只着重介绍梯形图的经验设计法。

经验设计法通常是在一些典型电路的基础上,根据被控对象对控制系统的具体要求,凭借设计者自身积累的经验进行不断的修改和完善梯形图程序。有时需要多次反复地调试和修改梯形图,不易获得最佳方案。由于这种编程方式没有普遍的规律可以遵循,具有很大的试探性和随意性,最后的结果也不是唯一的,设计所花的时间、设计质量都与设计者的经验有很大的关系,所以,把这种设计方法称为经验设计法。通常,经验设计法适用于简单的梯形图程序设计。

(1)启动、保持和停止电路

启动、保持和停止电路是经验设计法经常使用的一个典型电路。例如,PLC 控制的三相异步电动机直接启停控制电路,其外部接线图如图 7.4.1(a)所示,启动按钮 SB_1 和停止按钮 SB_2 分别接在 PLC 的 I0.0 和 I0.1 输入端,接触器 KM 的线圈接在 PLC 的 Q0.0 输出端。实现控制的梯形图程序如图 7.4.1(b)所示,它就是一个启动、保持和停止电路(简称启保停电路)。I0.0 代表启动按钮信号,I0.1 代表停止按钮信号,它们都是短信号,所以,需要 Q0.0 触点作为自保持(自锁),以保证 Q0.0 在启动信号作用下持续工作,直到停止信号到来才停止。输入和输出信号的工作波形见图 7.4.1(c)所示。

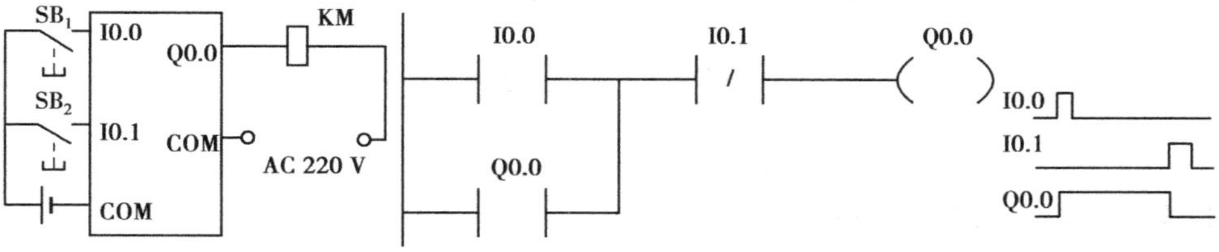

(a)　　(b)　　(c)

图 7.4.1　启保停电路

(2)延时接通/断开电路

延时接通和延时断开电路常用于时间控制中。例如,利用 2 个 100 ms 的 TON 定时器(T37 和 T38)构成的延时接通和延时断开电路,如图 7.4.2 所示。当 I0.0 接通时,由 T37 定时 5 s 后,线圈 Q0.0 接通;当 I0.0 断开由 T38 定时 3 s 后,线圈 Q0.0 自动断开。

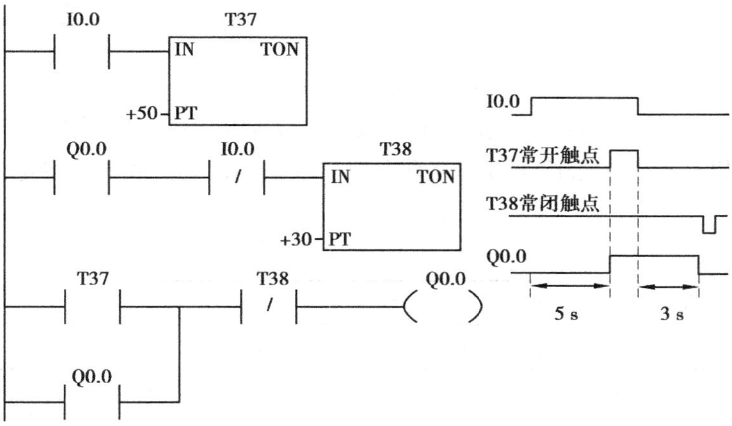

图 7.4.2　延时接通/延时断开电路

(3)脉冲产生电路

特殊存储器 SM0.4 和 SM0.5 的常开触点分别提供周期为 1 min 和 1 s 的脉冲信号。此外,采用 2 个 100 ms 定时器可以构成一个 10 s 的脉冲产生电路,其梯形图和工作波形如图 7.4.3所示。

当 I0.0 接通时,T37 开始定时。5 s 后定时时间到,T37 的常开触点接通,线圈 Q0.0 通电,同时,定时器 T38 开始定时。当 T38 定时时间 5 s 到,T38 的常闭触点断开,复位 T37(T37 常开触点断开),从而线圈 Q0.0 断电,T38 也被复位,T37 重新开始定时。周期性重复上述工作,直到 I0.0 断开,所有定时器均复位。可见,Q0.0 通电和断电的时间,即脉冲高、低电平时间,分别由 T38 和 T37 控制,可以根据实际需要随意调整。

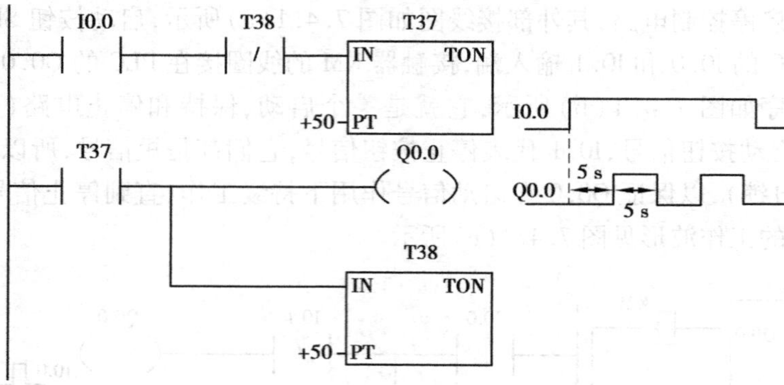

图 7.4.3　脉冲产生电路

(4)自动皮带传送系统梯形图设计

自动皮带传送系统如图 7.4.4 所示,其工作过程是:开机时,为了避免在前段运输皮带上造成物料堆积,皮带 3 先启动,10 s 后,皮带 2 再启动,再过 10 s,皮带 1 才启动;停止时,为了使运输皮带上不残留物料,则顺序正好相反。

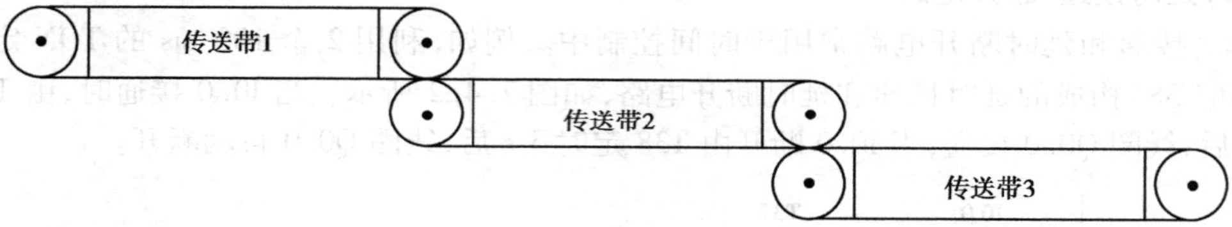

图 7.4.4　自动皮带传送系统

该系统为典型的时间顺序控制系统,只需使用一个启动按钮和一个停车按钮为 PLC 提供输入信号,再由 PLC 控制三条传送带的驱动电机。输入输出元件和时间继电器元件分配见下表 7.4.1 所示。

表 7.4.1　元件分配表

输入		输出		辅助元件	
输入元件	元件号	输出元件	元件号	定时器	元件号
启动 SB_1 按钮	I0.1	传送带 1(M1)	Q0.1	延时 1(10 s)	T44
停止 SB_2 按钮	I0.0	传送带 2(M2)	Q0.2	延时 2(10 s)	T45
		传送带 3(M3)	Q0.3	延时 3(10 s)	T46
				延时 4(10 s)	T47

系统的梯形图如图 7.4.5 所示。

(5)异步电机能耗制动控制电路

异步电机由于惯性,在切断电源后,经过一段时间后才会停下来。为了提高工作效率和生产安全等目的,希望电机能迅速停转。能耗制动是指在电动机定子绕组切断三相电源后迅

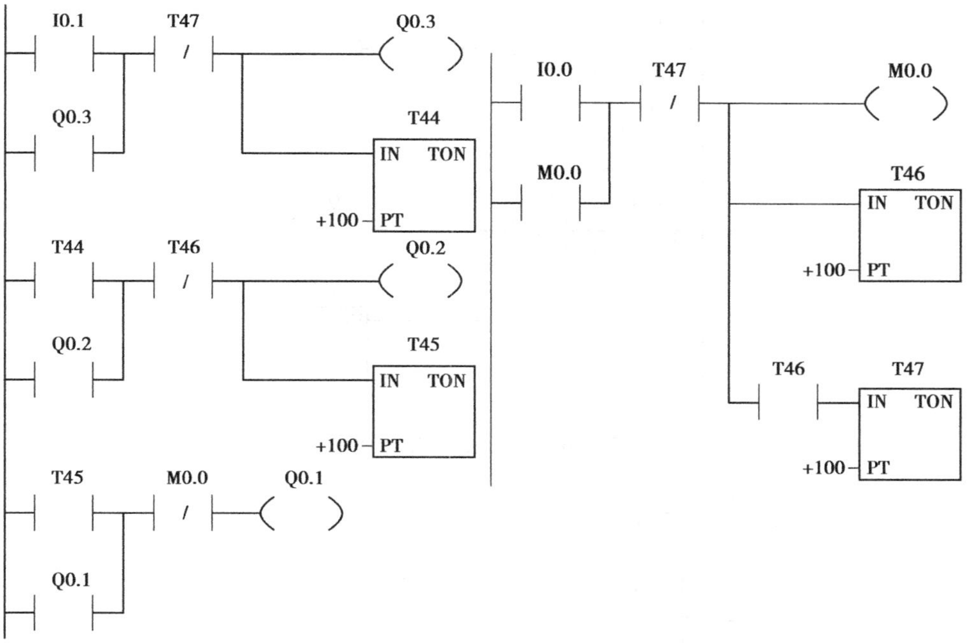

图 7.4.5　自动皮带传送系统控制梯形图

速接入直流电源,利用继续旋转的转子与直流电产生的恒定磁场相互作用,所产生的电磁转矩方向与电动机转子转动方向相反,起到制动作用。

PLC 控制电路元件分配见下表 7.4.2 所示。

表 7.4.2　元件分配表

输入		输出		辅助元件	
输入元件	元件号	输出元件	元件号	定时器	元件号
启动 SB_1 按钮	I0.1	交流电机	Q0.0	定时 1 s	T37
停止 SB_2 按钮	I0.0	直流电源	Q0.1		

系统的梯形图如图 7.4.6 所示。其中,梯形图包含了基本的起保停电路。当按下停止按钮后,电机断电,并接通 Q0.1 线圈,将直流电源接入电机定子绕组,同时定时 1 s(可根据实际需要自行调整)。1 s 后,断开直流电源电路。

(6)三相异步电动机的正反转控制电路

图 7.4.7 是三相异步电动机正反转控制的主电路和控制电路,图中 KM_1 和 KM_2 分别是控制电机正转和反转的交流接触器,FR 是热继电器,SB_1 为停止按钮,SB_2 和 SB_3 分别为正转启动和反转启动按钮。

PLC 控制的三相异步电机正反转电路外部接线图如图 7.4.8 所示。

停止按钮 SB_1 使用的仍然是常开触点,而在继电接触器控制电路中,SB_1 使用的则是常闭触点。通常,在采用经验法设计电路的时候,假定所有外部输入均由常开触点提供,而且希望使梯形图程序中的触点类型尽量与继电接触器控制电路中的相同,这样,在阅读程序时更方便理解。

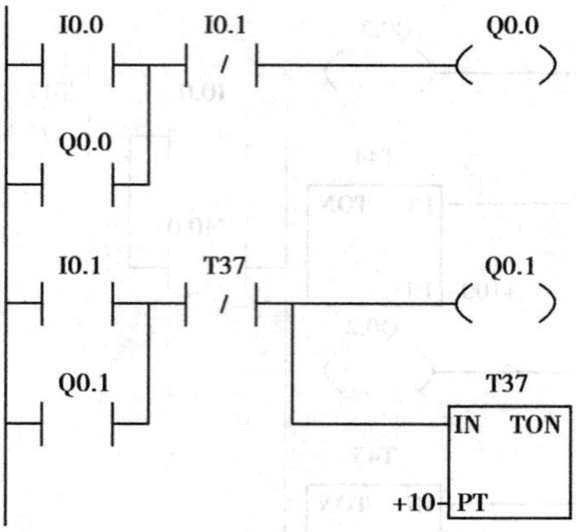

图 7.4.6　能耗制动控制梯形图

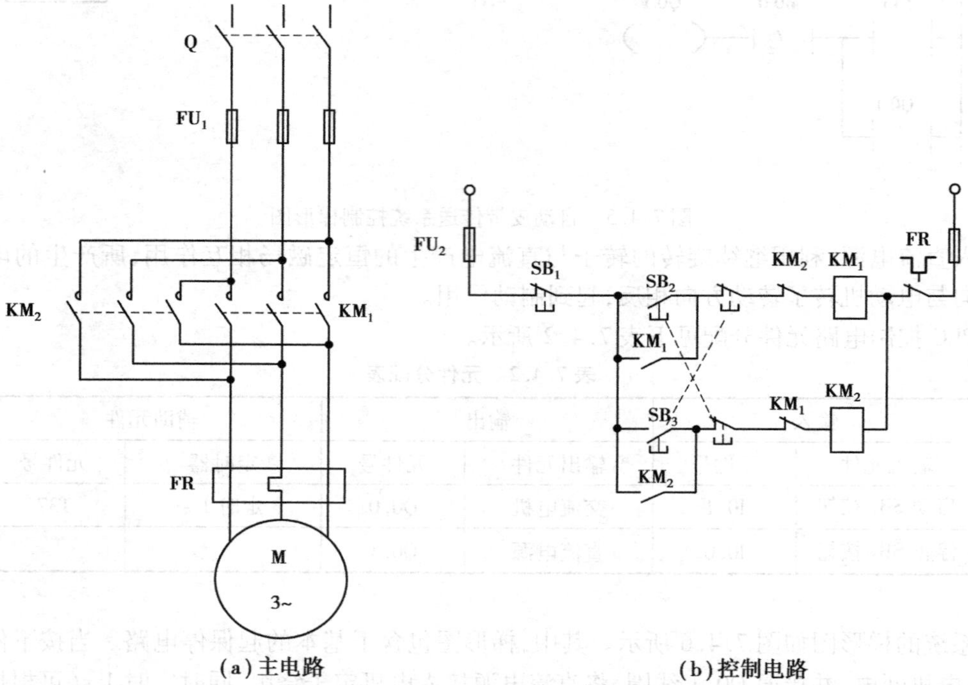

图 7.4.7　异步电机的正反转控制电路

输入信号与按钮对应关系和输出信号与接触器线圈对应关系如表 7.4.3。

表 7.4.3　输入输出元件表

实际输入元件	输入元件号	输出元件号	实际输出元件
停止 SB_1	I0.0		
启动(正转) SB_2	I0.1	Q0.1	正转线圈 KM_1
启动(反转) SB_3	I0.2	Q0.2	反转线圈 KM_2

根据控制系统要求,设计梯形图程序如图 7.4.9 所示。采用了两套起保停电路分别控制

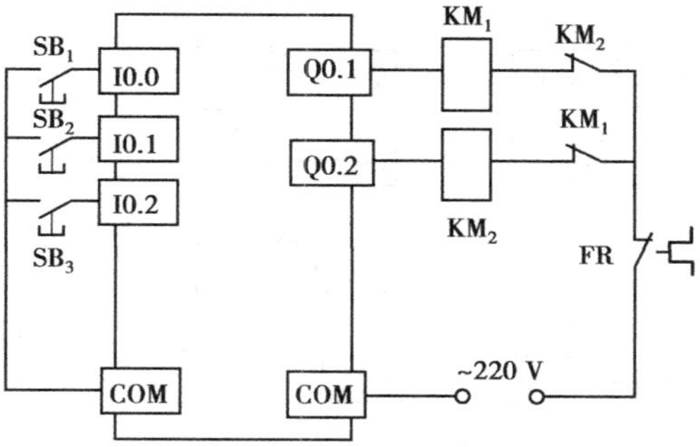

图 7.4.8　PLC 外部接线图

电机正转和反转,利用输出继电器的常闭触点和按钮的常闭触点串联实现正反转转换的互锁。

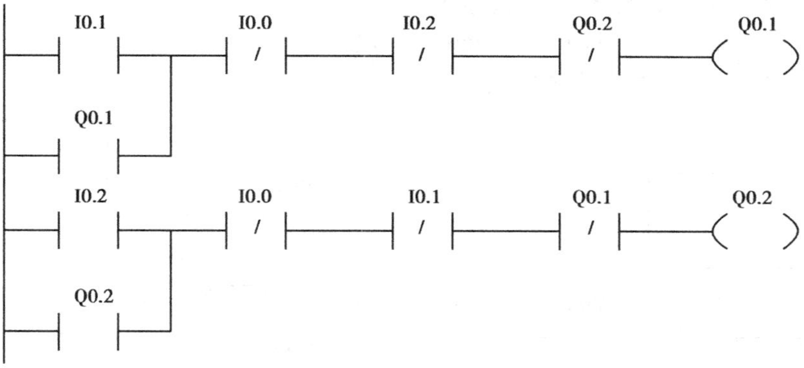

图 7.4.9　异步电机正反转控制梯形图电路

(7) **鼠笼式电动机 Y-D 降压启动控制**

Y-D 降压启动控制,要求在启动时电动机采用 Y 形接法,经过一段延时,当电动机的转速上升到一定值时,再将其换成 D 接法。

在保留第 5 章 Y-D 降压启动电气控制电路的主电路的基础上,PLC 控制的 Y-D 降压启动系统对控制电路上进行了改变,其接线图如图 7.4.10 所示。其中,启动按钮 SB_1 和停止按钮 SB_2 均采用常开的触点,在硬件上采用继电器 KM_2 和 KM_3 常闭触点进行了互锁,同时不需要再使用时间继电器,但本例中未将过载保护的热继电器 FR 信号引入 PLC 控制中。元件分配表见表 7.4.4。

表 7.4.4　元件分配表

输入元件	元件号	输出元件	元件号	辅助元件	元件号
启动按钮 SB_1	I0.0	主电路线圈 KM_1	Q0.1	定时器:定时 5 s	T37
停止按钮 SB_2	I0.1	Y 形启动线圈 KM_2	Q0.2		
		D 形运行线圈 KM_3	Q0.3		

根据 Y-D 降压启动的控制过程,其梯形图程序如图 7.4.11 所示。当 PLC 运行时,M0.0 通电;按下启动按钮 SB_1,M0.1、Q0.1 和 Q0.2 线圈通电,电动机主电路接通,电动机采用 Y 形

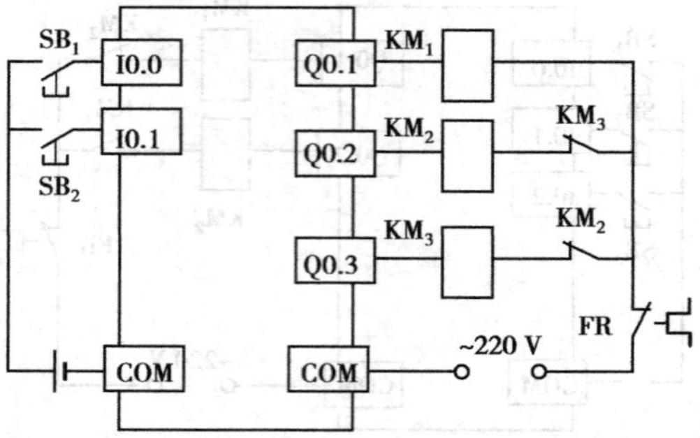

图 7.4.10　PLC 外部接线图

连接降压启动，同时，定时器 T37 开始定时；定时 5 s 时间到（本例假设 Y-D 变换的时间为5 s，可根据实际情况修改），M0.2、Q0.1 和 Q0.3 线圈通电，切换为电机的 D 运行方式；直到按下停止按钮 SB_2，程序回到原始状态，电机停止运行。

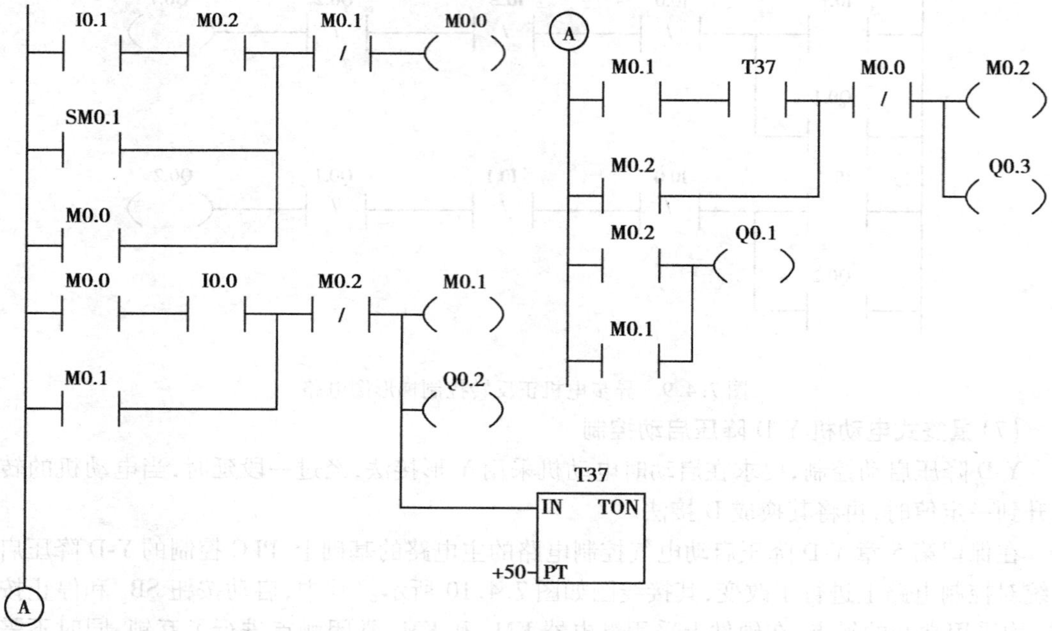

图 7.4.11　梯形图程序

练习与思考

7.4.1　简述可编程序控制器控制系统的基本设计过程。

7.4.2　梯形图编程有哪些方法？各有什么特点？

本章小结

1. 本章首先介绍了可编程序控制器的发展历史，说明了为适应工业生产由大批量少品种转变为小批量多品种的生产方式,改变固定接线方式的继电器控制系统很难适应这一发展要求的状况,PLC 得以产生和极大地发展。同时,介绍了 PLC 的性能特点和应用领域,阐述了 PLC 作为工业支柱之一的强大功能。并对 PLC 的发展趋势做了展望。

2. PLC 作为一种以微处理器为核心的专用于工业控制的计算机,它的基本结构主要由中央处理单元(CPU)、输入/输出(I/O)模块、电源和编程器等外设组成。本章不仅介绍了 PLC 的各种基本组成单元的功能作用,还介绍了西门子的 S7-200 系列小型 PLC 硬件组成,并且分析了 PLC 的扫描工作原理。

3. PLC 必须依据系统程序和用户程序实现各种处理和控制。因此,本章还介绍了 PLC 的 5 种编程语言:顺序功能图、梯形图、功能块图、指令表和结构文本。以西门子公司 S7-200 为对象,介绍了 S7-200 的输入、输出、定时器等编程元件与 SIMATIC 指令系统。最后以各种简单的控制为例,阐述了梯形图程序的经验设计法。

习题 7

7.1　写出题 7.1 图所示梯形图的语句表程序。

7.2　画出题 7.2 图中指令表程序对应的梯形图。

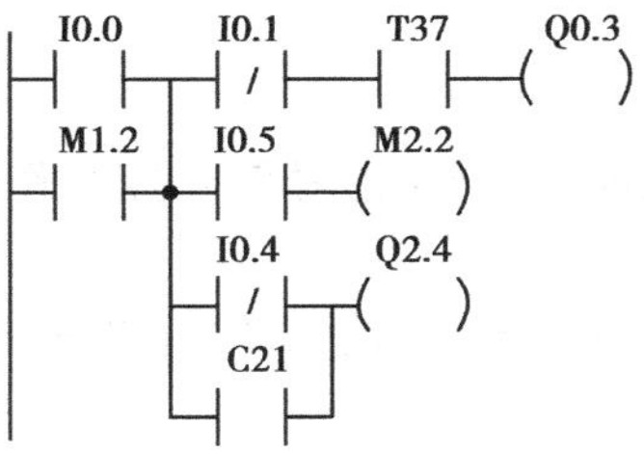

题 7.1 图

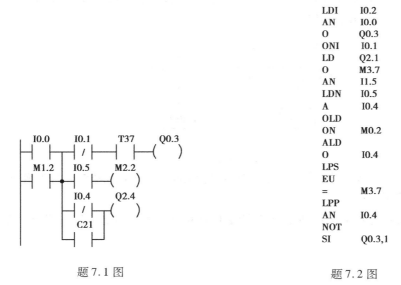

```
LDI   I0.2
AN    I0.0
O     Q0.3
ONI   I0.1
LD    Q2.1
O     M3.7
AN    I1.5
LDN   I0.5
A     I0.4
OLD
ON    M0.2
ALD
O     I0.4
LPS
EU
=     M3.7
LPP
AN    I0.4
NOT
SI    Q0.3,1
```

题 7.2 图

7.3　用接在 I0.0 输入端的光电开关检测传送带上通过的产品,有产品通过时 I0.0 为 ON,如果在 10 s 内没有产品通过,由 Q0.0 发出报警信号,用 I0.1 输入端外接的开关解除报警信号。画出梯形图,并写出对应的语句表程序。

7.4　在按钮 I0.0 按下后 Q0.0 变为 1 状态并自保持,见题 7.4 图,I0.1 输入 3 个脉冲后(用 C1 计数),T37 开始定时,5 s 后 Q0.0 变为 0 状态,同时 C1 被复位,在可编程序控制器刚开始执行用户程序时,C1 也被复位,设计出梯形图。

7.5　指出图题 7.5 图中的错误。

7.6　设计满足如题 7.6 图示波形图的梯形图程序。

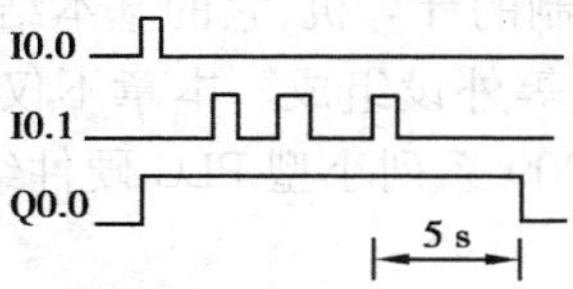

题 7.4 图

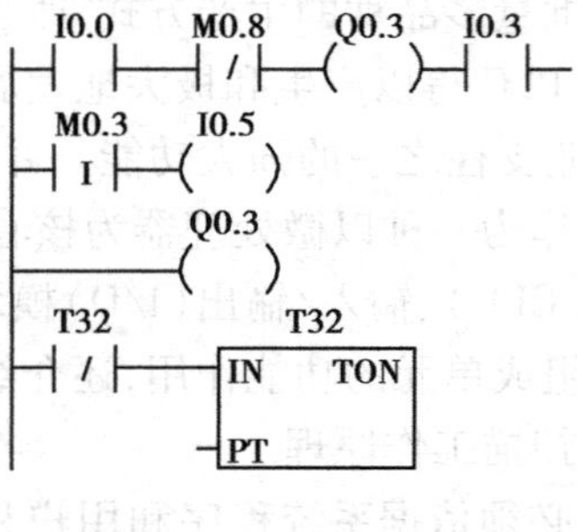

题 7.5 图

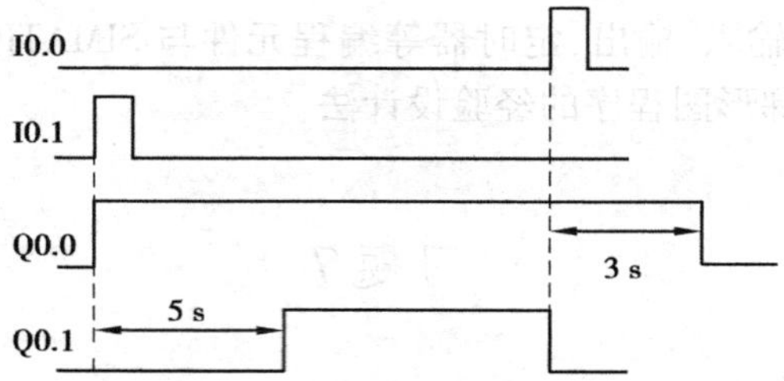

题 7.6 图

7.7　如题 7.7 图所示，小车最初停在 I0.0 处，按下启动按钮 I0.1，小车按图示路线运动，最后返回并停在 I0.0 处，试采用启保停电路编程。

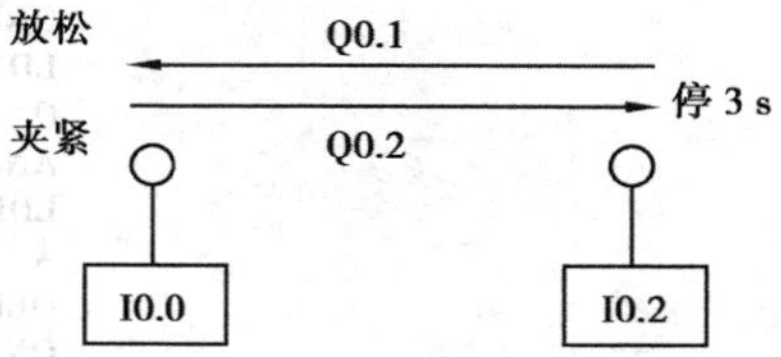

题 7.7 图

7.8　鼠笼式电动机 Y-D 降压启动控制中，若将热继电器 FR 信号引入控制作为 PLC 输入信号，试设计其控制程序。

7.9　设计绕线式异步电动机通过滑环在转子绕组中串接启动电阻进行降压启动的 PLC 控制程序。

第8章 电工测量

科学是从测量开始的,测量是获得信息的重要手段。著名科学家钱学森说过:"发展高新技术信息技术是关键,信息技术包括测量技术、计算机技术和通信技术,测量技术是关键和基础。"由此可看出测量的重要意义。电工测量涉及所有电量和各种非电量的测量,具有高准确度,高灵敏度,容易实现自动及遥控测量等优点,在现代各种测量技术中占有非常重要的地位,已被广泛应用于工农业生产、科学研究、社会生活等各领域中。

8.1 电工测量的基础知识

8.1.1 电工测量的概念及特点

测量是指人们用实验的方法,借助于一定的仪器或设备,对客观事物取得数量概念的认识过程,是人们定量地认识客观事物的十分重要的手段。

电工测量所包括的领域十分广泛,其内容包括:电压、电流、功率、电能等电量的测量;电阻、电感、电容、阻抗、品质因数等电路参数的测量;频率、周期、相位、失真度等电信号特性的测量;也包括位移、速度、压力、湿度、流量等非电量的测量。

电工测量技术在现代各种测量技术中占有重要的地位,它具有如下几个特点:

①电工测量仪表结构简单,使用方便,测量速度快,比其他测量仪器精确度高得多。如在长度、力学方面的测量精度还未达到 10^{-10},而电工测量已达 $10^{-13}\sim10^{-14}$。

②电工测量仪表可以灵活的安装在需要的地方进行测量,并可实现自动记录。

③电工测量仪表可以解决人不便于接触或远距离的测量问题(如核反应堆、宇宙中的星体、海洋沙漠深处等)。

④能利用电工测量的方法对非电量(如温度、压力、速度等)进行测量。

8.1.2 测量的分类及误差

(1)测量的分类

进行测量时,对不同的量要使用不同的测量工具和选择合适的测量方法。为了实现测量目的,正确选择测量方法是很重要的,它直接关系到测量工作能否正常进行和测量结果的有效性。被测量种类繁多,使用工具千差万别,测量方法的分类也多种多样。

1)根据获得测量结果的方法不同,可分为直接测量、间接测量、组合测量

①直接测量

直接测量就是通过测量直接获取被测量大小的测量方法。例如,用电压表直接测量出某一支路电压的大小或用电流表直接测量出某一支路电流的大小等。

②间接测量

间接测量是指欲测未知量必须通过几个被测量之间的函数关系而求出。如测出有源二端电阻网络的开口电压和短路电流,就可以利用欧姆定律求出其网络的等效内阻 $R_0 = \dfrac{U_{OC}}{I_{SC}}$。常在直接测量不方便或间接测量结果较直接测量更为准确等情况下使用此方法。

③组合测量

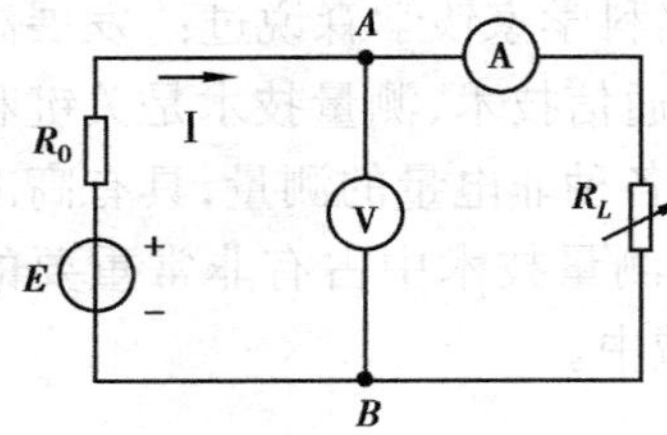

图 8.1.1　伏安法测有源二端网络电阻

组合测量是兼用直接测量与间接测量的测量方法。在某些测量中,被测量与几个未知量有关,需要通过改变测量条件进行多次测量,然后按照被测量与未知量之间的函数关系,组成联立方程、求出各未知量。例如测量如图 8.1.1 所示的有源二端网络的内阻 R_0。由电压定律得 $E = IR_0 + U_{AB}$。但其中 E 与 R_0 均为未知量。在此可采用组合测量法,改变二端网络的负载 R_L,得到不同的电压读数 U_{AB1}、U_{AB2} 和电流表读数 I_1、I_2,代入上式得方程组:

$$E = I_1R_0 + U_{AB1} \qquad (8.1.1)$$

$$E = I_2R_0 + U_{AB2} \qquad (8.1.2)$$

求解得:

$$R_0 = (U_{AB2} - U_{AB1})/(I_1 - I_2) \qquad (8.1.3)$$

2)根据在测量过程中有无标准量直接参与比较,可以分为以下两种测量方法

①直读测量法:直接根据仪器仪表的读数得到被测量的方法。例如用电流表测量电流,用功率表测量功率等。

这种测量法的特点是标准量不直接参与作用而是间接地参与比较。比如仪表的刻度尺是在制造时由标准量参与分度。正因为如此,这种测量法设备简单,操作方便,缺点是测量准确度不高。

②比较测量法:测量过程中被测量与标准量(又称度量器)直接进行比较而获得测量结果的测量方法。例如用电桥法测电阻,每次测量中作为标准量的标准电阻都要参与比较。比较测量法测量结果准确,灵敏度高,适用于精密测量,但操作较烦琐、测量仪器较贵。

以上分类中,直读法与直接测量法,比较法与间接测量法,彼此并不相同,但又互有交叉。如测量电阻,当对准确度要求不高时,可以用欧姆表直接测量或用伏安法间接测量。二者都属于直读法。当要求测量精度较高时则可用电桥法直接测量,它属于比较法。

实际测量中采用哪种测量方法,应根据被测量的准确度要求,量值范围,以及条件是否具备等多种因素决定。

(2)测量误差

不管仪表的质量如何,仪表的指示值与实际值之间总有一定的差值,称为误差。显然,仪表的准确度与其误差有关。误差有两种:一种是基本误差,它是由仪表本身的因素引起的,比如由弹簧永久变形或刻度不准确等造成的固有误差;另一种是附加误差,它是由外部因素引起的,如测量方法不正确, 读数不准,电磁干扰等。仪表的附加误差是可以减小的,使用者应尽量让仪表在正常情况下进行测量,电工测量中误差是非常重要的问题之一,忽视误差,有时就会影响结论的科学性。

1)测量误差的表示法

测量误差可用绝对误差、相对误差和引用误差来表示。

①绝对误差 ΔA

测量结果 A_x 与被测量的真值 A_o 之差称为绝对误差。

$$\Delta A = A_x - A_o \tag{8.1.4}$$

真值一般用高一级标准仪表测得的值代替。

在测量不同大小的被测量时,不能简单地用绝对误差来判断其测量的准确度。例如表 1 测 100 V 电压时,绝对误差 $\Delta A_1 = +1$ V;表 2 测 10 V 电压时,绝对误差 $\Delta A_2 = +0.5$ V,$\Delta A_1 > \Delta A_2$。但从仪表误差对测量结果的相对影响来看,表 1 就小得多了。表 1 误差占被测量的 1%,而表 2 误差却占被测量的 5%。工程上常采用相对误差来衡量结果的准确度。

②相对误差 γ

绝对误差与被测量的真值之比称为相对误差,常用百分数表示。即

$$\gamma = \frac{\Delta A}{A_0} \times 100\% \tag{8.1.5}$$

③引用误差

引用误差就是绝对误差与仪表量限之比的百分数。

2)测量误差的分类

根据测量误差的性质和特征,可将其分为 3 类,即系统误差、偶然误差和疏忽误差。

①系统误差

这类误差有一定规律或在整个测量过程中保持不变,它主要包括以下几方面的误差。

a. 基本误差　由于仪表结构和制造中的缺陷而产生的误差,这种误差为仪表所固有。

b. 附加误差　由于外界因素(如温度、磁场等)的变化及未按技术要求使用仪表等所造成的误差。

c. 方法误差　由于测量方法不完善,使用者读数习惯不同或测量方法的理论根据不充分,使用了近似公式等所产生的误差。

②偶然误差

偶然误差也称随机误差。这种误差是由于某些偶然因素产生的,其特点是:即使在相同的条件下,同样仔细地测量同一个量,所得结果仍有时大、时小。但多次测量的结果综合起来看,它是服从统计规律的。因此,可以取各次测量值的算术平均值来削弱偶然误差对测量结果的影响。

③疏忽误差

疏忽误差是由于测量者的疏忽所产生的。例如:读数错误和记录错误,操作方法错误等。

所得数据严重歪曲测量结果,应该剔除重测。

练习与思考

8.1.1 什么是测量?电工测量技术有何特点?

8.1.2 电工测量的误差是如何定义的?有哪些种类?

*8.2 电工测量仪表

8.2.1 电工测量仪表的分类

(1)电工测量仪表的分类

电工测量仪表的种类繁多,分类方法也各有不同。按照电工仪表的结构和用途,大体上可以分为以下5类。

1)指示仪表类:它把电量直接转换成指针偏转角,将被测量的数量由仪表指针在刻度盘上直接指示出来。如常用的电流表、电压表等。指示类仪表测量过程简单,操作容易,但准确度不可能太高。

2)比较仪器类:需在测量过程中将被测量与某一标准量比较后才能确定其大小。常用的比较式仪表有电桥、电位差计等。比较式仪表的结构较复杂,造价较昂贵,测量过程也不如直读法简单,但测量的结果较直读式仪表准确。

3)数字式仪表类:直接以数字形式显示测量结果,如数字万用表、数字频率计。数字式仪表采用了大规模集成电路,将被测模拟信号转换成数字信号,通过液晶显示屏直接读数,与指示仪表相比具有体积小、精度高、使用方便的特点。

4)记录仪表和示波器类:记录仪表是指记录被测量随时间变化情况的仪表,如发电厂与变电所中采用的自动记录电压表和频率表以及自动记录功率表。当被测量变化很快时,常用电磁示波器来观测。

5)扩大量程装置和变换器:如分流器、附加电阻、电流互感器、电压互感器。

(2)电测量指示仪表的分类

在电测量领域中,指示仪表的种类最多,具体分类方式为:

1)按仪表的工作原理分类,主要有磁电系、电磁系、电动系仪表,其他还有感应系、热电系、静电系、整流系、光电系等类型的指示仪表。

2)按测量对象的种类分类,主要有电流表(又分安培表、毫安表、微安表)、电压表(又分为伏特表、毫伏表等)、功率表、频率表、欧姆表、电度表、相位表等。

3)按被测电流种类分类,有直流仪表、交流仪表、交直流两用仪表。按仪表的准确度分类,根据国家标准 GB 776—76,指示仪表的准确度可分为 0.1、0.2、0.5、1.0、1.5、2.5、5.0共7个等级,如表 8.2.1 所示。仪表的级别即仪表准确度的等级。仪表的最大绝对误差与仪表量程之比称为仪表的准确度,准确度等级的数字越小,仪表准确度越高。

表 8.2.1　准确度等级

准确度等级	0.1	0.2	0.5	1.0	1.5	2.5	5.0
基本误差/%	±0.1	±0.2	±0.5	±1.0	±1.5	±2.5	±5.0

通常 0.1 级和 0.2 级仪表为标准表;0.5 级至 1.0 级仪表用于实验室;1.5 级至 5.0 级则用于电气工程测量。测量结果的精确度,不仅与仪表的准确度等级有关,而且与它的量程也有关。选择仪表的准确度必须从测量的实际出发,不要盲目提高准确度,在选用仪表时还要选择合适的量程,通常应尽可能使读数占满刻度$\frac{2}{3}$以上。准确度高的仪表在使用不合理时产生的相对误差可能会大于准确度低的仪表。

4)按使用环境条件分类, 指示仪表可分为 A、B、C 3 组。

A 组:工作环境为 0 ~ +40 ℃, 相对湿度在 85% 以下。B 组:工作环境为 -20 ~ +50 ℃, 相对湿度在 85% 以下。C 组:工作环境为 -40 ~ +60 ℃,相对湿度在 98% 以下。

5)按对外界磁场或电场的防御能力分类, 指示仪表有 Ⅰ、Ⅱ、Ⅲ、Ⅳ 4 个等级。

电工测量仪表上的符号及代表的意义如表 8.2.4 所示。

(3)电工测量仪表的符号和标记

在测量仪表的表面标度盘上,通常都标有一些符号来表明有关的技术性能,在使用仪表之前认真观察表盘上的各种符号,可以了解有关该仪表的性能、使用方法、环境要求等信息,对正确使用仪表有很大帮助。电工测量仪表如按照被测量的种类来分,其符号如表 8.2.2 所示。

表 8.2.2　电工测量仪表符号

被测量	仪表名称	符　号	被测量	仪表名称	符　号
电流	电流表	A	电功率	功率	W
	毫安表	mA		千瓦表	kW
电压	电压表	V	频率	频率表	Hz
	毫伏表	mV	相位差	相位表	φ
电阻	电阻表	Ω	电能	电度表	kWh

电工测量仪表如按照工作原理来分,其符号如表 8.2.3 所示。

表 8.2.3　电工测量仪表符号

分　类	标志名称	符　号	分　类	标志名称	符　号
工作原理符号	磁电系	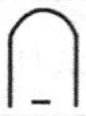	工作原理符号	整流系	
	电磁系	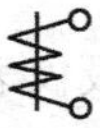		感应系	
	电动系			静电系	

表 8.2.4　电工测量仪表上的符号及意义

电流种类	直流	—	端钮及调零器	正端钮	+
	交流	～		负端钮	—
	直流和交流	≃		调零器	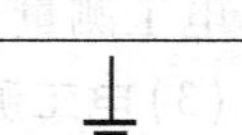
	三相交流	≋		接地用的端钮	
绝缘强度	不进行绝缘强度试验			与外壳相连接的端钮	
	绝缘强度试验电压为 2 kV			与屏蔽相连的端钮	
工作位置	垂直放置	⊥	准确度等级	以指示值的百分数表示准确度(例如 1.5 级)	
	水平放置	⊓		以标度尺量程百分数表示准确度(例如 1.5 级)	1.5
	与水平面倾斜成 60°	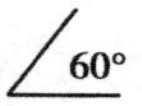		以标度尺长度百分数表示准确度(例如 1.5 级)	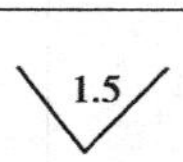

(4)电工指示仪表的型号

1)安装式仪表型号组成。安装式仪表型号的组成如图 8.2.1 所示。其中形状第一位按仪表面板形状最大尺寸编制,形状第二位代号按外壳形状尺寸安装孔位特征编制,系列代号按测量机构的系列编制。如磁电系用“C”,电磁系用“T”,电动系用“D”,感应系用“G”,整流系用“L”,静电系用“Q”来表示等。设计序号由厂家给定。用途按仪表测量对象编制,如电流代号为“A”,电压等代号为“V”。

例如 42C3-A,42 为形态代号,可从有关产品目录中查出仪表的外型和尺寸,C 表示是磁电系仪表,3 为设计序号,A 是国际通用电流符号,因而 42C3-A 是指安装式磁电系电流表。

2)便携式仪表型号组成。便携式仪表型号的规则,不含形状代号,所以将安装式仪表型号形状第一位、第二位去掉，即为该类型仪表。例如 T19-V，T 表示电磁系仪表，19 是设计序号，V 表示用于电压测量。

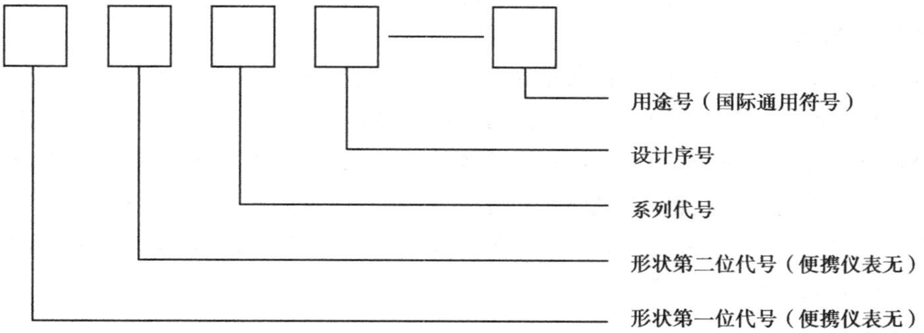

图 8.2.1　安装式仪表型号的编制规则

3）电能表型号组成。电能表型号由类别代号、组别代号和设计序号组成。其型号中，第一位字母均用“D”表示电能表；第二位字母中，“D”表示单相、“T”表示三相四线、“S”表示三相三线、“X”表示无功。例如 DD28 型电能表，类别号“D” 表示电能表，组别号“D”表示单相，“28”表示设计序号。

8.2.2　常用直读式仪表的特点

(1) 磁电系仪表

磁电系仪表只能测量直流电，不能测交流电。磁电系仪表的优点是刻度均匀，仪表内部耗能小，灵敏度和准确度较高。另外，由于仪表本身的磁场较强，所以抗外界磁场干扰能力较强。这种仪表的缺点是结构复杂，价格较高，过载能力小，由于磁电系仪表准确度较高，所以经常用作实验室仪表和高精度的直流标准表，通常用来测直流电流、直流电压及电阻等，也用作万用表的表头。

(2) 电磁系仪表

电磁系仪表的刻度不均匀，电磁系仪表测交流量时，仪表的指示值为交流量的有效值。电磁系仪表的优点是结构简单，价格便宜，过载能力较大，能用来测量直流、正弦和非正弦交流电量，不需辅助设备，可直接测量大电流；缺点是准确度和灵敏度不高，耗能较大，易受外磁场影响. ，一般用电磁系仪表来测量交流电压和电流。

(3) 电动系仪表

电动系仪表表盘刻度不均匀。电动系仪表的优点是既可以测量交流、直流量，还可以测量非正弦交流量的有效值，由于没有铁芯的磁滞和涡流影响，所以准确度比电磁系仪表要高，一般可制成 0.2 ~ 1.0 级的仪表。缺点是过载能力小，且价格较贵，仪表内部耗能大，抗电磁干扰能力较差。电动系仪表一般适用于制作交流、直流两用仪表和交流校准表，或用来制作功率表。

8.2.3　电工测量仪表的选择

(1) 类型选择

仪表的类型可以根据被测量的参数性质分为直流和交流，交流又有正弦波与非正弦波之分。对于直流电量的测量,可选用磁电系、整流系仪表。如要求测出正弦量的有效值,则选用电磁系、电动系仪表。用这些仪表测出有效值后,也可换算成平均值、峰值等。如被测量是非正弦波,选用电磁系、电动系仪表只能测其有效值,整流系仪表只能测其平均值。

(2)准确度选择

在使用仪表时,必须合理地选择仪表的准确度。虽然测量仪表的准确度越高越好,但不要盲目追求高准确度。对一般的测量来说,不必使用高准确度的仪表。因为仪表准确度越高价格也越贵,从而使设备成本增加,这是不经济的。而且准确度越高的仪表使用时的工作条件要求也越高,如要求恒温、恒湿、无尘等,在不满足工作条件的情况下,测量结果反而不准确,这是不可取的。另一方面,也不应使用准确度过低的仪表而造成测量数据误差太大。因此仪表的准确度等级要根据实际需要确定。

(3)量程选择

仪表量程的选择应根据测量值的可能范围确定。被测量值范围较小要选用较小的量程,这样可以得到较高的准确度。如选用太大的量程,则测量结果误差就较大。

对于一只确定的仪表,测量值越小,其测量时准确性越低。因此,在选择量程时,应尽量使被测量的值接近于满标值。另一方面,也要防止超出满标值而使仪表受损。因此,可取被测量值为满标值的$\frac{2}{3}$左右。最少也应使被测量的值超过满标值的一半。当被测电流大小无法估计时,可用多量程仪表先置于大量程档,然后根据仪表的指示调整量程,使其达到合适的量程档。

(4)仪表内阻

当仪表接入被测电路后,仪表线圈电阻会影响原有电路的参数和工作状态,以致影响测量的准确性。例如电流表是串联接入被测电路的,仪表内阻增加了电路的阻值,也就相应地减小了原电路的电流,这势必影响测量结果,所以要求电流表内阻越小越好,一般应使电流表内阻 $R_A \leqslant \frac{1}{100}R$($R$ 为与电流表串联的总电阻),量程越大,内阻应越小。再如电压表是并联接入被测电路的,它的内阻减小了电路的阻值,使被测电路两端的电阻发生变化,影响测量结果,所以电压表内阻越大越好。量程越大,内阻应越大。一般要求电压表内阻 $R_V \geqslant 100R$(R 为与电压表并联的被测对象的总电阻),这时就可忽略仪表内阻的影响。当由于仪表内阻的影响所造成的测量误差远大于仪表的基本误差时,这时宁可选择内阻合适而准确度较低,量程较大的仪表进行测量,也会比用准确度较高、量程合适但内阻不合适的仪表进行测量的误差小。

(5)仪表工作条件的选择

仪表的选择还应根据使用环境和测量条件选择仪表的型式,如要考虑使用地点、周围温度、湿度、外界电磁场强弱等。

练习与思考

8.2.1 指示仪表的准确度可分为哪几种等级?它们所代表的含义是什么?

8.2.2 电工测量仪表的选择应注意哪几个环节?

8.3　常见电量的测量

8.3.1　电阻、电流、电压的测量

(1)电阻的测量

低阻值电阻($10^{-5}\sim 1\ \Omega$)一般采用直流双臂电桥(凯尔文电桥)。中阻值电阻($1\sim 10^5\ \Omega$)一般采用万用表、直流单臂电桥(惠斯登电桥),也可用伏安法测得。高阻值电阻(多指兆欧级以上电阻)通常采用兆欧表。

1)万用表测量电阻

用万用表的电阻挡测量电阻时,先根据被测电阻的大小,选择好万用表电阻挡的倍率或量程范围,再将两个输入端短路调零,最后将万用表并接在被测电阻的两端,从表头指针显示的读数乘所选量程的倍率数即为所测电阻的阻值。如选用 $R\times 100$ 挡测量,指针指示 50,则被测电阻值为:$50\times 100=5\ 000\ \Omega=5\ \mathrm{k\Omega}$。

2)电桥法测量电阻

当对电阻值的测量精度要求很高时,可用电桥法进行测量。如图 8.3.1 所示 R_1、R_2 是固定电阻,称为比率臂,比例系数 $K=\dfrac{R_1}{R_2}$可通过量程开关进行调节,R_N 为标准电阻称为标准臂,R_X 为被测电阻,G 为检流计。测量时接上被测电阻,接通电源,通过调节 K 和 R_N,使电桥平衡即检流计指示为零,读出 K 和 R_N 的值,即可求 R_X 的值:

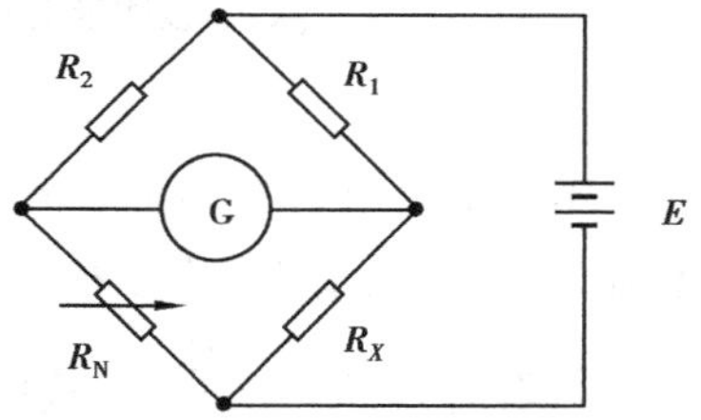

图 8.3.1　电桥法测量电阻

$$R_X=\frac{R_1}{R_2}\times R_N=KR_N \tag{8.3.1}$$

3)伏安法测量电阻

伏安法是一种间接测量法,理论依据是欧姆定律 $R=U/I$,给被测电阻施加一定的电压,所加电压应不超出被测电阻的承受能力,然后用电压表和电流表分别测出被测电阻两端的电压和流过它的电流,即可算出被测电阻的阻值。

对于非线性电阻如热敏电阻、二极管的内阻等,它们的阻值与工作环境以及外加电压和电流的大小有关,一般采用专用设备测量其特性。当无专用设备时,可采用前面介绍的伏安法,测量一定直流电压下的直流电流值,然后改变电压的大小,逐点测量相应的电流,最后作出伏安特性曲线,所得电阻值只表示一定电压或电流下的直流电阻值。

电阻测量时的注意事项:

①不允许带电测量电阻,否则会烧坏万用表。

②万用表内干电池的正极与面板上"－"号插孔相连,干电池的负极与面板上的"＋"号插孔相连。在测量电解电容和晶体管等器件的电阻时要注意极性。

③每换一次倍率挡,要重新进行调零。

④不允许用万用表电阻挡直接测量高灵敏度表头内阻,以免烧坏表头。

⑤不能用双手捏住表笔的金属部分测电阻,否则会将人体电阻并接于被测电阻而引起测量误差,若有其他支路与被测电阻并联时,应将被测电阻的一端与其他电路断开。

⑥测量完毕,将转换开关置于交流电压最高挡或空挡。

(2)电流的测量

测量直流电流通常采用磁电系电流表,也可采用交直流两用的电磁系、电动系电流表。测量交流电流主要采用电磁系或电动系电流表。为了使电路的工作不受接入电流表的影响,电流表的内阻一般都很小。电流表必须与被测电路串联,如图 8.3.2(a)所示,否则将会烧毁电表。此外,测量直流电流时还要注意仪表的极性。

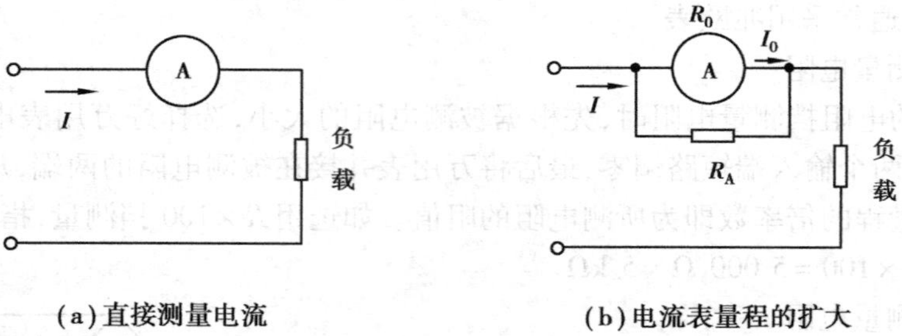

图 8.3.2 电流的测量

采用磁电系电流表测量直流电流时,因其表头所允许通过的电流很小,不能直接测量较大电流,为了扩大量程,可在表头上并联一个称为分流器的低值电阻 R_A,如图 8.3.2(b)所示。分流器的阻值为:$R_A=\dfrac{R_0}{n-1}$。式中 R_0 为表头内阻,$n=\dfrac{I}{I_0}$为分流系数,其中 I_0 为表头的量程,I 为扩大后的量程。由此可知,需要扩大的量程越大,则分流器的阻值越小。

例 8.3.1 有一磁电系测量机构,当无分流器时,表头的满标值电流为 10 mA。表头电阻为 20 Ω。要把它制成其量程为 2 A 的电流表,问应并分流器的电阻应为多大?

解 $$R_A=\frac{R_0}{\dfrac{I}{I_0}-1}=\frac{20}{\dfrac{2}{0.01}-1}\ \Omega=0.100\ 5\ \Omega$$

上式说明:要把这个磁电系测量机构制成量程为 2 A 的电流表,必须并联一个电阻为 0.100 5 Ω的分流电阻。

扩大电磁系电流表的量程用电流互感器,而不用分流器。这是因为一方面电磁系电流表的线圈是固定的,可以允许通过较大的电流;另一方面,在测量交流电流时,由于电流的分配不仅与电阻有关,而且也与电感有关,因此,分流器很难制得精确。

(3)电压的测量

测量直流电压通常采用磁电系电压表,测量交流电压采用电磁式电压表或电动系电压表。为了使电路的工作不受接入电压表的影响,电压表的内阻必须很大。电压表使用时应与被测电路并联,如图 8.3.3(a)所示。测量直流电压时还要注意仪表的极性。

测量直流电压扩大量程的方法是:在表头上串联一个称为倍压器的高值电阻 R_V,倍压器的阻值为 $R_V=(m-1)R_0$。式中 R_0 为表头内阻,$m=\dfrac{U}{U_0}$为倍压系数,其中 U_0 为表头的量程,

U 为扩大后的量程。由此可知,需要扩大的量程越大,则倍压器的电阻越大。

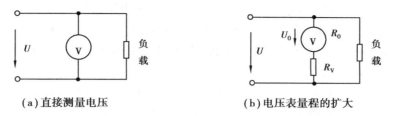

(a)直接测量电压　(b)电压表量程的扩大

图 8.3.3　电压的测量

例 8.3.2　有一电压表,其量程为 50 V,内阻为 2 000 Ω。要把它的量程扩大到 500 V,问表头还需串联多大电阻的倍压器?

解　$R_V = \left[2\ 000 \times \left(\frac{500}{50} - 1\right)\right]\ \Omega = 18\ 000\ \Omega$

也就是说,要把这个测量机构量程扩大到 500 V,表头必须串联一个电阻为 18 000 Ω 的电阻。

8.3.2　功率的测量

(1)直流功率的测量

直流功率与单相交流功率的测量电路中的功率与电压和电流的乘积有关,因此,用来测量功率的仪表必须有两个线圈,如图 8.3.4 所示,一个与负载串联,它的匝数少、导线粗,反映负载中的电流,称为电流线圈;另一个与负载并联,它的匝数多、导线细,反映负载两端电压,称为电压线圈。功率表电流线圈与电压线圈上各有一端标有“ * ”号,被称为电源端,这是为了使接线不致发生错误而标出的特殊标记。为防止功率表的指针反偏,接线时电流线圈有“ * ”号的端钮必须接至电源的正极端,而另一端则接至负载端,电流线圈是串联接入电路的。功率表电压线圈上标有“ * ”号的端钮可以接至电流端钮的任意一端,而另一个电压端则跨接至负载的另一端。功率表的电压线圈是并联接入被测电路的。

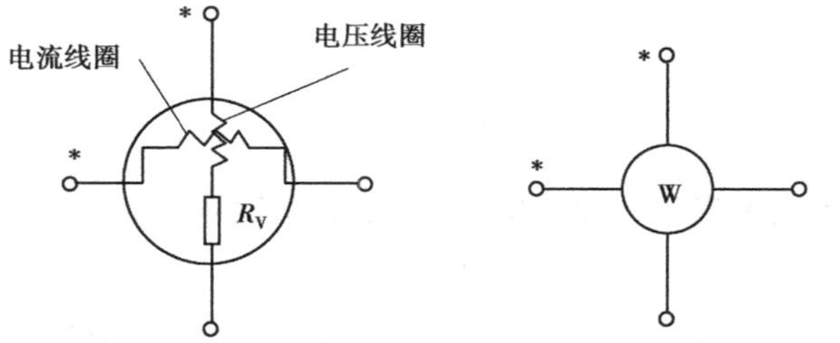

(a)结构示意图　(b)图形符号

图 8.3.4　功率表结构示意图

功率表有两种不同的接线方式,即电压线圈前接和电压线圈后接。

图 8.3.5(a)所示为电压线圈前接法——适用于负载电阻远比电流线圈电阻大得多的情况。因为这时电流线圈中的电流虽然等于负载电流,但电压支路两端的电压包含负载电压和电流线圈两端的电压,即功率表的读数中多出了电流线圈的功率消耗。如果负载电阻远比电

流线圈电阻大,则引起的误差就比较小。

图 8.3.5(b)所示为电压线圈后接法——适用于负载电阻远远小于电压线圈电阻时。此时与电压线圈前接法情况相反,虽然电压支路两端的电压与负载电压相等,但电流线圈中的电流却包括负载电流和电压支路电流。若电压线圈的电阻远比负载电阻大,则电压支路的功耗对测量结果的影响就较小。

如果被测负载功率较大,可以不考虑功率表本身的功率对测量结果的影响,则两种接法可任意选择。但最好选用电压线圈前接法,因为功率表中电流线圈的功率一般都小于电压线圈的功耗。

使用功率表时应正确选择功率表的电流量程和电压量程,不能仅从功率表的量程考虑,电流量程不能低于负载电流,同时电压量程也不能低于负载电压。如:D9-W14 型功率表的额定值为 5/10 A 和 150/300 V,则功率量程可有四种选择:5 A、150 V——功率量程为 750 W,5 A、300 V——功率量程为 1 500 W,10 A、150 V——功率量程为 1 500 W,10 A、300 V——功率量程为 3 000 W,从中可看出功率量程相同时,使用时的意义却不一样。

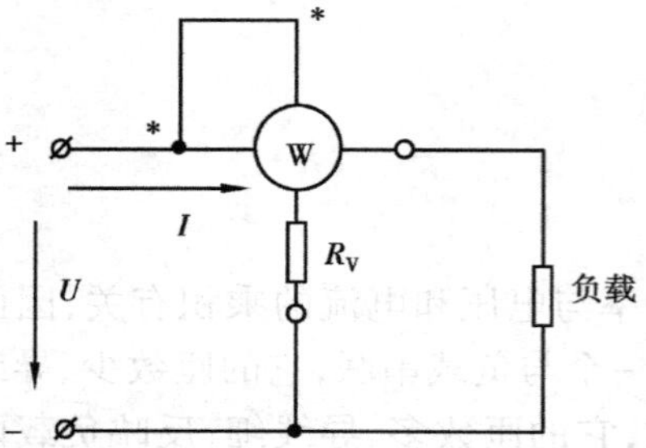

(a)电压线圈前接法

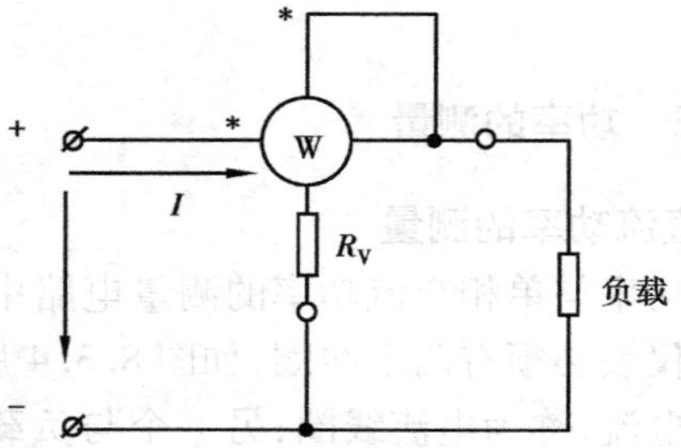

(b)电压线圈后接法

图 8.3.5 功率表接线方式

通常功率表有两个电流量程和多个电压量程,但标度尺只有一条,故它的标度尺不标瓦特数,而只标明分格数。每分格所代表的瓦数由所选电压量程和电流量程决定,如用 C_P 表示每分格的功率值(又称功率表常数),α_m 表示满刻度格数,如功率表的电压量程为 U_m,电流量程为 I_m,则

$$C_P = \frac{U_m I_m}{\alpha_m} \tag{8.3.2}$$

在测量中,如读得功率表指针偏转格数为 α,则功率的测量值为:

$$P = C_P \alpha \tag{8.3.3}$$

例 8.3.3 有一只电压量程为 250 V,电流量程为 3 A,满刻度格数为 75 格的功率表,现在用它测负载的功率,当指针偏转 45 格时负载功率为多少?

解 先计算功率表常数 C_P

$$C_P = \frac{U_m I_m}{\alpha_m} = \frac{250\ \text{V} \times 3\ \text{A}}{75\ 格} = 10\ \text{W}/格$$

故被测功率为:

$$P = C_P \alpha = 10\ \text{W}/格 \times 45\ 格 = 450\ \text{W}$$

直流功率的测量有两种方法,一种方法是可以用直流电压表和直流电流表分别测出负载电流和负载的端电压值,然后根据公式 $P=UI$ 计算出直流功率;另一种方法是用单相功率表直接测量。单相交流负载有功功率为 $P=UI\cos\varphi$,式中 U 为负载电压的有效值、I 为负载电流的有效值、φ 为负载电压与负载电流之间的相位差。电动系仪表的偏转角不仅与电压电流有效值的乘积有关,而且与它们的相位差的余弦有关。电动系功率表的电压线圈上的电压与其所通过的电流有一定的相差,但电动系仪表的电压线圈串有很大的分压电阻,其感抗与电阻相比可忽略,可认为电压线圈上的电压与其电流基本同相。而电流线圈中的电流受负载性质的影响而与电压存在一个相位差 φ,它与负载电压与负载电流之间的相位差相同。因此,有功功率表指针的偏转角也就和电路中有功功率 $P=UI\cos\varphi$ 成正比,这样就可以使用电动系有功功率表直接测量单相交流负载的有功功率,其使用方法与直流功率表基本相同。

例 8.3.4　有一感性负载工作在 220 V 的电路中,其功率约为 900 W,功率因素为 0.7,使用 D9-W14 型功率表(量程为 5/10 A 和 150/300 V)时应怎样选择功率表量程?

解　因负载工作在 220 V 的电路中,故功率表的电压量程应选择 300 V,又因负载电流为:

$$I=\frac{P}{U\cos\varphi}=\left(\frac{900}{220\times 0.7}\right)\text{A}\approx 5.84\ \text{A}$$

所以功率表的电流量程应选 10 A。

(2)三相交流电路有功功率的测量

在三相交流电路中,用单相功率表可以组成一表法、两表法或三表法来测量三相负载的有功功率。

1)一表法　所谓一表法就是可用一只单相有功功率表测量三相对称负载的有功功率,因为三相负载是对称的,所以三相负载的功率都相等,可测出其中一相负载的功率,然后将该表读数乘以 3 即为三相对称负载总功率。接线如图 8.3.6 所示。

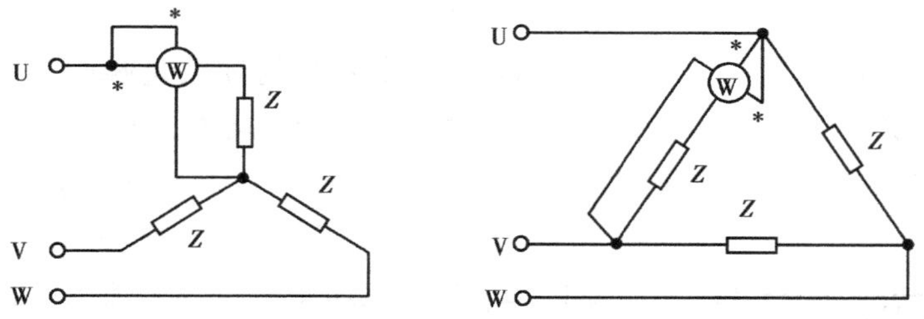

(a)星形联结对称负载　　(b)三角形联结对称负载

图 8.3.6　一表法测三相对称负载功率

2)两表法　在三相三线制电路中,不论负载对称还是不对称,均可用两个单相功率表测三相功率。这种方法称为两表法。两表法测三相电路的连接方法如图 8.3.7 所示,两功率表的电流线圈串联接入任意两线,使通过电流线圈的电流为三相电路的线电流(电流线圈的“ * ”端必须接到电源侧);两功率表电压线圈的“ * ”端必须接到该功率表电流线圈所在的线,而另一端必须同时接到没有接功率表电流线圈的第三条线上。从表上读得的指示值 P_1 和 P_2 分别是瞬时功率 $p_1=u_{UW}i_U$ 和 $p_2=u_{VW}i_V$ 在一个周期内的平均值。三相负载的有功功率就是两只功率表指示值之和,可以证明如下。

三相总瞬时功率 p 为:

$$p=p_U+p_V+p_W=u_Ui_U+u_Vi_V+u_Wi_W \tag{8.3.4}$$

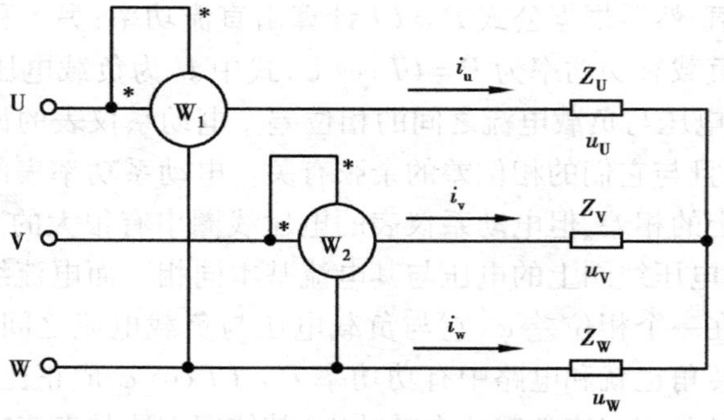

图 8.3.7　两表法测三相三线制功率

在三相三线制中

$$i_U + i_V + i_W = 0 \tag{8.3.5}$$

所以

$$i_w = -(i_U + i_V) \tag{8.3.6}$$

将(8.3.6)式带入(8.3.4)式可得

$$p = u_U i_U + u_V i_V - u_W(i_U + i_V) = (u_U - u_W)i_U + (u_V - u_W)i_V = u_{UW}i_U + u_{VW}i_V = p_1 + p_2 \tag{8.3.7}$$

结果表明两功率表测得的瞬时功率之和等于三相总瞬时功率,因此,两表所测瞬时功率之和在一周期内的平均值也等于三相总瞬时功率在一周期内的平均值。三相负载的有功功率就等于两功率表读数之和,即 $P = P_1 + P_2$。

以上表明,只要是三相三线制电路,不管负载对称与否,其三相有功功率都可以用两表法来测量。而三相四线制不对称电路,因为不满足 $i_U + i_V + i_W = 0$ 这个条件,故不能用两表法来测量。

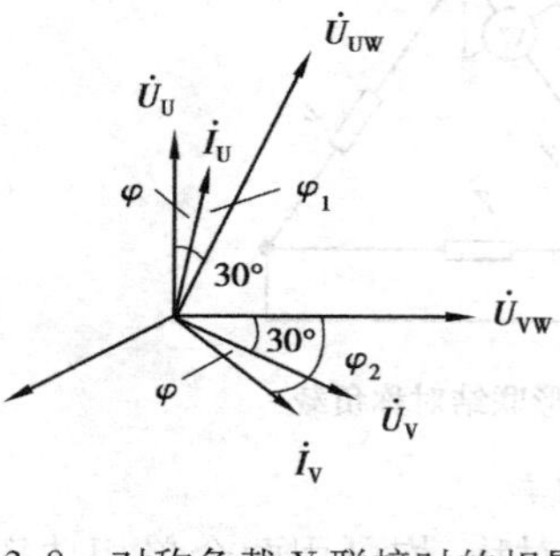

图 8.3.8　对称负载 Y 联接时的相量图

图 8.3.7 中两表的读数是瞬时功率 $u_{UW}i_U$ 和 $u_{VW}i_V$ 在一个周期内的积分平均值,即

$$P_1 = U_{UW}I_U \cos\varphi_1 \tag{8.3.8}$$

$$P_2 = U_{VW}I_V \cos\varphi_2 \tag{8.3.9}$$

式中,φ_1 为线电压 U_{UW} 与线电流 I_U 的相位差;φ_2 为线电压 U_{VW} 与线电流 I_V 的相位差。当三相负载对称时,从图 8.3.8 所示对称三相负载相量图可知 U_{UW} 与 I_U、U_{VW} 与 I_V 的相位差分别为:

$$\varphi_1 = 30° - \varphi \qquad \varphi_2 = 30° + \varphi \tag{8.3.10}$$

式中,φ 为相电压与相电流之间的相位差。两功率表的读数之和可表示为:

$$P = P_1 + P_2 = U_{UW}I_U\cos(30° - \varphi) + U_{VW}I_V\cos(30° + \varphi) = \sqrt{3}U_l I_l \cos\varphi \tag{8.3.11}$$

从上式可知,当相电压与相电流同相时,即 $\varphi = 0$,则 $P_1 = P_2$,即两只瓦特表的读数相同。当 $\varphi = \pm 60°$ 时,将有一只瓦特表的读数为零($\varphi = 60°$ 时,$P_2 = 0$,$\varphi = -60°$ 时,$P_1 = 0$)。

当 $|\varphi| > 60°$ 时,将有一只瓦特表的平均转矩为负值,则指针反转。在这种情况下,为了读出瓦特表的指示,应将反转的瓦特表的电流线圈两端对调,但得到的读数应取负值,因此,三

相总功率应等于两个瓦特表读数的代数和。

3）三表法　三相四线制电路中负载多数是不对称的，需用三个单相功率表才能测其三相功率，三个单相功率表的接线如图 8.3.9 所示，每个功率表测量一相的功率，三个单相功率表测得的功率之和等于三相总功率，这种方法称为三表法。

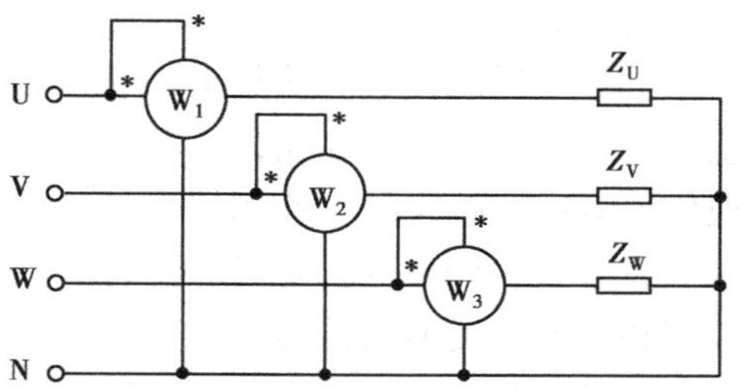

图 8.3.9　三表法测三相四线制不对称

练习与思考

8.3.1　测量电阻、电流、电压时应注意哪些环节？

8.3.2　功率表什么时候采用电压线圈前接法？什么时候采用电压线圈后接法？为什么？

8.3.3　功率的测量方法有哪几种？分别适用于什么电路？

*8.4　非电量测量与传感器应用

8.4.1　非电量的测量

在生产和科学实践中，有大量的非电量需要测量。非电量的种类十分广泛，例如光、热、位移、速度、加速度、力、压力、湿度、流量、浓度等。早期非电量的测量多是通过非电的测量方法实现。例如用秤称重量、用水银温度计测量温度、用尺测量长度等。但随着现代科学技术的飞速发展，这些传统的方法已不能满足工程测试的需要，非电量的电测技术已被广泛应用到许多非电量的测量中。非电量电测技术就是用电测技术的方法去测量非电的物理量，也就是通过传感器等装置将温度、速度、压力、位移、流量等非电量变换为电量，然后进行测量的方法。这样既便于对被测量的检测、处理、记录和控制，又能提高测量的精度。而非电量电测技术的关键就是将非电量变换成电磁量的技术——传感技术。其中传感器是传感技术的核心。

各种非电量的测量主要由传感器、测量电路、测录装置等基本环节组成。传感器是测试系统中的第一个环节，传感器的作用是把被测非电量变换为与其成一定比例关系的电量。如用热敏电阻测量温度是将温度的变化转换为电参数——电阻率的变化。再如当测量机械位移时，是利用光栅位移传感器将机械位移转变为数字脉冲等。由此可见，对不同的被测物理量要采用不同的传感器。

测量电路的作用是把传感器输出的电信号进行处理使之适合于显示、记录、与计算机联接。最常用的测量电路有电桥电路、电位计电路、差动电路、放大电路、相敏电路以及模拟量和数值量的转换等。

测录装置是指各种电工测量仪表、示波器、自动记录器、数据处理器及控制电机等。非电量转换为电量后，通过测录装置来记录、显示被测非电量的大小或变化。

8.4.2　传感器的构成及工作原理

传感器是获取信息的主要途径与手段。没有传感器，现代化生产就失去了基础。传感器已渗透到诸如工业生产、宇宙开发、海洋探测、环境保护、资源调查、医学诊断、生物工程、甚至文物保护等广泛的领域。从复杂的航天工业到现实的生活中，都离不开各种各样的传感器，传感器技术的发展充实和完善了测控系统，测量与控制系统不仅是现代生产系统的必需，而且现代生活中也越来越依赖测控系统。例如一部现代化小汽车往往装有几十个不同的传感器对点火时间、燃油喷射、防滑、防碰撞等进行控制。自动洗衣机、复印机、打印机、数码照相机等都装有不同类型的传感器，通过测量与控制使其完成相应的功能。可见，传感器技术在发展经济、推动社会进步等方面起着重要作用。

国家标准（GB 7665-87）中对传感器的定义：能够感受规定的被测量并按照一定规律转换成可用输出信号的器件或装置。如图 8.4.1 所示，它一般由 3 个部分组成：敏感元件、转换元件和转换电路。敏感元件是直接感受被测量，并输出与被测量成确定关系的某一物理量的元件。转换元件是将被测量的变化转换为电参数的变化，再经转换电路转换成电信号输出。

图 8.4.1　传感器方框图

传感器的种类很多，由于现代科学技术的迅猛发展，许多新效应、新材料不断被发现，新的加工工艺不断发展和完善，传感器家族增加了许多新的成员，使传感器的分类很难统一。目前常用的传感器有电阻式、电感式、互感式、电容式、电压式、光电式、气电式、光栅式、磁栅式、激光式及感应同步器等，传感器的质量好坏、准确度高低对整个仪器起主要作用。由于传感器的原理、结构不同，使用环境、条件不同，因此，对传感器的具体要求也不相同。下面简要介绍两种常用的传感器。

（1）霍尔传感器

金属或半导体薄片置于磁场中，磁场方向垂直于薄片，当有电流流过薄片时，在垂直于电流和磁场的方向上将产生电动势，这种现象称为霍尔效应。上述半导体薄片称为霍尔元件。用霍尔元件做成的传感器称为霍尔传感器。霍尔传感器具有结构简单、体积小、重量轻、频带宽（从直流到微波）、动态特性好和寿命长、无触点等许多优点，因此，在测量技术、自动化技术和信息处理等方面有着广泛应用。霍尔传感器有许多用途，如：电流的测量、位移的测量、角位移及转速的测量、运动位置的测量等。

霍尔位移传感器的结构如图 8.4.2（a）所示，在极性相反、磁场强度相同的两个磁钢的气

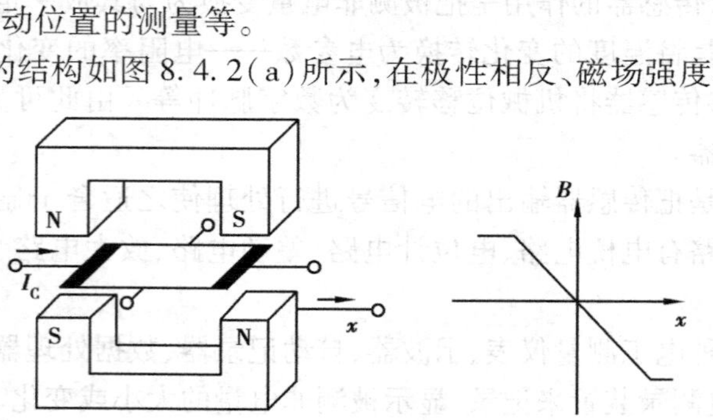

（a）　　（b）

图 8.4.2　霍尔位移传感器

隙间放置一个霍尔传感元件，当控制电流 I_C 恒定不变时，霍尔电压 U_H 与外加磁感应强度成正比；若磁场在一定范围内沿 x 方向的变化梯度$\frac{dB}{dx}$为一常数，如图 8.4.2(b)所示，则当霍尔元件沿 x 方向移动时，霍尔电压变化为：

$$\frac{dU_H}{dx} = R_H \frac{I_C}{d} \frac{dB}{dx} = K \qquad \text{积分后，得 } U_H = Kx$$

霍尔电压与位移量 x 成线性关系，其输出电压的极性反映了元件位移的方向。

(2)光纤传感器

光纤传感器是20 世纪70 年代中期发展起来的一种新技术，它是伴随着光纤及光通信技术的发展而逐步形成的，是一种把被测量的状态转变为可测的光信号的装置。光纤传感器与以电为基础的传感器相比有本质的区别，光纤传感器用光而不是用电来作为敏感信息的载体，是用光导纤维而不是导线来作为传递敏感信息的媒质。光纤传感器一般由光源、光导纤维、光传感器元件、光调制机构和信号处理器等部分组成。其工作原理是：光源发出的光经光导纤维进入光传感元件，而在光传感元件中受到周围环境场的影响而发生变化的光再进入光调制机构，从而将传感元件测量检测的参数调制成幅度、频率、偏振等信息，这个过程也称为光电转换过程，最后利用微处理器如频谱仪等进行信号处理得到所期待的被测量。其结构如图 8.4.3 所示。

图 8.4.3　光纤传感器的结构图

光纤传感器与常规传感器相比，有很多优点，在电力系统中，传统的电磁类传感器易受强电磁场的干扰，无法在这些场合中使用，而光纤传感器抗电磁干扰能力强。光纤主要由电绝缘材料做成，工作时利用光子传输信息，因而不怕电磁场干扰；另外光纤直径只有几微米到几百微米，而且柔软性好，有很好的灵活性，可制成各种形状，能用于各种危险、恶劣环境。如可深入到机器内部或人体弯曲的内脏等常规传感器不宜到达的部位进行检测等。光纤传感器的优点突出，发展极快，目前已研制出多种光纤传感器，被测量遍及位移、速度、加速度、液位、应变、力、流量、振动、水声、温度、电流、电压、磁场和化学物质等。光纤传感器作为一种在各领域中都具有明显的传感测量优势的新型传感器，不仅在高新尖端领域中得到应用，而且也在传统工业领域中被迅速推广。

*8.5　电工测量新技术

随着电子技术、通信技术、计算机技术的迅猛发展，各种测试技术也得到了飞速的发展。在计算机控制下的测试过程变得更加的高效、简捷、灵活。测试技术也逐步向自动化、集成化和智能化发展，相继出现了智能仪器、自动测试系统、个人仪器(也称 PC 仪器)和虚拟仪器等计算机辅助测试(Computer Aided Test，简称 CAT)技术。

8.5.1 智能仪器

智能仪器是计算机技术与测试技术相结合的产物,仪器内部带有处理能力很强的智能软件。由于这种含微型计算机的电子仪器拥有对数据的存储、运算、逻辑判断、自动化操作及与外界通信的功能,具有一定的智能作用,因而被称为智能仪器。近年来,智能仪器已开始从较为成熟的数据处理向知识处理方面发展,并具有模糊判断、故障诊断、容错技术、传感融合、机件寿命预测等功能,使智能仪器向更高的层次发展。

(1)智能仪器的组成

智能仪器实际上是一个专用的微型计算机系统,它由硬件和软件两大部分组成。

硬件部分主要包括主机电路、模拟量输入/输出通道、人机接口电路、通信接口电路。其中主机电路由微处理器、程序存储器、数据存储器及 I/O 接口电路等组成,用来存储程序、数据并进行一系列的运算和处理;模拟量输入/输出通道由 A/D 转换器、D/A 转换器和有关的模拟信号处理电路组成,用来输入/输出模拟量信号;人机接口电路由仪器面板中的键盘和显示器组成,用于沟通操作者和仪器之间的联系;通信接口电路用于实现仪器与计算机的联系,以便仪器可以接受计算机的命令。

智能仪器的软件分为监控程序和接口管理程序两部分。监控程序是面向仪器面板键盘和显示器的程序,其内容包括:通过键盘输入命令和数据,以对仪器的功能、操作方式与工作参数进行设置;根据仪器设置的功能和工作方式,控制 I/O 接口电路进行数据采集、存储;按照仪器设置的参数对采集的数据进行处理;以数字、字符、图形等形式显示测量结果、数据处理结果及仪器的状态信息。接口管理程序是面向通信接口的管理程序,其内容是接收并分析来自通信接口总线的远控命令,包括描述有关功能、操作方式与工作参数的代码;进行有关的数据采集与数据处理;通过通信接口送出仪器的测量结果、数据处理结果及仪器的现行工作状态信息。

(2)智能仪器的特点

①性能比传统仪器有很大提高。智能仪器由于采用了单片机或微控制器,不仅具有测量功能,还具有很强的数据处理能力。例如,传统的数字万用表只能测量电阻、电流、电压等,而智能型数字万用表,还能对测量结果进行取平均值、求极值、统计分析等复杂处理功能,从而使仪器的测量精度得到了提高,测量功能得到了扩展。目前有些智能仪器还运用了专家系统技术,使仪器具有更深层次的分析能力,解决专家才能解决的问题。

②操作自动化。仪器的整个测量过程如键盘扫描、量程选择、开关启动闭合、数据的采集、传输与处理以及显示打印等都用单片机或微控制器来控制操作,实现测量过程的全部自动化。

③具有自测功能。包括自动调零、自动故障与状态检验、自动校准、自诊断及量程自动转换等。智能仪表能自动检测出故障的部位甚至故障的原因,极大的方便了仪器的维护。

④具有友好的人机对话能力。智能仪器使用键盘代替传统仪器中的切换开关,使用人员只需通过键盘输入命令,就能实现某种测量和处理功能。同时,智能仪器还通过显示屏将仪器的运行情况、工作状态以及对测量数据的处理结果及时告诉操作人员,使人机之间的联系非常密切。

⑤ 一般智能仪器都配有 GPIB、RS232C、RS485 等标准的通信接口,使智能仪器具有可程

控的能力，很方便地与 PC 机和其他仪器一起组成用户所需要的多种功能的自动测量系统，来完成更复杂的测试任务。

8.5.2　虚拟仪器

(1)虚拟仪器的概念

虚拟仪器(Virtual Intrument，简称 VI)是 20 世纪 90 年代初期出现的一种新型仪器，它是以计算机为基础、软件为核心、配以相应硬件(如数据采集卡)并可以高度智能化地完成信号采集控制、数据测试分析、结果表达处理等众多功能的高新仪器。它将许多以前由硬件完成的信号处理工作，交由计算机软件进行处理，这种测试仪器的硬件功能软件化，给测试仪器带来了深刻的变化，因此，虚拟仪器开辟仪器领域的新时代。虚拟仪器是计算机技术与仪器技术深层次结合产生的全新概念的仪器，是对传统仪器概念的重大突破，是仪器领域内的一次革命。虚拟仪器是继模拟式仪器、分立元件式仪器、数字式仪器、智能化仪器之后的新一代仪器。随着 PC 处理器和商业化半导体的性能和精度的进一步提高，虚拟仪器技术的测量性能已比原来提高了许多。现在，虚拟仪器技术可以和传统仪器的测量性能相当，甚至超过它们，而且还具有更高的数据传输率、灵活性、可扩展性以及更低的系统成本。

(2)虚拟仪器的特点

虚拟仪器与传统仪器对比如表 8.5.1 所示。可看出虚拟仪器在智能化程序、处理能力、性能价格比、可操作性等方面都具有明显的技术优势。

表 8.5.1　传统仪器与虚拟仪器对比

传统仪器	虚拟仪器
关键是硬件	关键是软件
功能由仪器厂商定义，系统封闭、功能单一	功能由用户自己定义，灵活多变、可构成多种仪器
图形界面小，人工读数，信息量少	展现图形界面，计算机直接读数、分析处理
经过一次硬件处理都会引起误差	减少了硬件的使用，因而减少了测量误差
扩展性差，数据无法编辑	极易与其他设备连接，数据可编辑、存储、打印
价格高，技术更新慢(5～10 年)	价格低，技术更新也快(1～2 年)

虚拟仪器的特点主要表现为：

①智能化程度高，处理能力强。可利用软件在微型机屏幕上构成虚拟仪器面板，在有足够的硬件支持下对信号进行采样，代替了传统测量仪器的面板，使其使用时更具灵活性。

②可操作性强。虚拟仪器面板可由用户定义，针对不同应用可以设计不同的操作显示界面。使用计算机的多媒体处理能力可以使仪器操作变得更加直观、简便、易于理解，测量结果可以直接进入数据库系统或通过网络发送。测量完后还可打印，显示所需的报表或曲线，这些都使得仪器的可操作性大大提高。

③复用性强，系统费用低。应用虚拟仪器思想，用相同的基本硬件可构造多种不同功能的测试分析仪器，如同一个高速数字采样器，可设计出数字示波器、逻辑分析仪、计数器等多种仪器。这样形成的测试仪器系统功能更灵活、系统费用更低。通过与计算机网络连接，还

可实现虚拟仪器的分布式共享,更好地发挥仪器的使用价值。

(3)虚拟仪器的构成

虚拟仪器通常由计算机、模块化功能硬件设备、虚拟仪器软件3部分构成。

虚拟仪器的硬件构成如图8.5.1所示,虚拟仪器根据其模块化功能硬件的不同,而有多种构成方式。PC-DAQ测试系统是以数据采集卡、信号调理电路及计算机为仪器硬件平台组成的测试系统;GPIB系统是以GPIB标准总线仪器与计算机为硬件平台组成的测试系统;VXI系统是以VXI标准总线仪器以计算机为硬件平台组成的测试系统;串口系统是以RS232标准串行总线仪器与计算机为硬件平台组成的测试系统;现场总线系统是以FieldBus标准总线仪器与计算机为硬件平台组成的测试系统。

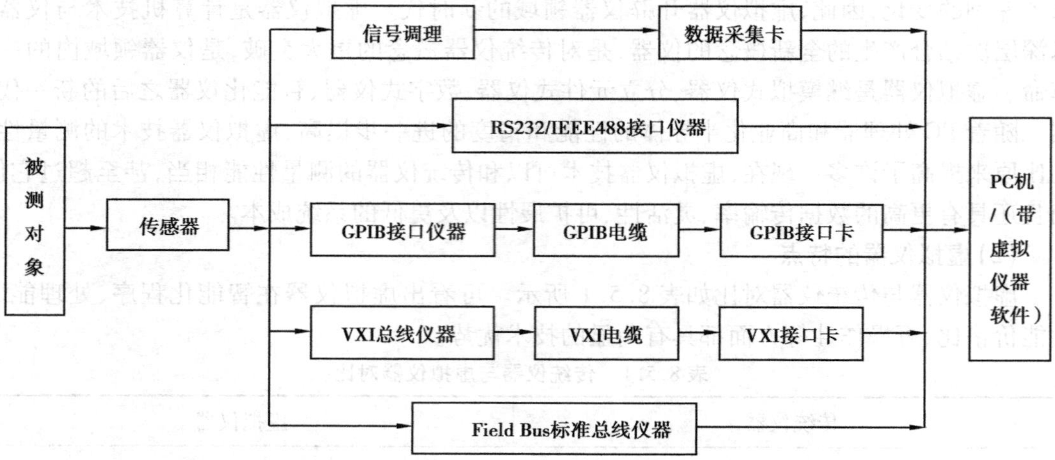

图8.5.1 虚拟仪器的组成框图

软件是虚拟仪器技术中最重要的部分,目前,市面上常用的虚拟仪器的应用软件开发平台有很多种,常用的有Labview、Labwindows/CVI、HP VEE等。例如,NI公司提供的行业标准图形化编程软件——Labview,不仅能轻松方便地完成与各种软硬件的连接,更能提供强大的后续数据处理能力,设置数据处理、转换、存储的方式,并将结果显示给用户。并且它把复杂、烦琐的语言编程简化成用简单的图标或图形提示的方法选择功能,用线条把各种图形连接起来的简单图形编程方式,使不熟悉编程的工程技术人员都可以按照测试要求和任务快速“画”出自己的程序,“画”出仪器面板,大大提高了工作效率,减轻了科研和工程技术人员的工作量。

(4)传统仪器与虚拟仪器的发展方向

近年来,虚拟仪器因其强大的性价比优势得到了广泛的应用,随着PC技术、网络技术和数据采集技术的进步,未来虚拟仪器完全可以覆盖计算机辅助测试(CAT)的全部领域。今后虚拟仪器的发展将主要体现在以下几个方面:由计算机、数据采集卡和专用软件组成的具有IP地址的网络化虚拟仪器将迅速发展,它在原有功能基础上增加网络远程通信能力,从而具有测量仪器和网络服务器的双重功能,可以预见“网络即仪器”将成为新的概念,网络化仪器将推动仪器界的新革命。同时虚拟仪器的智能化程度更高,功能更完善,软件标准化程度进一步提高,从而完全冲破了传统上只提供测试功能的应用局限。但虚拟仪器受计算机本身的限制,在稳定性、测量速度等方面不及传统仪器。另一方面,传统仪器也在不断完善发展,它不断吸取虚拟仪器的精髓，模块化、软件化、加速降低成本、缩小体积，从而提供更好的性能。虚拟仪器不会取代传统仪器，传统仪器与虚拟仪器在两个不同的方向发展，两者既相互交叉又互相补充。

练习与思考

8.5.1　智能仪器的主要特点是什么?

8.5.2　简述虚拟仪器与传统仪器的区别。

本章小结

本章首先介绍了电工测量与仪表的基本知识，然后介绍了电工测量仪表的选择及常用电量（电阻、电流、电压、功率等）的测量方法以及传感器与非电量测量，最后介绍了电工测量新技术——智能化测量仪表与虚拟仪器的概念与特点。

习题 8

8.1　如果被测电压为 10 0 V，实验室中有 0.5 级 0～300 V 和 1.0 级 0～100 V 的仪表，如希望测量的误差小，应选择哪一只表？为什么?

8.2　如要测 220 V 电压，要求测量结果的相对误差不大于 1.0%，问应选择上量限为 250 V，准确度不低于哪一级的仪表?

8.3　有一电流表，其满偏电流为 200 μA，内阻为 300 Ω。要把它的量程扩大为 2 A 的电流表，试问需要并联多大的分流器电阻?

8.4　有一电压表，其量程为 10 V，内阻为 3 000Ω。要把它的量程扩大到 200 V，试问还需串联多大电阻的倍压器?

8.5　功率表的满标值为 1 000，现选用电压为 150 V，电流为 5 A 的量程，若读数为 400，试问被测功率为多少?

第 9 章 安全用电

在生产与日常生活中都离不开电，由于缺乏安全用电知识或一时疏忽大意以及其他一些客观原因，人身触电事故、设备事故时有发生。当发生人身触电事故时，轻则烧伤，重则死亡；当发生设备事故时，轻则电气设备损坏，重则引起火灾或爆炸。因此，为保护人身及设备安全，必须树立安全用电的意识，掌握安全用电的知识和技能。

安全用电包括供电系统的安全、用电设备的安全及人身安全 3 个方面。传统的安全用电技术主要有接地、接零、绝缘、电工安全用具、报警装置以及漏电保护等，这些措施经历了长期的实践并得到完善。近年来，随着电子技术、传感器技术、微机技术的发展，出现了由计算机和各种传感器组成的自动检测装置，能准确预报绝缘降低、漏电、过载、短路、断相及事故发生的地点、部位，以提醒人们注意并加以处理。同时在实践中也逐步完善了安全管理系统，出现了现代安全保证体系，这对保障人身安全及电气系统的安全有着很大的推动作用。

本章主要对人身触电事故的发生与危害，防止人身触电的技术措施及触电的急救与预防等安全用电常识作简单介绍。

9.1 触电及其对人体的伤害

9.1.1 触电的原因及方式

(1)触电的原因

人为什么会触电？由于人的身体能传电，大地也能传电，如果人的身体碰到带电的物体，电流就会通过人体传入大地，于是就引起触电。如果人的身体不与大地相连（如穿了绝缘胶鞋或站在干燥的木凳上），电流就形不成回路，人就不会触电。发生触电的原因有很多，不同的场合，引起触电的原因也不同，可归纳如下：

①缺乏安全用电常识，触及带电体。由于不知道哪些地方带电，什么东西能导电，因而造成的触电。如：误用湿布擦抹带电的电器、手触摸破损的胶盖刀闸、高压线附近放风筝等。

②没有遵守操作规程，人体直接与带电体部分接触。如：带电修理、搬动用电设备，在高压线路下修剪树木、修造房屋而触电等。

③由于用电设备管理不当,使绝缘损坏,发生漏电,人体碰触漏电设备外壳。

④高压线路落地,产生跨步电压而引起的触电。

⑤检修中,安全组织措施和安全技术措施不完善,接线错误等造成触电事故。

⑥其他偶然因素,如:人体受雷击等。

(2)触电的方式

人体触电主要方式有直接触电、间接触电、雷电触电、感应电压触电、剩余电荷触电及静电触电等。

1)直接触电

直接触电是指人与带电导体直接接触,可分为单相触电、两相触电。

①单相触电

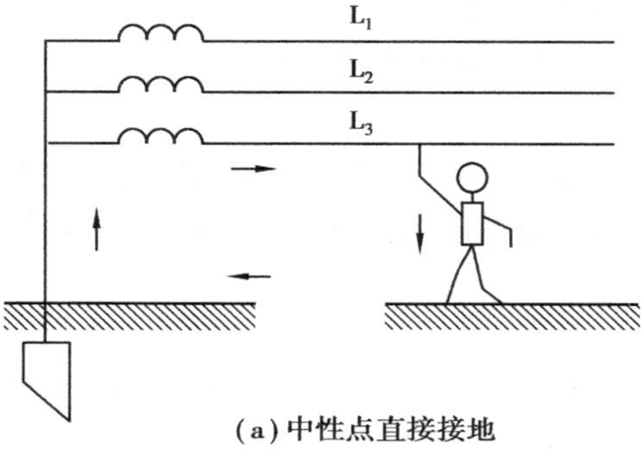

(a)中性点直接接地

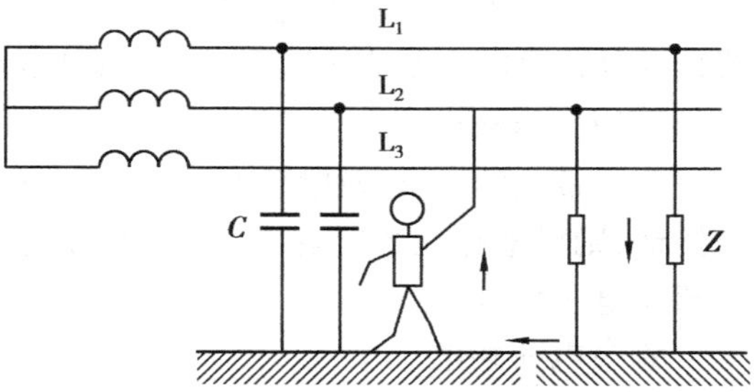

(b)中性点不直接接地

图9.1.1　单相触电

中性点直接接地电网中的单相触电如图9.1.1(a)所示,当人站在地面上或其他接地体上,人体的某一部分接触带电体的同时,另一部分又与大地或中性线相接,电流从带电体流经人体到大地(或中性线)形成回路,称为单相触电。图9.1.1(b)为中性点不接地的单相触电情况。乍看起来,由于中性点不接地,不能形成通过人体的电流回路,实际上应考虑到导线与地面可能绝缘不良存在阻抗及交流情况下存在电容也可构成电流的通路。一般情况下,接地电网里的单相触电比不接地电网里的危险性大。对于高压带电体,人体虽未直接接触,但由于超过了安全距离,高电压对人体放电,而引起的触电,也属于单相触电。

②两相触电

如图9.1.2所示,两相触电是指人体的两处同时触及三相电源的两根相线,以及在高压系统中,人体同时接近不同相的两相带电导体,而发生电弧放电,电流从一相导体经过人体流入另一相导体的触电方式。两相触电加在人体上的电压为线电压,通过人体的电流最大,因此,不论电网的中性点接地与否,其触电的危险性都最大。

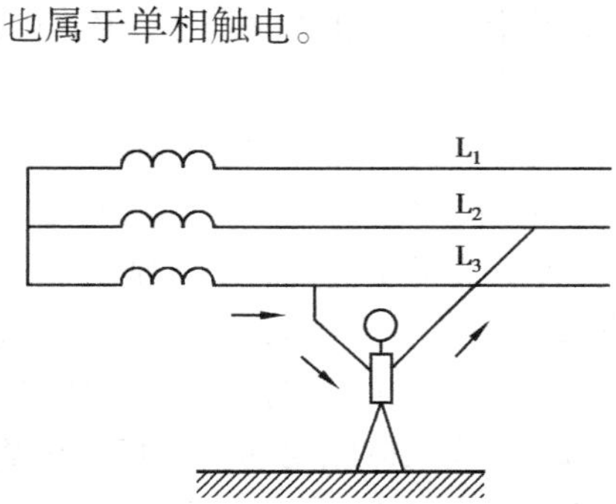

图9.1.2　两相触电

2)间接触电

间接触电包括跨步电压触电和接触电压触电。

①跨步电压触电:当电气设备发生接地故障或当线路发生一根导线断线故障,并且导线落在地面时,电流流过周围的土壤产生电压降,当人体走近着地点时,两脚之间就形成了电位

差，这就是跨步电压。跨步电压的大小受接地电流大小、鞋和地面特征、两脚之间的跨距、方位以及离接地点的远近等很多因素的影响。离接地点越近、两脚距离越大，跨步电压值就越大。当跨步电压的大小达到一定值时，会对人体造成危害甚至死亡，这样的触电事故称为跨步电压触电。

②接触电压触电：接触电压是指人站在发生接地短路故障设备的旁边，触及漏电设备的外壳时，其手、脚之间所承受的电压。由接触电压引起的触电称为接触电压触电。一般电气设备的外壳和机座都是接地的，正常时，这些设备的外壳和机座都不带电。但当设备发生绝缘击穿、接地部分破坏，设备与大地之间会产生电位差。为防止接触电压触电，往往要把一个车间、一个变电站的所有设备均单独埋设接地体采用单独的保护接地。

3）雷电触电

雷电是自然界的一种放电现象，多数发生在空中雷云之间，也有一小部分发生在雷云对地或地面物体之间。如有人处在或靠近雷电放电途径，则可能遭到雷电电击。

4）感应电压触电

一些不带电的设备或线路由于大气变化（如雷电活动）会产生感应电荷，这些设备和线路若未接地，则对地存在感应电压。当人触及这些带有感应电压的设备和线路时所造成的触电称为感应电压触电。

5）剩余电荷触电

由于电容器、电力电缆、电力变压器及大容量电动机等设备，在退出运行和对其进行类似摇表测量等检修后，会带上剩余电荷，如果未及时对其放电，当人接触这些设备时，设备可能对人体放电而造成的触电称为剩余电荷触电。

6）静电触电

由于物体摩擦而产生的电荷称为静电电荷。静电电荷大量积聚会形成较高电位，一但放电，也会对人身造成伤害。

9.1.2　触电对人体的伤害及因素

（1）人体触及带电体后，电流对人体造成的伤害主要分为两种类型，即电伤和电击

①电伤：所谓电伤就是指人体外器官受到电流的伤害，由于电流的化学效应和机械效应引起的电伤会在人体皮肤表面留下明显的伤痕，如皮肤发红、起泡或烧焦，电烙伤和皮肤金属化等，是人体触电事故较为轻微的一种情况。

②电击：所谓电击是指电流通过人体，使内部器官受到伤害。如电流作用于人体中枢神经，会使心脑和呼吸机能的正常工作受到破坏，使人体发生抽搐和痉挛及失去知觉；电流也可能使人体呼吸功能紊乱，血液循环系统活动大大减弱而造成假死。如救护不及时，则会造成死亡。电击是人体触电较危险的情况。在触电事故中，电击和电伤常会同时发生。

（2）影响人体触电伤害程度的因素

电流通过人体对人的伤害程度与通过的电流大小、频率、持续时间、电压高低以及通过人体的途径、人体电阻和人的身体健康状况等有密切关系。

1）电流大小对人体的影响

通过人体的电流越大，人体的生理反应就越明显，引起心室颤动所需的时间就越短，致命的危害就越大。按照通过人体电流的大小和人体所呈现的不同状态，可将电流分为以下

3 种:

①感觉电流:指引起人的感觉的最小电流(1 mA 左右)。

②摆脱电流:指人体触电后能自主摆脱电源的最大电流(交流 50 ~ 60 Hz 时为 10 mA 左右,直流为 50 mA)。

③致命电流:指在较短的时间内危及生命的最小电流。一般情况下,当通过人体的电流达到 50 mA 以上时,心脏会停止跳动,可能导致死亡。

2)电流频率的影响

工频交流电的危害性大于直流电,因为交流电主要是麻痹破坏神经系统,往往难以自主摆脱。一般认为 25 ~ 300 Hz 的交流电对人最危险。随着频率的增加,危险性将降低。当电源频率大于 2 000 Hz 时,所产生的损害明显减小,但高压高频电流对人体仍然是十分危险的。

3)电流持续作用的时间

人体触电,通电时间越长,电流使人体发热和人体组织的电解液成分增加,导致人体电阻降低,反过来又使通过人体的电流增加,触电的危险也随之增加。

4)电流路径

电流通过头部可使人昏迷,通过脊髓可能导致瘫痪,通过心脏会引起心室颤动,甚至使心脏停止跳动,通过呼吸系统会造成窒息。因此,从左手到胸部是最危险的电流路径,从手到手、从手到脚也是很危险的电流路径,从脚到脚是危险性较小的电流路径。

5)作用于人体的电压

当人体电阻一定时,作用于人体的电压越高,则通过人体的电流就越大,这样就越危险。而且,随着作用于人体的电压升高,人体电阻还会下降,致使电流更大,对人体的伤害就越严重。

6)人体电阻

在一定电压作用下,流过人体的电流与人体的电阻成反比。因此,人体电阻是影响人体触电后果的另一因素。一般人体的电阻分为皮肤的电阻和内部组织的电阻两部分,人体皮肤电阻即表面电阻,对人体电阻起主要作用。人体电阻是不确定的电阻,影响人体电阻的因素很多,如皮肤的粗糙程度,皮肤潮湿出汗、带有导电性粉尘、加大与带电体的接触面积和压力以及衣服、鞋、袜的潮湿油污等情况,均能使人体电阻降低,皮肤干燥时一般为 100 kΩ 左右,而皮肤潮湿时可降到 1 kΩ 以下。人体触电时,皮肤与带电体的接触面积越大,人体电阻越小。一般人体承受 50 V 的电压时,人的皮肤角质外层绝缘就会出现缓慢破坏的现象,几秒钟后接触点即生水泡从而破坏了干燥皮肤的绝缘性能使人体的电阻值降低,电压越高电阻值降低越快。

人体不同,对电流的敏感程度也不一样,一般地说,儿童较成年人敏感,女性较男性敏感。患有心脏病者,触电后的死亡可能性就更大。

练习与思考

9.1.1　人体触电的主要原因有哪些?

9.1.2　什么是单相触电?什么是两相触电?哪种触电危险性最大?为什么?

9.1.3　影响人体触电受伤害程度的因素有哪些?

9.2 防止触电的保护措施

防止人身触电的保护措施主要有:接地与接零、使用安全电压、漏电保护器的使用、绝缘保护、安全距离等。

9.2.1 接地与接零

接地与接零保护措施的作用有两个:一是为了保证电气设备的正常运行,二是为了安全,避免因电气设备绝缘损坏时使人遭受触电危险,同时也防止雷电对电气设备和生产场所造成危害。

为了人身安全与电力系统工作的需要,要求电气设备采取接地措施。接地就是将电气设备的某一部分通过接地装置同大地联接起来。接地按作用不同,可分为工作接地、保护接地、重复接地、防静电接地和防雷接地等。按一定技术要求埋入地中并且直接与大地接触的金属导体称为接地体,电气设备与接地体联接的金属导体称为接地线,接地体与接地线统称接地装置。接地电阻是指接地体或自然接地体的对地电阻和接地线电阻的总和。按照国家有关部门的规定,出于安全考虑接地电阻的阻值应小于4~10 Ω,对于仪器设备、计算机等的接地电阻应小于2 Ω,对于防雷接地电阻应小于1 Ω。

(1)工作接地

采用三相四线制供电的电力系统由于运行和安全的需要,将配电变压器的二次侧的中性点直接或经消弧线圈、电阻、击穿保险器等与大地作金属连接,称为工作接地,这种接地方式构成的系统即为TN系统,如图9.2.1(a)所示。从配电变压器的中性点引出的线称为中性线N。无线电和电子设备采用屏蔽接地,可以有效地防止各种电磁干扰,提高设备的可靠运行,因此,也属于工作接地。引入工作接地的作用如下:

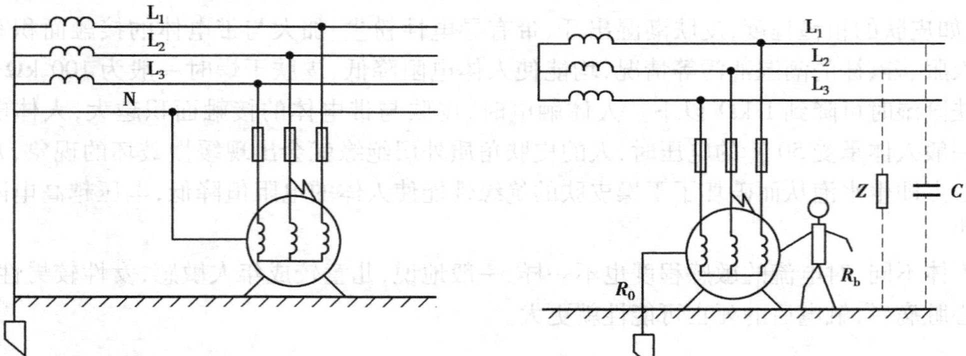

图9.2.1 工作接地、保护接地

①能迅速切断故障设备电源。在中性点不接地系统中,当一相故障接地时,由于接地电流较小,保护装置不能迅速动作切断电源,故障不易被发现,将较长时间持续下去,对人、电气设备都不安全。对在中性点接地系统中,当一相故障接地时,接地电流成为很大的单相短路

电流，保护装置能迅速动作切断电源，从而可避免人触电及设备故障的扩大。

②降低故障时的人体触电电压。在中性点不接地系统中，当一相接地时，人体触及另外两相时，人体所承受的电压为线电压。对在中性点接地系统中，由于中性点接地电阻很小，当一相接地时，另外两相对地电压变化不大，人体触及另外两相中的一相时，人体所承受的电压为相电压，减轻了触电后果。

③降低电气设备绝缘要求。在中性点不接地系统中，绝缘按线电压考虑。在中性点接地系统中，其绝缘按相电压考虑，故可降低绝缘水平，节约成本。

(2)保护接地

在中性点不接地的低压系统中，设备金属外壳或金属构架，必须与大地进行可靠电气连接，即保护接地。这样构成的系统即为 IT 系统，如图 9.2.1(b)所示。IT 系统适用于对连续供电要求高及环境条件不良，易发生单相接地故障，以及易燃、易爆场所。

若没有保护接地装置，绝缘良好，外壳不带电，人触及外壳无危险。若绝缘破坏，外壳带电，此时人若触及外壳，则通过另外两相对地的漏电阻形成回路，造成触电事故。若有保护接地装置，当绝缘层破坏外壳带电时，接地短路电流将同时沿着接地装置和人体两条通路流过。由于 R_0（保护接地电阻）与 R_b（人体电阻）是并联关系，流过每条通路的电流值将与电阻的大小成反比，通常人体的电阻比接地电阻大几百倍（一般在 1 000 Ω 以上），所以当接地电阻很小时，流经人体的电流几乎等于零，因而人体就避免触电的危险。

(3)保护接零

保护接零是指在电源中性点接地的系统中，将设备的外壳与电源中性线直接连接。如图 9.2.2(a) 所示，当设备正常工作时，外壳不带电，人体触及外壳相当于触及零线，无危险，当某相绝缘损坏碰壳短路时，通过设备外壳形成该相对零线的单相短路，短路电流能使线路上的保护装置（如熔断器、低压断路器等）迅速动作，从而把故障部分的电源断开，消除触电危险。

在保护接零系统中，零线起着十分重要的作用，一旦出现零线断开，则可能产生严重的后果。所以零线的连接应牢固可靠。零线上不得装设熔断器或开关，零线的截面选择要适当，一方面考虑三相不平衡时通过零线的电流，另一方面零线要有足够的机械强度。所有电气设备的接零线，均以并联的方式接在零线上，不允许串联。在有腐蚀性物质的环境中，零线的表面要涂上必要的防腐涂料。

在三相四线制系统中，由于负载往往不对称，零线中有电流，因而零线对地电压不为零，距电源越远，电压越高，但一般在安全值以下无危险。为确保设备外壳对地电压为零，需专设保护零线，如图 9.2.2(b)所示，工作零线在进建筑物入口处要接地，进户后再另设一保护零线，这就是三相五线制。所有的接零设备都通过三孔插座接到保护零线上。正常工作时，工作零线中有电流，保护零线中不应有电流。

注：根据国家标准，采用不同颜色的导线以区别“五线”，三条相线的色标：L_1（A 相）——黄色、L_2（B 相）——绿色、L_3（C 相）——红色、N（工作中性线）——浅蓝色、PE（保护接地）——黄绿双色。对于直流：正极（+）——棕色，负极（−）——蓝色。按国际标准和我国标准，在任何情况下，绿/黄双色线只能用作保护接地或保护接零线。但在日本及西欧一些国家采用单一绿色线作为保护接地（零）线，我国出口这些国家的产品也是如此。使用这类产品时，必须注意查阅使用说明书或用万用表判别，以免接错线造成触电。

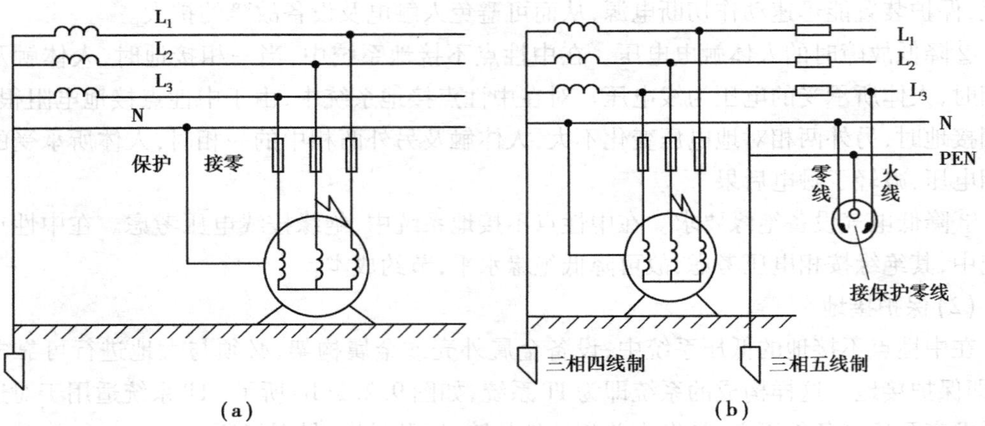

图 9.2.2　保护接零

(4)重复接地

在电源中性线进行了工作接地的系统中,为确保保护接零的可靠,还需相隔一定距离将中性线或接地线重新接地,这样的接地方式称为重复接地。如图 9.2.3 所示,一旦出现图中零线在×处断线,而设备一相碰壳时,如无重复接地,人体触及外壳,会发生触电危险。而在重复接地的系统中,由于多处重复接地的接地电阻并联,使外壳对地电压大大降低,对人体的危害也大大降低。不过应尽量避免中性线或接地线出现断线的现象。它是保护接零系统中不可缺少的安全技术措施。

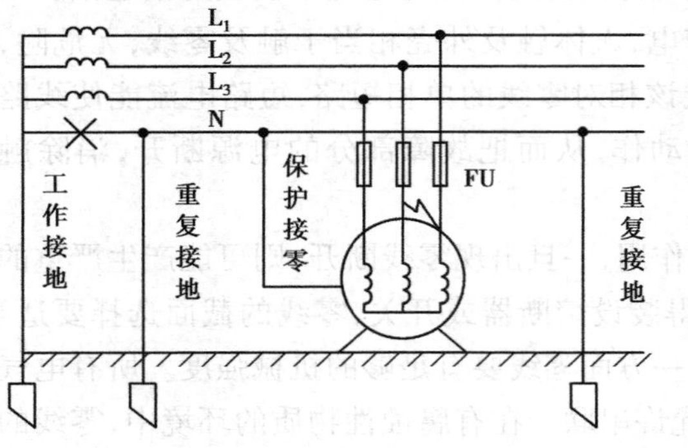

图 9.2.3　重复接地

重复接地的作用可归纳如下:

①降低漏电设备的对地电压。对采用保护接零的电气设备,当其带电部分碰壳时,短路电流经过相线和零线形成回路。此时电气设备的对地电压等于中性点对地电压和单相短路电流在零线中产生电压降的相量和。

②减轻零干线断线后的危险。

③缩短碰壳短路故障的持续时间。因为重复接地、工作接地和零线是并联支路,所以发生短路故障时增加短路电流,加速保护装置的动作,从而缩短事故持续时间。

④改善低压架空线路的防雷性能。在架空线路零线上重复接地,对雷电有分流作用,有利于限制雷电过电压。

(5)保护接地和接零的常见错误联接

在实际工作中,常有一些不规则的保护接地和接零,甚至是错误的,起不到保护作用或作用不可靠,甚至导致相反作用使事故范围扩大。常见错误联接有:

①将家用电器的金属外壳用导线和自来水管联接——此种保护措施是不可靠的,甚至是危险的。因为低压电网采用的是系统中性点接地的供电方式,自来水管的接地电阻远达不到国家规定的要求,尤其采用屋顶水箱供水的自来水管,接地电阻更大。一旦用电器外壳带电,

势必导致触电危险，也可能导致其他用电器带电。

②在系统中性点不接地的电网中，采用保护接零的联接——如果在该系统中采用了保护接零措施，因为零线电阻很小，一旦发生外壳漏电，则会通过零线构成回路，并产生巨大的短路电流，这种大电流将可能产生火花引起火灾。同时，某一相的大电流也会破坏三相系统的平衡，促使保护装置动作，中断系统的供电。

③在同一供电系统中，有的采用接零保护，有的采用接地保护——当采用接地保护的用电设备漏电碰及设备机壳后，经过机壳、接地体形成的短路电流往往不足以使自动开关或熔断器动作，而电流流过大地又使电源中点的电位升高，将会使零线及接零保护的设备外壳产生较高的对地电压，增加人身触电的危险。

9.2.2　安全电压及漏电保护器

安全电压是指人体不戴任何防护设备时，触及带电体不受电击或电伤。从安全的角度来看，因为电力系统中的电压通常是比较恒定的，而影响电流变化的因素很多，所以确定对人体的安全条件是用安全电压而不是安全电流。根据工作场所和环境条件的不同，我国规定了安全电压的标准有42 V、36 V、24 V、12 V、6 V等，凡是裸露的带电设备和移动的电气用具等都应使用安全电压。安全电压是以人体允许电流与人体电阻的乘积为依据而确定的。国际电工委员会按允许电流30 mA和人体中的电阻值1 700 Ω来计算触电电压的限定值，即安全电压的上限值是50 V(50～500 HZ交流电有效值)，目前我国采用的安全电压以36 V和12 V两个等级比较多。安全电压是低压，但低压不一定是安全电压，安全电压是一定环境下的相对安全，并非是确保无电击的危险。人们可根据场所特点，结合我国安全电压标准规定的交流电安全电压等级来确定。

漏电保护器(漏电保护开关)：是一种电气安全装置。主要用于交流220 V/380 V的线路中，用以防止人身触电事故及因漏电而引起的火灾等事故，当发生漏电和触电时，且达到保护器所限定的动作电流值时，就立即在限定的时间内动作自动断开电源进行保护。漏电保护为近年来推广采用的一种新的防止触电的保护装置，在电气设备中发生漏电或接地故障而人体尚未触及时，漏电保护装置已切断电源；或者在人体已触及带电体时，漏电保护器能在非常短的时间内切断电源，减轻对人体的危害。

漏电保护器按不同方式分类来满足使用的选型。如按动作方式可分为电压动作型和电流动作型；按动作机构分，有开关式和继电器式；按用途还可分为民用(小电流)和工业用(大电流)两种。单相用电时采用双级漏电保护开关，三相用电时采用四级漏电保护开关，一般住宅用漏电保护开关的泄漏为30 mA，预防触电事故；而单元电源总进线处漏电保护开关的泄漏为300 mA或500 mA，预防电路火灾。

练习与思考

9.2.1　什么叫保护接地？为什么要采取保护接地？

9.2.2　什么叫保护接零？为什么要采取保护接零？

9.2.3　什么是重复接地？重复接地的作用是什么？

9.2.4　漏电保护器的作用和种类是什么？

9.3 触电急救与预防

9.3.1 触电急救

人在触电后可能由于失去知觉或超过人的摆脱电流而不能自己脱离电源,此时抢救人员不要惊慌,要在保护自己不被触电的情况下使触电者脱离电源。众多的触电抢救实例表明,触电急救对于减少触电伤亡是行之有效的。当发生人身触电事故时,应该采取以下措施:

(1)脱离触及低压电源或带电设备的措施

①以最快的速度拉掉闸刀开关或拔掉插头,及时切断电源。否则不能用手随便去拉触电者的身体,因为此时触电者身体上带电,可能造成连锁触电,因此,一定要尽快让触电者先脱离电源,才能施行抢救。

②电源开关远离触电地点,可用有绝缘柄的工具分相切断电线,断开电源,或用干木板等绝缘物插入触电者身下,以隔断电流。

③电线搭落在触电者身上或被压在身下时,可用干燥的衣服、木棒等绝缘物作为工具,拉开触电者或挑开电线,使触电者脱离电源。绝对不能使用铁器或潮湿的棍棒,也绝对不能往上挑导线,防止导线顺竿滑落,造成自己触电。

④救护者也可以站在干燥的木板或板凳上,或者穿上不带钉子的胶底鞋,拉触电者的干燥衣服等,使触电者脱离电源。

(2)脱离触及高压电源的措施

①立即通知有关部门停电。

②戴上绝缘手套,穿上绝缘靴,用相应电压等级的绝缘工具断开开关。

(3)脱离电源后的现场急救方法

①如果触电者伤势不重,神智清醒,但是有些心慌、四肢发麻、全身无力,或者触电者在触电的过程中曾经一度昏迷,但已经恢复清醒。在这种情况下,应当使触电者安静休息,不要走动,严密观察,并请医生前来诊治或送往医院。

②如果触电者伤势比较严重,已失去知觉,但仍有心跳和呼吸,这时应当使触电者舒适、安静地平卧,保持空气流通。同时揭开触电者的衣服,以利于呼吸,如果天气寒冷,要注意保温,并立即请医生诊治或送医院。

③如果触电者伤势严重,呼吸停止或心脏停止跳动或两者都已停止时,则应立即实行人工呼吸和胸外挤压,并迅速请医生诊治或送往医院。应当注意,急救要尽快地进行,不能只等候医生的到来,在送往医院的途中,也不能中止急救。

9.3.2 预防触电

发生触电事故的原因是多方面的,为有效防止触电事故的发生,保障人身及设备安全,必须严格用电制度,加强安全用电知识教育。针对发生触电事故的原因,应注意做到以下几点:

①认真学习安全用电知识,提高自己防范触电的能力。注意电气安全距离,不进入已标识电气危险标志的场所。不玩弄电器设备,特别是当人体出汗或手脚潮湿时,不要操作电器

设备。

②应建立完善的安全检查制度，定期检查维修电器设备，遵守用电规定，不乱拉接电线，不在通电的电线上晒衣物，不接触断落的电线；雷雨天不要在野外行走，也不要站在高墙上、树木下、电杆旁或天线附近。

③发现电线断落时不要靠近，不要碰拾落地线，要离开断线 10 m 外，并赶快找专业人员处理。高压线落地时要离开接地点至少 20 m，如已在 20 m 之内，要并足或单足跳离 20 m 以外，防止跨步电压触电。

④发生电气设备故障时，不要自行拆卸，要找持有电工操作证的专业工人修理。公共用电设备或高压线路出现故障时，要打报警电话请电力部门处理。

⑤根据线路安全载流量配置设备和导线，不任意增加负荷，防止过流发热而引起短路、漏电。更换线路保险丝时不要随意加大规格，更不要用其他金属丝代替。

⑥修理电器设备和移动电器设备时，要完全断电，在醒目位置悬挂"禁止合闸，有人工作"的安全标示牌。未经验电的设备和线路一律认为有电。带电容的设备要先放电，可移动的设备要防止拉断电线。

⑦发生电器火灾时，应立即切断电源，用黄砂、二氧化碳灭火器灭火，切不可用水或泡沫灭火器灭火。

练习与思考

9.3.1　说明人体触电后急救的步骤及注意事项？

9.3.2　如何预防触电？

*9.4　雷电及其防护

雷电是自然界存在的一种物理现象，雷电以其热效应、机械效应、反击电压、雷电感应等方式产生破坏作用，从而造成人员伤亡、火灾、爆炸、建筑物和各种设施损毁、电力及通讯中断等，一些雷击事故令人触目惊心，给人类带来许多危害。因此，了解雷电的产生和活动规律，掌握一般的防雷措施以保障人身安全和设备安全是十分必要的。

9.4.1　雷电的形成及种类

(1)雷电的形成

雷电是雷云之间或雷云对地面放电的一种自然现象，雷电的形成过程可以分为气流上升、电荷分离和放电 3 个阶段。在雷雨季节，地面上的水分受热变蒸汽上升，与冷空气相遇之后凝成水滴，形成积雨云。云中水滴受强气流摩擦产生电荷，小水滴容易被气流带走，形成带负电的云；较大水滴形成带正电的云。由于静电感应，大地表面与云层之间、云层与云层之间会感应出异性电荷，当电场强度达到一定的值时，即发生雷云与大地或雷云与雷云之间的放电，放电时伴随着强烈的电光和声音，这就是雷电现象。雷电对地面建筑物、电气设备、人和畜造成很大的危害，所以必须采取有效措施进行防护。

(2)雷电的种类

根据雷电的产生和造成危害的不同特点，一般将雷电分为直击雷、感应雷、球形雷和雷电侵入波等几种。其中雷电感应和雷电侵入波是造成雷电危害的主要原因。

①直击雷：直接击中建筑物或其他物体，对其放电的雷电叫直击雷，被击中的建筑物、电气设备及其他物体会产生很高的电位，而引起过电压，这时流过的雷电流很大，可达几十千安甚至几百千安，这就极易造成建筑物、电气设备及其他被击物体的损坏，甚至引起火灾或爆炸事故。

②感应雷：感应雷又称为雷电感应，它是由于雷电流的强大电场和磁场变化产生的静电感应和电磁感应引起的。当建筑物上空有雷云时，在建筑物上便会感应出与雷云所带电荷相反的电荷，在雷云放电后，云与大地之间的电场消失了，但聚集在屋顶上的电荷不能立即释放，只能缓慢地向大地中流散，这时屋顶对地面就有相当高的电位，便会造成对建筑物内金属设备放电，引起危险品爆炸或燃烧。

③雷电波侵入：如输电线路遭受直接雷击或发生感应雷，雷电波就会沿着输电线侵入变配电所，如防范不力，轻者损坏电气设备，重者可导致火灾、爆炸及人身伤亡事故。

④球形雷：球形雷通常在电闪后发生，通常认为它是一个温度极高的并发红色、橙色的球形发光体，球形雷沿着地面滚动或在空中飘动，可以从烟囱、门窗等进入建筑物内，或伤害人或破坏物体。

9.4.2 防雷措施

(1)避雷常识

雷电来临时，应注意人身安全，采取一定的防雷措施。一般要做到以下几点：

①关好室内门窗，在室外的人应及时躲入有防雷设施的建筑物内。

②不要使用通讯设备，电器(电话、电视等)应断开电源和天线。

③不宜使用水龙头，切勿在雷雨天游泳或从事其他水上活动，也不宜进行室外球类运动等户外活动。

④切勿站立于山顶、楼顶或接近容易导电的物体。

⑤在空旷地区，不宜进入无防雷设施的临时铁棚屋、岗亭等低矮建筑物内。

⑥不可躲在大树下避雨，若不得已需要在大树下停留，必须与树干和枝丫保持 2 m 以上距离，并尽可能下蹲，双脚并拢。不要触摸金属或潮湿物体，随身携带的金属物件也应尽量移开身体，以免成为引雷的介质。

⑦在空旷场地不宜打伞、不宜把锄头、铁锹、羽毛球拍、高尔夫球杆扛在肩上。

以上只是在雷雨时所采取的临时防范措施，要想彻底有效地防护和减少雷击事故的发生，必须在公共活动场所和建筑物安装防雷装置进行内、外的防雷。

(2)防雷装置

防雷装置由接闪器、引下线和接地体 3 部分组成，其作用是防止直接雷击或将雷电流引入大地，以保证人身及建筑物安全。

接闪器包括避雷针、避雷线、避雷网、避雷带、避雷器等，是直接接受雷击的金属部分。避雷针最上部是受雷端，一般用镀锌镀铬的铁棒、钢管制成，避雷针一般设在高层建筑物的顶端和烟囱上，保护建筑物免受直接雷击。避雷线常用来架设在高压架空输电线路上，以保护架空线路免受直接雷击，也可用来保护较长的单层建筑物。避雷网和避雷带普遍用来保护建筑物免受直接雷击和感应雷。

引下线是避雷保护装置的中段部分。上接接闪器,下接接地装置。其作用是构成雷电能量向大地泄放的通道。一般敷设在建筑物的外墙,并经最短线路接地。每座建筑物的引下线一般不少于两根。通常采用圆钢或扁钢,要求镀锌处理并且有足够的机械强度、耐腐蚀和热稳定性的要求。

接地装置包括接地体和接地线两部分,它是防雷装置的重要组成部分。接地装置的主要作用是向大地均匀地泄放电流,使防雷装置对地电压不至于过高。接地体是人为埋入地下与土壤直接接触的金属导体;在腐蚀性较强的土壤中,应采取镀锌等防腐措施或加大截面。

(3)预防雷电危害的技术方法

雷电目前尚无防止其发生的方法,但可以根据雷电危害的形式采取相应的对策加以预防,防止或减少不良后果。预防雷的方法按其基本原理可归纳为4种。

①引雷：预设雷电放电通道,将发展方向不明的雷云引至放电通道,使雷电电荷导入地下,从而保护周围建筑、设备和设施,如避雷针。

②消雷：预设离子发生器,即空间电荷发生器。当雷云与大地所形成的静电场电压达到一定值时,空气被电离,形成空气离子。离子发生器即源源不断地提供离子流与雷云电荷中和,避免直接雷击或减弱其强度,如消雷器。

③等电位：将导电体(金属物)进行电气连接并接地,预防雷电产生的静电和电磁效应及反击,如防感应雷接地。

④切断通路：当雷击架空电力线路时,切断引入室内的线路,将雷电电流导入地下,以保护室内设备,如避雷器。

练习与思考

9.4.1　雷电是怎样形成的?

9.4.2　雷电危害主要体现在哪些方面?

9.4.3　预防雷电危害的技术方法有哪些?

本章小结

学习安全用电基本知识,掌握常规触电防护技术,这是保证用电安全的有效途径。本章首先介绍了触电的原因、方式、对人体的伤害及造成伤害程度的因素,然后介绍了为防止触电,电器设备必须采取工作接地、保护接地、保护接零和重复接地等安全保护措施。介绍了如何预防触电及当发生人身触电事故时的救护措施、注意事项等。最后介绍了雷电的危害、避雷常识及预防雷电危害的技术方法。

习题9

9.1　380/220 V三相四线制系统的电气设备采用接零保护应注意什么?

9.2　为什么同一配电系统中保护接地与保护接零不能混用?

9.3 怎样选择保护接零或保护接地方式?

9.4 为什么在煤矿井下禁止供电系统中性点接地?

9.5 低压配电系统中IT、TN、TT的含义是什么?

9.6 为什么保护接地和防雷接地的接地电阻越小越好?

9.7 雷雨时站在大树下是危险的,站在避雷针下是否安全?为什么?

习题参考答案

习题 1

1.1　$E=3\ \text{V}, R_0=0.5\ \Omega$

1.2　(a)$U_{ab}=15\ \text{V}$, $U_{ba}=-15\ \text{V}$;(b)$I=-2\ \text{A}$, $U_S=8\ \text{V}$;(c)$I_S=3\ \text{A}$, $U=10\ \text{V}$, $U_{ba}=-16\ \text{V}$

1.3　(a)$V_a=\frac{80}{3}\text{V}$, $V_b=\frac{60}{3}\text{V}$, $V_c=\frac{20}{3}\text{V}$;(b)$V_a=8\ \text{V}$, $V_b=-3\ \text{V}$, $V_c=-10\ \text{V}$

1.4　$P_A=-10\ \text{W}$, $P_B=-60\ \text{W}$, $P_C=50\ \text{W}$, $P_D=30\ \text{W}$, $P_E=-10\ \text{W}$

1.6　(a)$U=12\ \text{V}$; $I=2\ \text{A}$;(b)$U=18\ \text{V}$, $I=3\ \text{A}$

1.7　$I=-1\ \text{A}$

1.8　断开:$U_{ab}=18\ \text{V}, I=0$;闭合:$U_{ab}\approx 14.73\ \text{V}, I\approx 1.64\ \text{A}$

1.9　$I=-2\ \text{A}$

1.10　$U_1=20\ \text{V}, U_2=-40\ \text{V}$;$P_{U_1}=20\ \text{W}$ 负载,$P_{U_2}=-80\ \text{W}$ 电源

1.11　$I_1=8\ \text{A}, I_2=6\ \text{A}, I_3=4\ \text{A}$

1.12 (1)$I=2\ \text{A}$;(2)$R=8\ \Omega$;(3)$I=-\frac{1}{3}\ \text{A}$

1.13　$U_{ab}=18\ \text{V}, I=3\ \text{A}$

1.14　$I=1\ \text{A}$

1.15　$I=2.8\ \text{A}$

1.16　$U\approx -26\ \text{V}$, $I=4\ \text{A}$

1.17　$U_S=3.6\ \text{V}$, $R_0=6.4\ \Omega$

1.18　$U_S=7.4\ \text{V}$, $R_0=0.5\ \Omega$

1.19　$I=-\frac{16}{7}\approx -2.29\ \text{A}$

1.20　$U_4=11\ \text{V}$

1.22 (a)$R_L=6\ \Omega$, $P_{L\max}=13.5$ W (b)$R_L=5\ \Omega$, $P_{L\max}=4.05$ W

1.23 25 W 亮些

习题 2

2.1 单项选择

(1)②, (2)①, (3)③, (4)④

2.2 判断题

(1)√, (2)×, (3)√, (4)×

2.3 (a)$I_0=9.17$ A; (b)$V_0=40$ V; (c)$I_0=10$ A, $V_0=141.4$ V; (d)$V_0=50$ V

2.4 (1)$I_0=5$ A; (2)$Z_2=R, I_0=7$ A; (3)$Z_2=-\mathrm{j}X_C$, $I_0=1$ A

2.5 $I=10$ A; $X_C=15\ \Omega$, $R_2=X_L=7.5\ \Omega$

2.6 $I=14.14$ A; $R=X_C=14.14\ \Omega$, $X_L=7.07\ \Omega$

2.7 (1)$u_1=30\sin 314t$ V, $u_2=10\sqrt{2}\sin(314t+90°)$ V; (2)$u=33.17\sin(314t+10.48°)$ V

2.8 $I=0.533$ A; $\cos\varphi=0.34$

2.9 (1)$R=2$ kΩ, $C=0.08$ μF; (2)$U=40$ V

2.10 (1)A 读数为 6 A, V 读数为 70.7 V; (2)$C=510$ μF; (3)$P=300$ W, $Q=300$ var, $\cos\varphi=0.707$

2.11 (1) $Z=50\ \Omega$; (2)$P=120$ W, $Q=160$ var, $S=200$ VA; (3) $U_R=60$ V; $U_L=160$ V, $U_C=80$ V

2.12 (1)$Z=25\ \Omega$; (2)$I_R=4$ A, $I_L=I_C=25$ A, $I=4$ A; (3)$P=400$ W, $Q=0$ var, $S=400$ VA

2.13 $I_1=11$ A, $I_2=11$ A, $I=19.05$ A, $P=3\ 630$ W

2.14 A_1 读数为 15.55 A, A_2 和 A 读数都为 11 A, V 读数为 220 V, $R=10\ \Omega$, $L=0.032$ H, $C=159$ μF

2.15 $I_R=I_L=10$ A, $I_C=20$ A, $I=14.14$ A

2.16 (a)$i=2\sin(\omega t+45°)$ A; (b)$i=40\sqrt{2}\sin(\omega t-60°)$ A

2.17 $U=2.24$ V

2.18 $Z_{ab}=2.5+\mathrm{j}2.5\ \Omega$

2.19 (1)$L=31.8$ mH, $C=79.6$ μF; (2)$P=40$ kW, $Q=0$ var, $S=40$ kVA

习题 3

3.1 $e_B=220\sqrt{2}\sin(\omega t-90°)$ V, $e_C=220\sqrt{2}\sin(\omega t+150°)$ V

3.2 $U_{AB}=220$ V, $U_{BC}=380$ V, $U_{CA}=220$ V

3.3 $I_A=I_B=I_C=22$ A, $I_N=16.1$ A

3.4 (1) $I_B=0$ A, $I_A=I_C=33$ A; (2) $I_B=38$ A, $I_A=I_C=22$ A

3.5 $\dot{I}_A = 81.1\angle -12.5°A$,$P = 52\ 053$ W

3.6 (1)星形联接,$P = 8\ 688$ W;(2)三角形联接,$P = 8\ 688$ W

3.7 $U_L = 380$ V;$I_L = 19\sqrt{6}$A,$\cos\varphi = \frac{\sqrt{2}}{2}$,$P = 21\ 660$ W

习题 4

4.1 166 个,$I_1 = 3.03$ A,$I_2 = 45.45$ A

4.2 (1)$P = 0.074$ W;(2)$K = 5$,$P_{L\max} = 0.5$ W

4.4 (1)$K = 20$;(2)$I_{1N} \approx 8.7$ A,$I_{2N} \approx 173.9$ A

4.5 (1)$R_i = 1\ 000\ \Omega$,(2)$I_1 = 0.22$ A

4.6 $\frac{N_3}{N_2} = \frac{2}{3}$

4.7 原边:$U_{1P} \approx 20.21$ kV,$I_{1P} \approx I_{1L}$ 82.48 A;副边:$U_{2P} = U_{2N} =$ 10.5 kV,$I_{2L} = 274.93$ A,$I_{2P} \approx 158.73$ A

4.8 13 种,1 ~ 13 V

4.9 70 A

习题 5

5.1 $I_N = 385.2$ A

5.2 (1)$p_{Cua} = 3.44$ kW,$\sum p = 5.2$ kW;(2)$P_T = 42.76$ kW

5.3 $T = 21.6$ N · m

5.4 $R = 0.311\ 5\ \Omega$

5.5 $s_N = 3\%$

5.6 $P_T = 15.58$ kW,$\eta = 91.3\%$,$\cos\varphi = 0.87$

5.7 (1)$n_0 = 1\ 000$ r/min;(2)$p = 3$,$\eta = 88.75\%$;(3)$T_N = 541.5$ N · m

5.8 (1)$n_0 = 1\ 500$ r/min,$s_N = 3.67\%$;(2)$I_{st} = 40.74$ A,$T_N = 19.83$ N · m,$f_{2N} = 1.835$ Hz

5.9 (1)$p = 2$,$s_N = 1.3\%$;(2)$T_N = 19.36$ N · m,$I_N = 6.09$ A;(3)当电源电压为 0.9 U_N,能直接带负载启动;(4)不能否采用 Y-D 降压启动

5.10 (1)$I_N = 20.08$ A,$T_N = 65.86$ N · m,$T_{st} = 105.38$ N · m;(2)s 增加,I_2 增加,频率增加;(3)可短时运行,但不能长期运行在这种情况下

5.11 变比选 2

5.12 (1)电动机定子绕组应接成星形;(2)$p = 2$,$n_0 = 1\ 500$ r/min,$s_N = 4\%$;(3)$I_N = 7.94$ A,$I_{st} = 55.58$ A;(4)$T_N = 26.53$ N · m,$T_{st} = 45.1$ N · m,$T_{max} = 53.06$ N · m

5.13 能直接带负载启动

5.14 (1) $p = 3$,$s_N = 5\%$,$f_{2N} = 2.5$ Hz;(2)$I_N = 17.37$ A,$T_N = 45.24$ N · m,$I_{st} = 86.85$ A,

$T_{st}=54.29\ N\cdot m$，$T_{max}=90.48\ N\cdot m$；(3)电压降低20%，仍能继续运行；若停机后，不能直接带负载启动

习题 6

6.1　单项选择题

(1)(c)；(2)(b)；(3)(c)；(4)(c)；(5)(a)；(6)(c)

6.2　设电机为频繁起动，取 $I_{NR}\geqslant 3I_N=3\times 11.6\ A\approx 35\ A$。

6.3　正确的主电路、控制电路如题 6.3 解图所示。

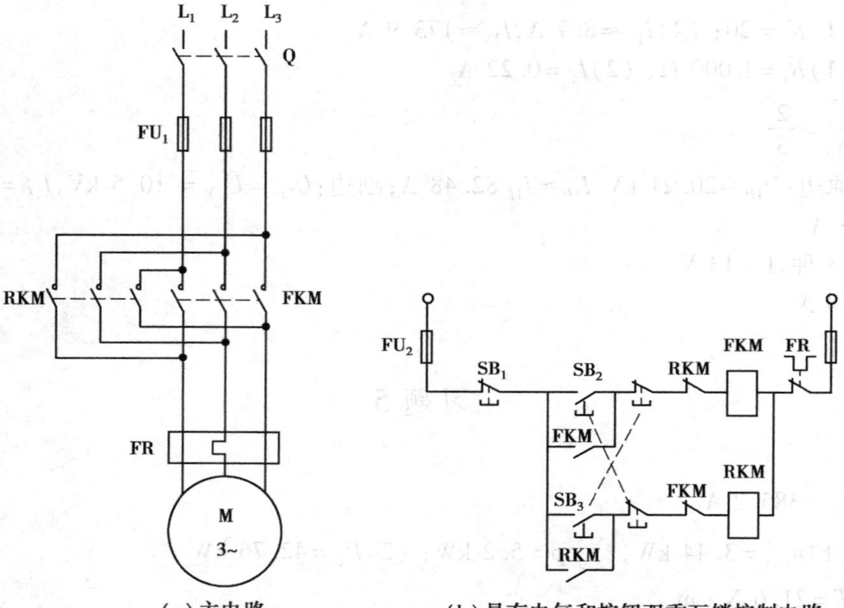

(a) 主电路　　(b) 具有电气和按钮双重互锁控制电路

题 6.3　解图

6.4　用 SB_4 作正转点动，SB_5 作反转点动画出控制电路如题 6.4 解图所示，图中：FU 作短路保护；FR 作过载保护；KM 本身具有零压或欠压保护。

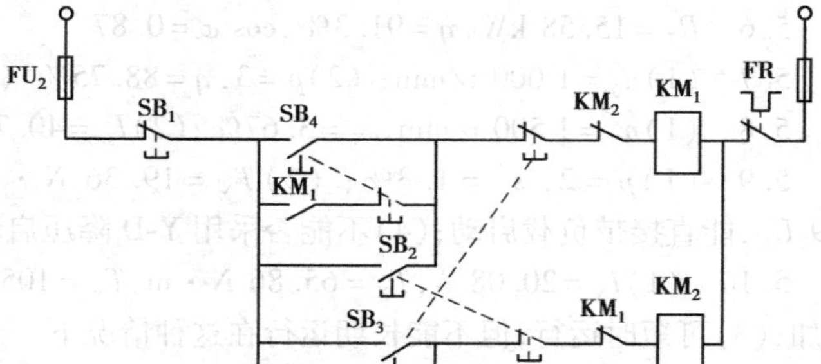

题 6.4　解图

6.5　(1)工作过程：KM_1 启动后 KM_2 才能启动，KM_1 和 KM_2 要同时停车。

(2)保护环节有：短路保护 FU_1、FU_2；过载保护 FR_1 和 FR_2；零压保护 KM_1 和 KM_2。

6.6　根据题意，画出控制电路如题 6.6 解图所示。

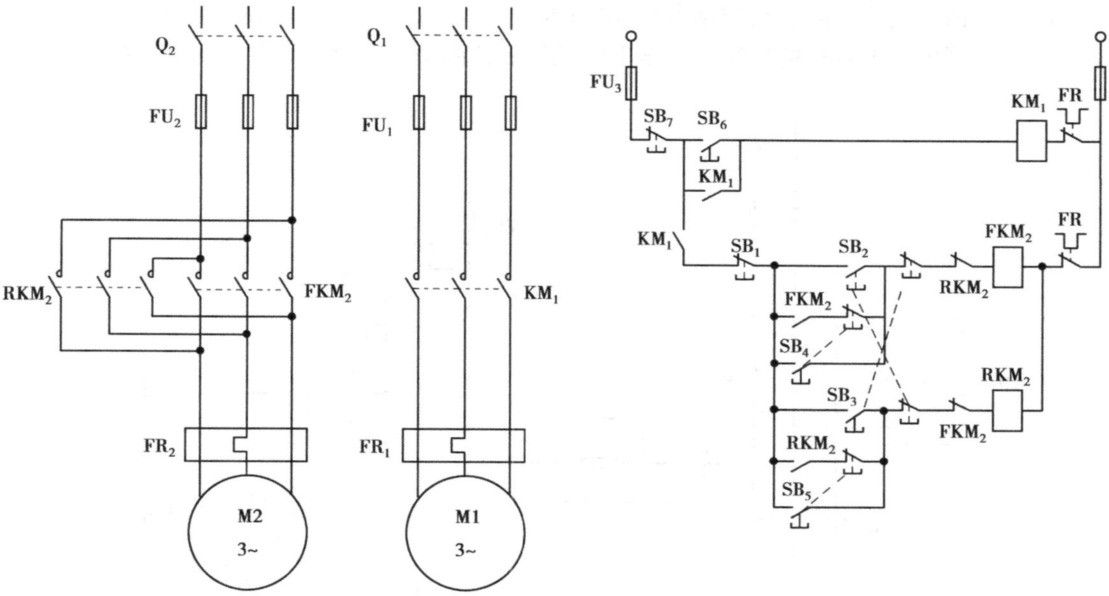

(a)主电路　　(b)控制电路

题6.6　解图

6.7　动作顺序是:启动时,KM_1 启动了 KM_2 才能启动,KM_2 启动了 KM_3 才能启动。停止时,KM_3 可以单独停车;KM_2 停止,则 KM_3 也停止;KM_1 停止,则 KM_2 和 KM_3 都停止。

6.8　接通电源,刀架继电器通电,启动小刀架电机;控制主轴和冷却液的电机可分别接通和停止;其中,主轴电机有两处可以启动和停止。

6.9　根据题意,画出主电路及控制电路如题6.9解图所示。

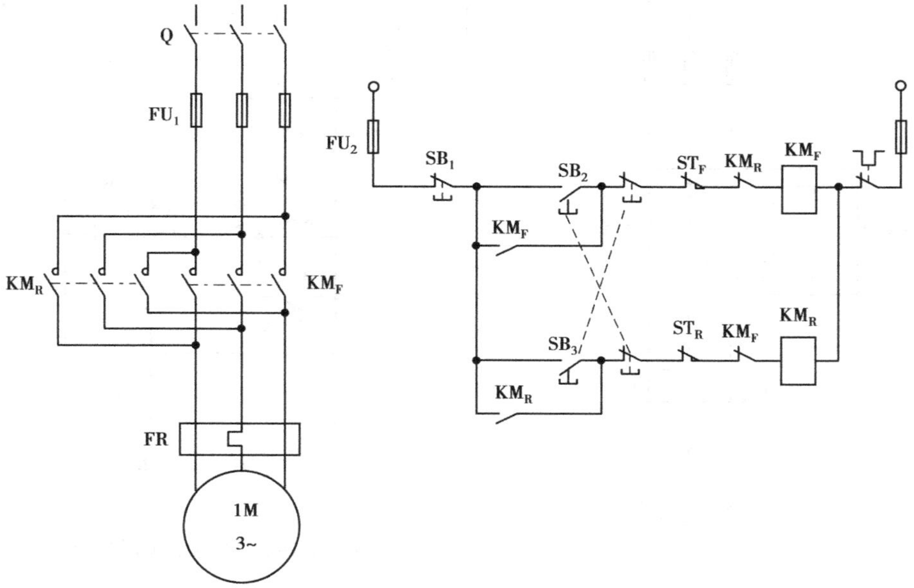

(a)主电路　　(b)控制电路

题6.9　解图

6.10　该电路为延时启动控制电路，电机 KM_1 启动后过一段时间 KM_2 自行启动。

6.11　画出通电延时的鼠笼式异步电动机的能耗制动控制电路如题 6.11 解图所示。

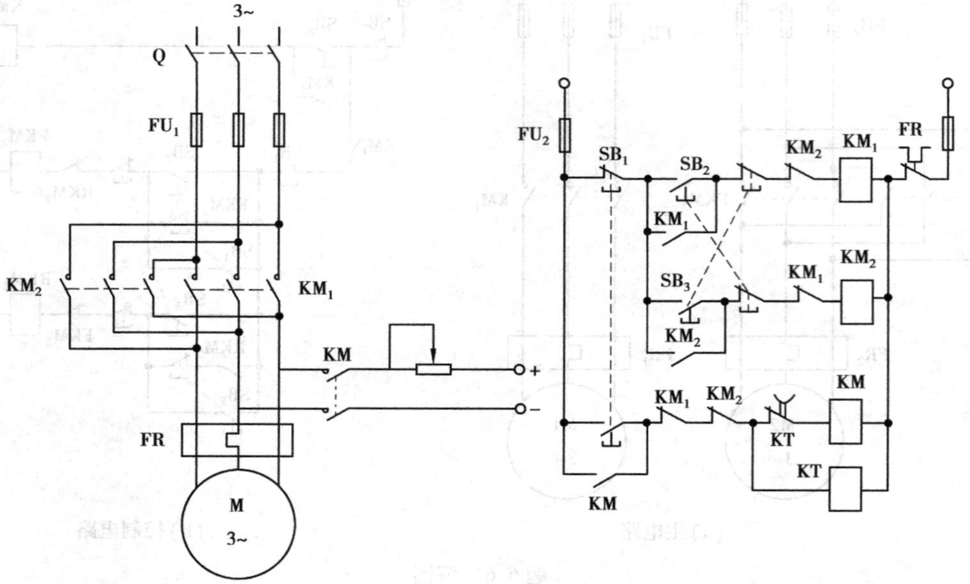

(a)主电路　　(b)控制电路

题 6.11　解图

6.12　根据题意，画出主电路和控制电路如题 6.12 解图所示。

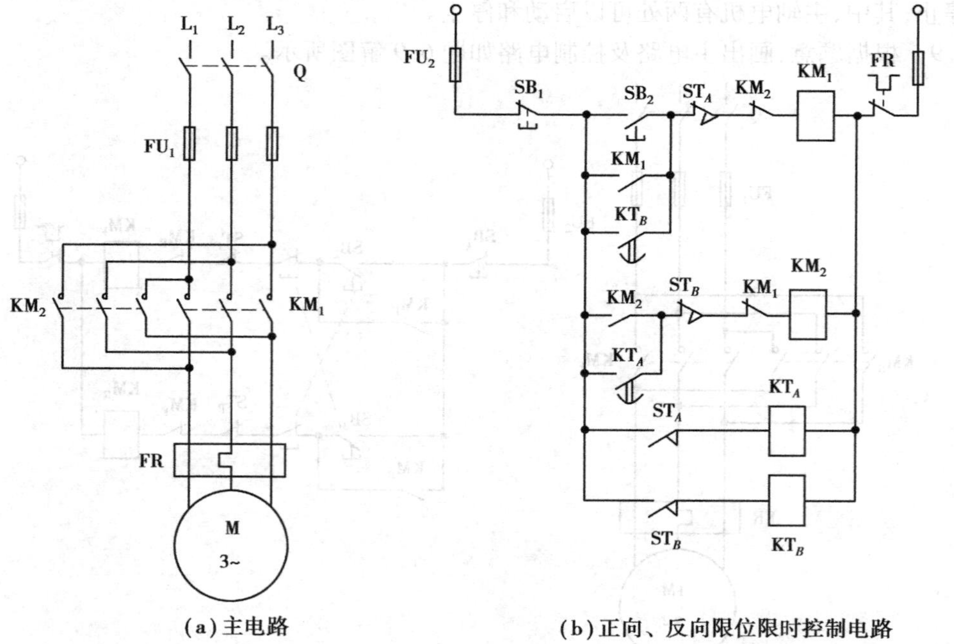

(a)主电路　　(b)正向、反向限位限时控制电路

题 6.12　解图

习题 7

7.1 梯形图对应的语句表为

```
LD    I0.0
O     M1.2
LPS
AN    I0.1
A     T37
=     Q0.3
LRD
A     I0.5
=     M2.2
LPP
LDN   I0.4
O     C21
ALD
=     Q2.4
```

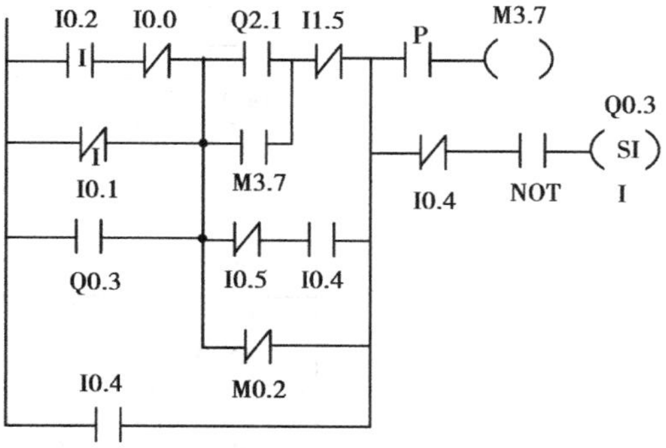

题 7.2　解图

7.2 指令表程序对应的梯形图如题 7.2 解图所示。

7.3 梯形图如题 7.3 解图所示，对应的语句表如下：

```
LDN   I0.0
TON   T36,1000
LD    T36
O     Q0.0
AN    I0.1
=     Q0.1
```

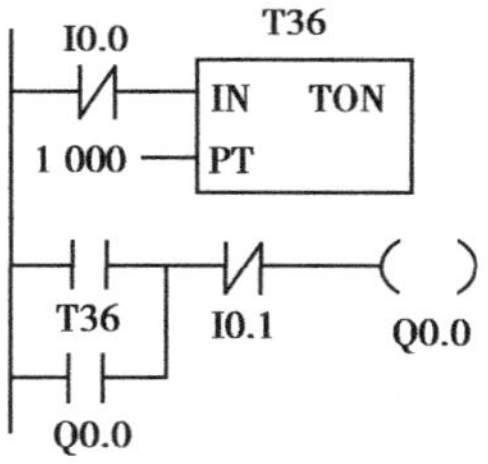

题 7.3　解图

7.4 根据题意，设计出的梯形图如题 7.4 解图所示。

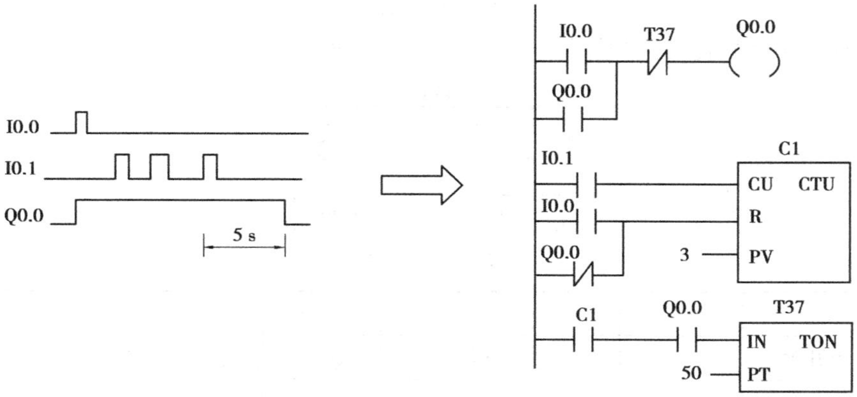

题 7.4　解图

7.5　Q0.3 和 I0.3 位置反了；立即触点指令不能用于 M0.3；输出线圈不能用 I0.5；不能出现双线圈 Q0.3；计数器 T32 的计数时间没写；T32 应该用常开触点。

7.6　满足题 7.6 波形图所对应的梯形图程序如题 7.6 解图。

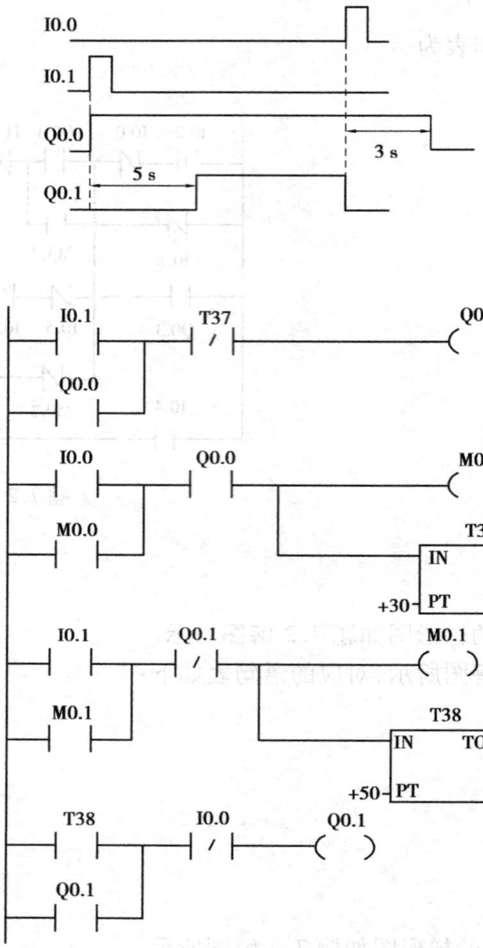

题 7.6　解图

7.7　列元件分配表，其梯形图程序如题 7.7 解图所示。

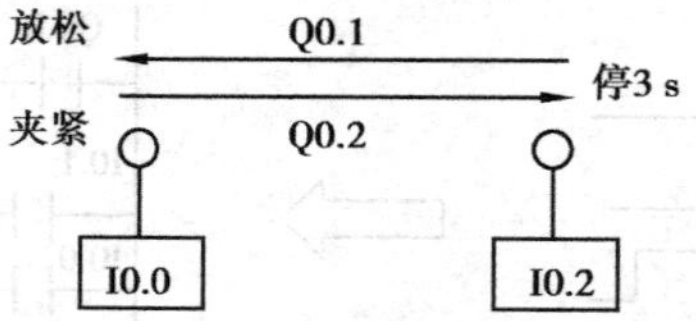

题 7.7　解图

输入元件	元件号	输出元件	元件号	辅助元件	元件号
左端行程开关	I0.0	左行线圈	Q0.1	定时器：定时 3 s	T37
启动按钮 SB_2	I0.1	右行线圈	Q0.2	辅助继电器	M0.0
右端行程开关	I0.2				

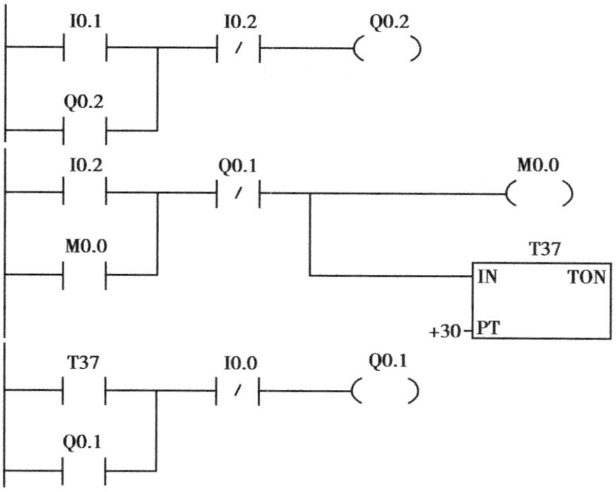

题 7.7 解图

7.8 提示:参考教材中的鼠笼式电动机 Y-D 降压启动控制实例。

如果选择将热继电器 FR 的常开触点接入 I0.2,只要将 I0.2 相应的常闭触点串接在驱动 Q0.2 和 Q0.3 的梯形图中即可。反之,若选择 FR 的常闭触点接入 I0.2,则串接 I0.2 相应的常开触点。

7.9 参考教材图 6.4.4 绕线式异步电动机转子串电阻启动,设计出相应的梯形图程序如题 7.9 解图。

输入元件	元件号	输出元件	元件号	辅助元件	元件号
启动按钮 SB_1	I0.0	KM_1 线圈	Q0.1	定时器:定时 2 s	T37
停止按钮 SB_2	I0.1	KM_2 线圈	Q0.2	定时器:定时 2 s	T38
		KM_3 线圈	Q0.3		

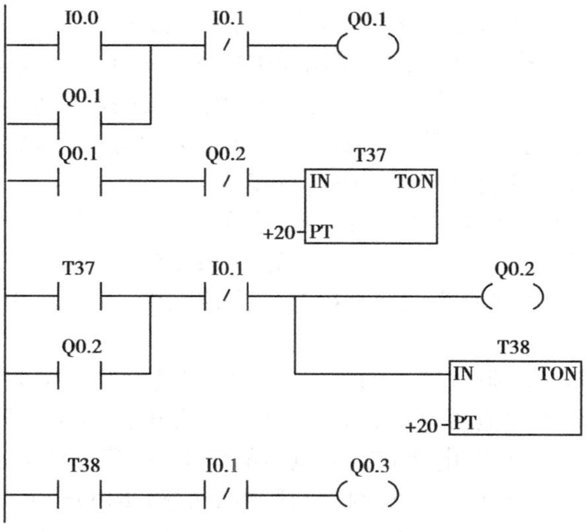

题 7.9 解图

习题8

8.1 选1.0级表

8.2 选0.5级表

8.3 0.03 Ω

8.4 76 000 Ω

8.5 300 W

习题9

9.1 采用接零保护应注意:①不能一部分设备采用保护接地,而另一部分采用保护接零;②零线必须在2~3处重复接地;③零线上不能装接开关或熔断器,零线截面须满足机械强度的要求,不能发生断线。

9.2 两者混用时,当采取保护接地的设备发生漏电使外壳带电故障后,故障电流将通过保护接地与工作接地中性点形成回路,电流在保护接地与工作接地上分别形成压降,使中性点和零线上出现危险电压,从而使所有保护接零设备金属外壳都呈现危险电压而威胁人身安全。

9.3 采用保护接零还是采用保护接地方式,主要取决于配电系统的中性点是否接地,低压电网的性质以及电气设备的额定电压等级。

在中性点有良好接地的低压配电系统中,应该采用保护接零方式(同时要进行重复接地)。大多数工厂企业都由单独的配电变压器供电,故均属此类;但下列情况除外:凡属城市公共电网(即由同一台配电变压器供给很多用户用电的低压网络)应采用统一的保护方式;所有农村配电网络,由于不便于统一与严格管理等因素,为避免接零与接地两种方式混用而引起事故,所以规定一律不得实行保护接零,而应采用保护接地方式。

在中性点不接地的低压配电网络中,采用保护接地。高压电气设备一般实行保护接地。

9.4 因井下很潮湿,如采用中性点接地系统,则人在偶尔接触一相导体时就有生命危险,同时中性点接地时单相接地短路电流较大,弧光容易引起瓦斯燃烧和爆炸。为了保证矿井的安全,所以在煤矿井下禁止供电系统中性点接地。

9.5 第一字母表示电源侧接地状态:I表示电源侧中性点不接地,或经阻抗接地;T表示中性点直接接地。第二字母表示负载侧接地状态:T表示外露可导电部分对地直接连接;N表示外露可导电部分与电力系统的接地点直接电气连接(在交流系统中,接地点通常就是中性点)。

9.6 接地装置的接地电阻直接影响到安全保护和过电压保护装置的效果,这个电阻越小,则接地电流越容易导入大地而免除危险。因此,接地电阻越小越好。

9.7 当雷击避雷针时,在雷电流和接地电阻的作用下,避雷针附近的地面上产生了很高的电位,如站立的位置离避雷针很近时,两足间所承受的跨步电压对人身是有危险的。同时,避雷针接地引下线还有电感作用,当雷电流通过时,在接地引下线上将产生很高的电压,可能击穿附近的空气,向站在近旁的人或物产生反击。

参考文献

[1] 张南. 电工学[M]. 北京:高等教育出版社, 2006.
[2] 秦曾煌. 电工学[M]. 5 版. 北京:高等教育出版社, 2000.
[3] 侯世英. 电工学 I、II[M]. 北京:高等教育出版社, 2007.
[4] 胡国文, 胡乃定. 民用建筑电气技术与设计[M]. 北京:清华大学出版社, 2001.
[5] 龙莉莉, 肖铁岩. 建筑电工学[M]. 重庆:重庆大学出版社, 2008.
[6] 许实章. 电机学(上、下)[M]. 北京:机械工业出版社, 1981.
[7] 汤蕴璆. 电机学—机电能量转换[M]. 北京:机械工业出版社, 1981.
[8] 李发海. 电机学[M]. 北京:科学出版社, 1984.
[9] 张名涛. 电机学[M]. 北京:科学出版社, 1973.
[10] 何秀伟. 三相与单相异步电机[M] . 西安:陕西科学技术出版社, 1981.
[11] 许大中. 交流电机调速理论[M]. 杭州:浙江大学出版社, 1991.
[12] 刘竞成. 交流调速系统[M]. 上海:上海交通大学出版社, 1984.
[13] 杨渝钦. 控制电机[M]. 北京:机械工业出版社, 1981.
[14] SA NASAR And LE UNNEWEHR. Electromechanics And Electric Macjines[M]. 1979.
[15] 温明会. 实用电工[M]. 北京:中国电力出版社, 2005.
[16] 陆荣华. 电气安全手册[M]. 北京:中国电力出版社, 2006.
[17] 杨文学,任红. 电力安全技术[M]. 北京:中国电力出版社, 2006.
[18] 张庆河. 电气与静电安全[M]. 北京:中国石化出版社, 2005.
[19] 林向淮, 张文升. 电工常用仪器仪表的原理与使用[M]. 北京:机械工业出版社, 2005.
[20] 吕景泉. 现代电气测量技术[M]. 天津:天津大学出版社, 2008.
[21] 蒋敦斌, 李文英. 非电量测量与传感器应用[M]. 北京:国防工业出版社, 2005.
[22] 吕厚余. 电工电子学[M]. 重庆:重庆大学出版社, 2001.
[23] 陈金华. 可编程控制器(PC)应用技术[M]. 北京:电子工业出版社, 1995.
[24] 廖常初. 可编序控制器应用技术[M]. 重庆:重庆大学出版社, 2002.